No.1スクール講師陣による

改訂版

世界一受けたい
iPhoneアプリ開発
の授業

RainbowApps 監修
桑村治良 我妻幸長 高橋良輔 七島偉之 著

技術評論社

はじめに

プログラミングは限られた人のものではない

あなたのiPhoneにはどんなアプリが入っていますか？
ゲーム系アプリ、ツール系アプリ、メディア系アプリなど様々なアプリがありますよね。こうした普段あなたが使っているアプリはどのようにして作られているのでしょうか。そして、アプリを作っているアプリ開発者とはどのような人なのでしょうか？
アプリ開発者にも様々なタイプがいます。ゲーム会社に所属して、チームでアプリ開発をしている人。自営業者として、たった1人でアプリを開発してリリースしている人。普段は会社で仕事して、平日の夜や週末にアプリ開発をするサンデープログラマー。家事の合間にアプリを作る主婦の方もいます。もちろん大学生や高校生のアプリ開発者もいますよ。なんと、シンガポールでは9歳でiPhoneアプリをリリースした少年が登場しました。

こうしたアプリ開発者ってどういう人たちだと思いますか？ 幼い頃からコンピュータに触れていて、プログラミングに精通している限られた人たちだと思っていませんか。
実はそんなことは全くありません。アプリ開発者はギークじゃなくても、コンピュータオタクじゃなくてもいいんです。

未経験者でも手軽にアプリ開発ができる時代

本書の執筆陣は自らアプリ開発をしながら、RainbowApps（レインボーアップス）という日本最大のアプリ開発スクールで講師をしています。つまり、日々アプリ開発を学ぶ人たちに接しています。スクールには様々な方がiPhoneアプリ開発を学びに来ていますが、年齢も職業も様々、属性は千差万別です。そして受講生の7割はアプリ開発未経験者の方です。プログラミングに初めて触れるという方が大多数です。例えば英会話教室に来る人たちを特定のカテゴリーに括ることはできないですよね。学生もいればサラリーマンもいます。それと同じようにアプリ開発を志す人も様々な人がいるんです。
またスクールに学びに来ている誰もがアプリ開発を仕事にしようと思っているわけでもありません。自社のサービスをアプリでも展開したいという人、アプリ開発を専門業者に依頼するために知識を学んでおきたいという人、自分の趣味や好きなことに関連するアプリを作りたいという人もいます。簡単なアプリなら、ほとんどの人が作ることができるようになるでしょう。実際にこの本で作ってもらいますから、その点は保証します。
でも、昔はプログラミングって特殊な専門分野だったんです。こんなに広い層の人たちが、自分でプログラムを学ぼうという感じではありませんでした。それが変化してきたのは、誰もが手軽にアプリ開発に取り組めるようになったからでしょう。

Macさえあれば簡単に始められる

iPhoneアプリはアップル社のMacがあれば開発することができます。アップル社は誰でもアプリが作れるように開発ツールであるXcodeを無料で提供しています。これをインストールすれば、すぐにアプリ開発に取りかかれます。ダウンロードに時間がかかるかもしれませんが、面倒な設定もほとんど必要ありません。

さて、現在のiPhoneアプリ開発のトレンドとなっているのが、Swiftというプログラム言語です。これまでiPhoneアプリの開発はObjective-Cというプログラミング言語を使って行われてきました。もちろん最新のXcodeでもObjective-Cを使用することはできます。でも、これからiPhoneアプリ開発を勉強しようというのに古いプログラミング言語を勉強したいですか？ Swiftの詳細については本書のChapter3で解説していますが、すごーく簡単に説明するとシンプルで、処理が速く、そしてモダンな最新プログラミング言語です。

Swiftは進化を続けるプログラミング言語として注目され、開発者からも人気を集めています。今後のiPhoneアプリ開発はSwiftが主流になっていくことは間違いありません。そして今、Swiftでアプリ開発を学ぶことは大きなチャンスでもあります。なぜなら、これまでObjective-Cでアプリ開発を行ってきた人も新しいSwiftという言語を学び始めている段階だからです。つまり、先輩開発者たちに追いつけるチャンスなんです。そういうわけで本書はSwiftに完全対応する形で執筆しました。

アプリを作りながら楽しく学習

本書の構成ですが、かなり実践的な内容となっています。それはRainbowAppsの講座が実践的であり、本書もそれに則って構成したからです。

RainbowAppsのiPhoneアプリ開発講座はこれまで5000名以上が受講しています。初心者にもやさしく、実際にアプリを作りながらXcodeの使い方やプログラミング言語を学んでいくのが特徴です。形から入って慣れることにより、例えるなら料理を作るようにアプリを作っていきます。最初は簡単なものから始まって、最終的には複雑なアプリ開発も勉強します。段階的に学習していくので、達成感を得ながら学んでいくことができるでしょう。先ほどスクールで学んでいるほとんどの方がプログラミング未経験者だと紹介しました。その未経験者の方がRainbowAppsで学び、オリジナルアプリを続々とリリースしています。そうやって未経験者の方を対象として講義で培われた実績とノウハウを本書にも注入しています。この本は「アプリ開発ってどうやるんだろう？」「自分でも出来るかな？」という好奇心が芽生えた全ての人を対象に執筆しました。

それではiPhoneアプリ開発の扉を開けましょう！

桑村治良・我妻幸長・高橋良輔・七島偉之

No.1スクール講師陣による 世界一受けたい iPhoneアプリ開発 の授業 改訂版

はじめに	002
本書の読み方	010

Chapter 1　iPhoneアプリ開発のための環境を構築する　013

1-1 iPhoneアプリ開発に必要な準備　014
　　　iPhoneアプリ開発はMacがなければ始まらない　014
　　　Xcodeをインストールしよう　016
　　　プログラミング言語で命令をする　018
　　　どうやってアプリを作っていくの？　020
　　　世界一受けたいiPhoneアプリ開発の授業の方式　022

Chapter 2　Xcodeを使ってみよう！　025

2-1 Xcodeとは何か？　026
　　　Xcodeで出来ること　026
2-2 Xcodeでプロジェクトを作成する　028
　　　プロジェクトとは何か？　028
　　　新規プロジェクトを作成する　029
　　　Xcodeの画面構成　032
　　　Xcodeに触ってみよう！　033
2-3 インターフェイスビルダーで画面を作ろう　035
　　　インターフェイスビルダーは直感的に画面が作れる　035
　　　インターフェイスビルダーを使ってみよう！　036
2-4 プログラムでアプリを動かそう！　044
　　　どういうプログラムをするか？　044
　　　実機でアプリを確認する　051

Chapter 3　新しいプログラミング言語 Swift ... 053

- 3-1　Playgroundを使ってSwiftを学ぼう！ ... 054
  - 新しいプログラミング言語Swift ... 054
  - Playgroundに触ってみる ... 055
- 3-2　コメントを使ってプログラムに注釈を書こう ... 058
  - コメントとは？ ... 058
- 3-3　変数を使いこなそう！ ... 060
  - 「変数」の使用がプログラムの基本 ... 060
- 3-4　変数とデータ型 ... 064
  - 「変数」は同じタイプどうしでないと計算できない ... 064
  - データ型 ... 066
- 3-5　配列と辞書 ... 074
  - 複数のデータを扱えるコレクション ... 074
  - 配列を作ろう ... 075
  - 配列を使おう ... 076
  - 辞書を作ろう ... 079
  - 辞書を使おう ... 080

Chapter 4　シンプルで簡単な知育アプリを作ろう！ ... 083

- 4-1　アプリを作るための企画を立てる ... 084
  - アプリはどうやって生まれる？ ... 084
  - アプリをイメージしてみよう ... 085
- 4-2　本格的にインターフェイス画面を作成しよう！ ... 087
  - Xcodeで新規プロジェクトを作成する ... 087
  - 画面作成のための設定をする ... 088
  - インターフェイスビルダーでアプリ画面を作成しよう ... 091

		画面サイズに依存しないオートレイアウト	093
4-3		プログラムでアプリを動かそう	099
		どのオブジェクトを操作する？	099
		クラスとインスタンス	100
4-4		アプリをインタラクティブにしよう！	106
		アプリの処理の流れをフローチャートにしてみよう	106
		UIImageView と UIImage	107
		制御文を使って判定処理を行う	109
		変数を使ってランダムに信号の色を変える	112

Chapter 5　楽器アプリでサウンドの扱い方を学ぶ　117

5-1		音を再生するだけのアプリを作ろう	118
		音を鳴らすにはどうすればよい？	118
		シンプルな打楽器、カウベルのアプリを作ろう！	119
5-2		楽器アプリ「ワインピアノ」を作ろう！	125
		楽器アプリの企画を練る	125
		ワインピアノのインターフェイス画面を作成する	127
		引数を持ったメソッドでBGMを鳴らす	129
		ワイングラスに音色を付けよう！	133
5-3		独立したサウンドクラスを作ろう！	139
		クラスを作ろう！	139
		音のハーモニーを生み出す処理	143
5-4		オブジェクトにアニメーションを付ける	147
		ワイングラスに動きを付けよう！	147

Chapter 6　「シンプル電卓」でガッツリコーディング　151

- **6-1**　ストーリーボードを使わずに開発しよう　152
  - ストーリーボードを使わない！　152
  - シンプルな計算機アプリを作ろう　153
- **6-2**　計算機の機能をプログラミングしよう　169
  - ボタンをタップしたときの処理　169
- **6-3**　計算機のデザインを改善しよう　180
  - 高度な色の設定をしよう！　180
  - 特殊なフォントを使用する　185

Chapter 7　四択検定アプリで画面遷移を理解する　187

- **7-1**　アプリに合った画面遷移の方法　188
  - これから作るアプリにはどのような画面が必要？　188
  - モーダル型の画面遷移の作り方　190
  - ナビゲーション型の画面遷移の作り方　191
  - タブバー型の画面遷移の作り方　192
- **7-2**　四択検定アプリを作ろう！　194
  - 3つの画面を持ったアプリ　194
  - スタート画面を作成する　198
  - CSVファイルの読み込み　202
  - 出題画面（KenteiViewController）の作成　205
  - 検定問題の出題と正誤判定をプログラムする　207
  - 得点画面（ScoreViewController）の作成　220
  - 検定結果をScoreViewControllerに表示する　222
- **7-3**　何度も遊んでもらえるアプリにする工夫　224
  - 何度も遊んでもらえるアプリにするには　224

	ランダムに問題を出題する	225
	合格回数をアプリに保存する	227
	検定のランクと成績をSNSに投稿する	230
	効果音を設定する	232

Chapter 8　Webから情報を取得する「ニュースリーダー」アプリ … 235

8-1	JSONデータを取得し、解析する	236
	Webで配信されている情報を取得するには	236
	プログラミング方針を整理する	238
	HTTP通信でサーバにリクエストを出す	239
8-2	テーブルビューで情報を表示する	245
	ニュース記事一覧画面の作成	245
	UITableViewの実装	247
8-3	Webブラウザを作成し、記事を表示する	253
	Webブラウザをアプリ内に設置する	253
	テーブルビューのデータの受け渡し	259
	アプリの仕上げをしよう	260

Chapter 9　スマホならではのスタンプカメラを作ろう … 265

9-1	カメラ機能をアプリに取り込もう	266
	スタンプカメラアプリの概要	266
	ユーザーインターフェイスの作成	267
	カメラ機能の実装	272
9-2	スタンプ画像を配置して合成画像を作る	276
	スタンプ選択画面の作成	276

	コレクションビューの作成	279
	スタンプ画像の配置	285
	スタンプ画像の削除	288
	画像を合成して保存する	289
9-3	アプリの最終仕上げ、多言語設定をしよう！	291
	ダウンロードされるアプリにするために	291
	アイコンを設定しよう	292
	ローカライゼーションを行う	295
	起動画面	303

Chapter 10　アプリをリリースする準備をしよう　305

10-1	プロビジョニングプロファイルの作成	306
	iOS Developer Programへ参加する	306
	開発者証明書の作成と登録	307
	プロビジョニングプロファイル	308
	Certificates	309
	App IDの作成	310
	プロビジョニングファイルの作成	312
10-2	iTunes ConnectでAppStore配信準備	315
	iTunes Connectとは	315
	iTunes Connectへのアプリの登録	316
	Xcodeからアプリをアップロードする	322
	iTunes Connectで審査に提出	325

APPENDIX	ソースコード一覧	327
INDEX		345

本書の読み方

本書は、iPhoneアプリ開発の学習書です。XcodeやSwiftの基礎知識についての解説、ソースコードの解説を通して、実際にiPhoneアプリを開発する方法を学んでいきます。
本書の見方は次の通りです。

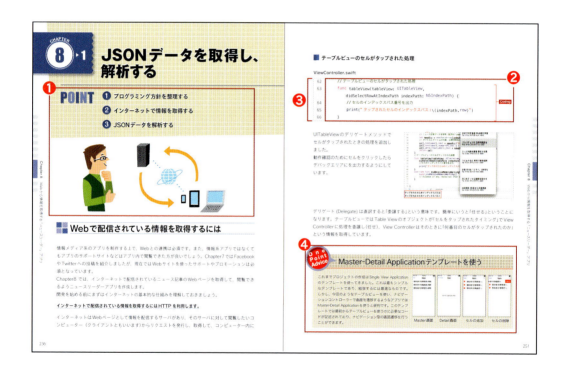

❶ ポイント
それぞれのパートの学習ポイントです。

❷ ソースコード
Swiftのソースコードを掲載しています。ソースコードは、Xcodeの標準設定によって色分けされています。
巻末にもソースコードの一覧を掲載していますので、参考にしてください。

❸ 行番号
ソースコードには1行ごとに行番号が振られています。なお、本来は1行で記述されるべき行が紙面の都合で2行になっている場合は、行番号が空白になっています。

❹ ワンポイントアドバイス
XcodeやSwiftに関するTips、アプリ開発におけるヒントを紹介しています。

サンプルファイルのダウンロード

本書で解説しているサンプルファイルはダウンロードできます。Webブラウザを起動し、以下のURLにアクセスします。

【URL】http://gihyo.jp/book/2016/978-4-7741-7871-4

Webサイトが表示されたら、「本書のサポートページ」をクリックしてください。

ダウンロードしたファイルは圧縮されてひとつのファイルになっていますので、解凍作業が必要です。ファイルをダブルクリックして展開してください。

サンプルファイルはChapterごとに整理されており、各Chapterのフォルダには「素材」フォルダと「完成例」フォルダが収録されています。なお、Chapterによっては「素材」フォルダがありません。

「素材」フォルダ内には、本書で作成するアプリに必要な画像、音声ファイル等が収録されています。各素材ファイルの使い方は、書籍中に記述されています。

【注意】ご購入・ご利用の前に必ずお読みください

本書の対応環境

本書のプログラムはMac（OS X Yosemite以上）、Xcode 7でご利用できます。

本書の内容はiOS 9 + Xcode 7の環境に対応しています。

本書の執筆環境
本書は次の環境で記述および画面掲載を行っています。

Mac OS X El Capitan（バージョン10.11.2）

Xcode 7.2

iOS 9.2

○本書に記載された内容は、情報の提供のみを目的としています。したがって、本書を用いた運用は、必ずお客様自身の責任と判断によって行ってください。これらの情報の運用の結果について、技術評論社および著者はいかなる責任も負いません。

○本書記載の情報は、2015年12月現在のものを掲載していますので、ご利用時には、変更されている場合もあります。また、ソフトウェアに関する記述は、特に断わりのないかぎり、2015年12月現在での最新バージョンをもとにしています。ソフトウェアはバージョンアップされる場合があり、本書での説明とは機能内容や画面図などが異なってしまうこともありえます。

○以上の注意事項をご承諾いただいた上で、本書をご利用願います。これらの注意事項をお読みいただかずに、お問い合わせいただいても、技術評論社および著者は対処しかねます。あらかじめ、ご承知おきください。

本文中に記載されている製品名、会社名は、すべて関係各社の商標または登録商標です。なお、本文中に™、®は明記しておりません。

iPhoneアプリ開発のための環境を構築する

Chapter 1

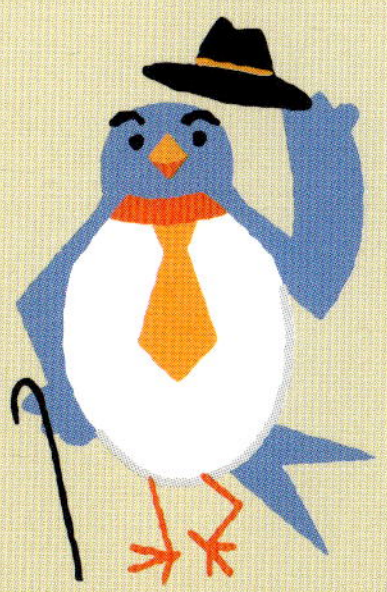

iPhoneアプリ開発に必要な準備

POINT

① iPhoneアプリ開発に必要なものを知る

② アプリ開発ツールXcodeをインストールする

③ プログラミング言語とフレームワーク

iPhoneアプリ開発はMacがなければ始まらない

さて、皆さんがこれから学んでいくのはiPhoneアプリの開発です。MacアプリでもWindowsアプリでもありません。もちろん、Androidアプリでもありませんよ。言わずもがな、iPhoneアプリとはiPhone端末で操作することができるアプリです。「そんなことは知ってるよ！」と即座に突っ込まれた方なら、iPhoneアプリが時々"iOSアプリ"と呼ばれることも知っているかもしれません。

"iOS"とはiPhoneやiPadの基礎となるオペレーティングシステム（OS）です。

OSはプラットフォームという言われ方もしますが、言ってみればコンピュータを操作するための土台となるもの。これがなければどんなアプリも動かすことができません。と言うことは、iPhoneアプリとはiOSという土台の上で初めて成り立つわけです。

■ iPhoneアプリ開発のための最初の一歩

iOSはアップル社がMac OSをベースに開発したものです。だからiOSアプリの作り方をマスターすれば、Macアプリを作ることも出来てしまいます。iOSがMac OSと大きく異なるのはタッチパネルを搭載した携帯端末に最適化されていることです。タッチ操作はiOSじゃないと出来ません。
さあ、では、ここでiPhoneアプリを開発するための最初の重要なポイントをお知らせします。

iPhoneアプリを作るためにはMacが必要です！

先ほど言ったように、iOSはMac OSがベースとなっているので、Mac OSを搭載したコンピュータがないとiPhoneアプリ開発のための環境を作ることが出来ません。しかも最新のiOSに対応するためには、出来るだけ新しいMac OSを搭載したMacが必要です。
「ええ、うちのWindowsマシンじゃ出来ないの！？　Macを買わなきゃいけないのか～」と思われた方もいるかもしれません。
これはiPhoneアプリを作るための第一のハードルです。アップル社はWindows用のiPhoneアプリ開発ツールを提供しませんでした。iPhoneアプリを作るためにはMacユーザーにならなければいけないんです。

iPhoneアプリ開発に必要なもの1　　Mac

アプリ開発に使用することができるMacはiMacでもMacBook ProでもMacBook Airでも構いません。ただし、現時点での最新バージョンのXcode7.2をインストールするには「OS X Yosemite(10.10.5)」以降が必要となります。なので、あまり古い機種のMacやMac OSではXcodeが使えない可能性があるので注意してください。
アプリのインターフェイスを作ったりする場合は大きなディスプレイのマシンの方が快適ですが、コーディングなどにおいてはディスプレイが小さくてもとくに問題はありません。

でも、MacさえあればiPhoneアプリを開発できる環境はサクッと作ることができます。もう、驚くほどアッサリとできますよ！

しかも、うれしいことにMacさえあれば開発環境は無料で手に入ります！

アップル社はiOSアプリやMac OSアプリの開発ツール「Xcode」を無償で提供しています。Xcodeのサイズは4.3GBほどあるのでダウンロードするのに少々時間がかかるかもしれませんが、これをインストールしてしまえば、すぐにiPhoneアプリ開発に取り組むことができます。

Xcodeをインストールしよう

目の前にMacがあるなら開発ツール「Xcode」を入手しましょう。なんと言ってもタダです。ダウンロードしてどんなものか覗き見るだけでもいいでしょう。

❶ **MacでApp Storeを起動します。**

App Storeの場所がわからなければDockを見ましょう。「Launchpad」や「アプリケーション」のなかにもあります。

❷ **App Storeの検索機能などを使って「Xcode」を探します。**

❸ **Xcodeのアイコンをクリックします。**

残念ながら表示されるXcodeの紹介文は英語です。Xcodeはインストールするとメニューなども全て英語で表記されています。でも、英語が苦手な方でも大丈夫。そのためにこの本があるんです。

❹ **アイコンの下の「入手」をクリックします。**

❺**お手持ちのApple IDとパスワードを入力しサインインします。**

Apple IDを作成していない場合は作成してください。サインインするとインストールが始まります。

❻**XcodeをDockに追加しましょう。**

インストールが終了したら「Launchpad」もしくは「アプリケーション」フォルダにXcodeのアイコンが表示されます。これからiPhoneアプリ開発を勉強するならXcodeは頻繁に起動することになります。Dockに追加しておきましょう。アイコンをドラッグしてDockにドロップすればOKです。

iPhoneアプリ開発をしていくならXcodeとは長い付き合いになるでしょう。Xcodeは単にアプリを開発するだけではなく、テストアプリの配信、App Storeへの申請、デバッグなどでも使用します。
さて、iOSは常に進化を続けていますが、それに伴い開発ツールのXcodeも進化しています。現在、iOSのバージョンは9となっており、Xcodeのバージョンは7.2です。Xcode7.2ではMacアプリ、iPhoneアプリ、iPadアプリ、Apple Watchアプリ、Apple TVアプリの開発が行えます。

iPhoneアプリ開発に必要なもの2　Xcode

2015年12月現在のXcodeのバージョンは7.2、対応OSは「OS X Yosemite(10.10.5)」以降となります。
XcodeはMac OSやiOSなどのアップデートに合わせて新しいバージョンが発表されてきました。そしてXcode7では、Mac OSやiOS以外にもApple Watch用のwatchOSやApple TV用のtvOSにも対応し、開発できるアプリがより広くなりました。
また、2014年に発表された新しいプログラミング言語Swiftも発表当時からアップデートされ、現在はバージョンが2.1となっています。XcodeはこうしたSwiftのアップデートにも対応しています。

プログラミング言語で命令をする

iPhoneアプリを開発するということは、iOSをベースにしてiPhoneというコンピュータに命令/処理をしていくことになります。例えば「最初の画面が表示されたら○○を表示する」とか「ボタンをタップしたら○○する」といった感じでiOSに命令をします。このようにアプリ開発は、ユーザーがそのアプリを初めて起動してからどのような処理をするのか、その次はどのような処理をすればよいのか、ということを考えながら作っていきます。

コンピュータに対する命令/処理はプログラミング言語で記述します。

プログラミング言語には様々な種類があります。JavaScriptやPHPといった言語は主にWebサイトを構築するときに使われる言語です。またAndroidアプリを開発する場合はJavaという言語を使用します。このように、その用途やプラットフォームによって使用するプログラミング言語は異なり、残念ながらオールマイティなプログラミング言語は存在しません。iPhoneアプリ開発においても同じで、これまでiPhoneアプリはObjective-Cというプログラミング言語で作られてきました。

Objective-Cは1983年に開発された言語です。みなさんもご存知のアップル社の創業者であるスティーブ・ジョブズは、アップル社から離れていた時期がありました。そのジョブズがアップル社に復帰をしたときに持ってきたもののひとつがObjective-Cでした。Objective-CはMac OS Xを開発するための言語として使用され、さらにiOSの開発言語でも使用されることにより、多くの人に知られるようになりました。

ただ、Objective-Cは約30年前に生まれた言語です。プログラミング言語の世界はコンピュータの進化に伴い新しい言語がどんどん登場してきました。1990年代はそのピークだったと言えるかもしれません。パーソナルコンピュータが普及し、インターネットが浸透し、そしてスマートフォンの登場によって、プログラミング言語を学ぶ人も急速に増えました。そうした流れのなかで、2014年にアップル社からiOSおよびMac OSのためのプログラミング言語としてSwiftが発表されました。Swiftは新しいプログラミング言語として、現在も進化中です。エンジニアの間でも人気の高い言語となっています。アップル社はSwiftの発表に際して、この言語の特徴を以下のように紹介しました。

Swiftはモダン、安全、高速、インタラクティブである！

どうです、なんだか魅力的でしょう？ しかし、新しいプログラミング言語が登場したからといってObjective-Cがなくなるわけではありません。最新のXcodeはObjective-CもSwiftも使うことができるので、Objective-Cに慣れ親しんだ開発者もこれまでと同じようにアプリ開発を行うことができます。しばらくはiPhoneアプリ開発の現場もObjective-CとSwiftの両方が使用されていくと考えられます。しかし、これからiPhoneアプリ開発を学ぼうという人は2つの言語を習得しなくてもいいでしょう。例えば、いきなりフランス語と英語の勉強をしたって頭に入るわけありません。この新しいプログラミング言語が登場したばかりの今だからこそ、Swiftを習得した方が良いのです。

Swift（スイフト）　最も新しいプログラミング言語

Swiftは、2014年に発表された、とても新しいプログラミング言語です。iOS、OS X、Apple Watch用のwatchOS、Apple TV用のtvOSで動作するアプリケーションを開発するための言語であり、これまでの開発言語であるObjective-CやObjective-C++、C言語と併用して使用することができます。

Swift発表と同時にアップル社はiBooks Storeでマニュアルとなる「The Swift Programming Language」（iTunes Storeで「Swift」で検索してください。）を無料提供しました。またSwiftを解説した開発者用のビデオ、サンプルコードを提供する専用サイト（https://developer.apple.com/swift/）も公開しています。残念ながらどちらも英語ですが、多くの開発者がこうしたドキュメントを参考にしています。

Swiftの特徴

■ モダン

JavaScriptやRubyといった新しいプログラミング言語の仕様を参考にして開発されており、洗練されたプログラミングの記述ができます。また無駄な記述がなく、可読性も高くなりました。

■ 安全

プログラムの記述ミスによって生まれるバグが起こりにくい文法になっています。

■ 高速

Objective-Cよりも処理が高速になり、リアルタイムで書いたコードの処理結果を確認することができるようになりました。

■ インタラクティブ

これまでプログラムで記述した結果はシミュレータなどを使うことによって確認していましたが、Playgroundというツールを使えばリアルタイムで処理結果を確認することができます。

どうやってアプリを作っていくの？

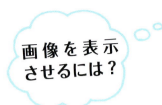

アプリ開発は、プログラミング言語を使ってiPhone/iOSにやってほしい命令を記述していくということはわかりましたね。この書籍ではSwiftを使って知育アプリ、楽器アプリ、電卓アプリ、四択検定アプリ、ニュースリーダー、スタンプカメラを作っていきます。

初めてアプリ開発を学ぶ方は、「いきなりいくつものアプリを開発することなんてできるのかな？」と思っているのではないでしょうか。

例えば楽器アプリを作るということは、音を鳴らすという処理をプログラミングしなければなりません。では、どうやってiPhoneに音を鳴らすという命令をすればいいのでしょうか？　まず音を鳴らすためにはmp3やwavといった音声ファイルを扱えるようにしなければなりません。そしてこれらの音声ファイルを再生させる必要があります。つまり、楽器アプリを作るのは音楽プレイヤーの機能を作るのと同じです。そんなに高度なことを数十ページのテキストでマスターし、理解できるのでしょうか？

答えは「イエス」であり「ノー」です。

iPhoneアプリ開発では、わりと簡単に音を鳴らす処理をプログラミングすることができます。Swiftで書くプログラムコードはたった数行です。音を再生したり、停止したり、音量を調整したりすることも行えます。しかし、実はその裏側には複雑な処理の集積が隠されています。この処理のひとつひとつを理解していくことは大変な作業になるでしょう。

アプリの画面上で画像を表示させたり、ボタンを設置したりすることも同様のことが言えます。iOSアプリの開発では画像を表示したり、ボタンを設置したりすることは簡単に行えます。Chapter2の「Xcodeの使い方」で紹介しますが、画像の表示などはプログラムコードを記述しなくても行えます。しかし、簡単に行えるからといってその裏側の仕組みが簡単であるわけではありません。iPhoneアプリの開発では、音を鳴らしたり、画像を表示したり、ボタンを設置したり、多くのアプリで必要となる標準的な機能を簡単に使えるようにしてくれています。

こうした特定の機能を使いやすくまとめた仕組みをアプリケーションフレームワークと言います。

iPhoneアプリの開発ではフレームワークをどんどん使います。もちろん、この本でもいろんなフレームワークを使用します。

まず、これからiPhoneアプリ開発をしていく上で、非常に重要となるフレームワークを2つ覚えておいてください。それは「Foundation」と「UIKit」というフレームワークです。

Foundationとは「基礎」とか「基盤」という意味ですね。その名の通りFoundationフレームワークは基盤となるものでプログラム上で文字を扱ったり、複数のデータをしたりすることができます。他にもインターネットでおなじみのURLやファイル名など認識したり、取り扱うことが出来ます。

UIKitとはUser Interface(ユーザーインターフェイス)を取り扱うフレームワークです。iPhoneアプリの多くはディスプレイ画面上で画像を表示させたり、ボタンを設置したり、文字を入力したり、タッチアクションを行ったりします。アプリとそのアプリを使うユーザーとの直接的な接点となるのがユーザーインターフェイスです。

この「Foundation」と「UIKit」がiPhoneアプリを作る上での基礎となる2大フレームワークです。この2つがなければアプリ開発は始まりません。これからアプリ開発をしていく上でこの2つはよく目にすることになるでしょう。だけど、先ほども例に挙げたように音を鳴らしたいという場合もあります。また、Webサイトを表示させたかったり、地図を表示させたいこともあるでしょう。こうした場合にはそれぞれの機能を持ったフレームワークを使用します。iPhoneアプリ開発に用意されているフレームワークには、ゲームを作るためのフレームワークやアプリに広告を載せるためのフレームワーク、FacebookやTwitterに投稿するためのフレームワークも用意されています。こうしたアプリ開発のためのフレームワークの総体をCocoa Touchと言います。iPhoneアプリ開発はこのフレームワークをいかに使っていくかということが重要で、それによって便利で洗練されたアプリを作ることができます。そしてこのフレームワークの利用もSwiftを使って行っていきます。

これからみなさんに学んでもらうのは
プログラミング言語Swiftの基本的な使い方と、フレームワークの使い方です。

そしてアプリの作成を通してアプリ開発をどのようにして行っていくかを掴んでください。そのためにいくつものアプリの作り方を紹介するわけです。

iPhoneアプリ開発に必要なもの3　iPhone

iPhoneアプリを開発する上で、iPhoneを持っていた方が良いことは異論がないでしょう。実際に触ってみて、どんな機能があるのか、どんなアプリがあるのか知らなくては新しいアプリのアイディアも出てきません。
しかし、iPhoneアプリ開発はiPhoneがなくてもやろうと思えば出来ます。Xcodeにはシミュレータ機能があり、iPhoneがなくても実機を想定したアプリの動きをMacの画面上で確認することができます。ただ、当然と言えば当然なんですが、加速度センサーやGPSを使った機能っていうのはシミュレートすることができません。まあ、初歩の学習段階ならなくてもいいですけどね。

世界一受けたいiPhoneアプリ開発の授業の方式

さあ、Xcodeのダウンロードも終了してインストールも出来たでしょうか？　ここから実践的な授業が始まります。

Chapter2ではさっそくXcodeの基本的な使い方を学んでいきましょう。アプリを開発するためのプロジェクトの作り方、そしてアプリのインターフェイス画面が簡単に作れるInterface Builder（インターフェイスビルダー）の使い方を通して、Xcodeを使ったアプリ開発を実感していただきます。

Chapter3では、Swiftというプログラミング言語の使い方を勉強してもらいます。ここではプログラムの基礎的な文法、そして概念も勉強してくださいね。プログラムとは論理的思考そのものです。この基礎が出来ていれば、生まれたアイディアをどのようにしてアプリとして具現化すれば良いかイメージできるようになるでしょう。

Chapter4～6は、知育アプリ、楽器アプリ、電卓アプリの制作を学ぶことによって、実践的なプログラム手法、フレームワークの利用を通じて初歩的なアプリ開発の方法を紹介します。

Chapter7～9は少し高度になります。複数画面のある四択検定アプリ、Webから情報を取得するニュースリーダーアプリ、そしてiPhoneのカメラ機能を使ったスタンプカメラアプリを制作します。機能が

 iPhoneアプリ開発に必要なもの4　**iOS Developer Program**

https://developer.apple.com/programs/jp/

Xcodeをダウンロードして iOSアプリ開発の勉強をすることは無料でできます。しかし、完成したアプリをApp Storeで配布するにはアップル社のサイトでiOS Developer Programに加入しなくてはいけません。このプログラムに加入するには年間11,800円(税別/2015年12月現在)が必要となります。

https://developer.apple.com/support/

プログラムメンバーは iOS Dev Centerにログインすることができ、開発のためのサンプルコードやビデオを見ることができ、また開発者同士のフォーラムにも参加することができます。また、リリース前の最新iOSをダウンロードすることもできます。

複雑になるので記述するプログラムコードは格段に増えます。全てを理解するには何度も復習することが必要になるかもしれませんが、この3つの章を通して実際のアプリ開発をイメージできるはずです。またスタンプカメラアプリを制作するChapter9ではアイコンの設定や、アプリの多言語対応なども紹介しています。

Chapter10では実際にアプリをリリースするための手順を紹介します。アプリをリリースする方法は、開発というクリエイティブな作業とは異なるフェーズとなり、初めてだとなかなかわかりづらい点があります。失敗することがないように、わかりやすく紹介しました。

本書の流れは、最初は基礎から入り、徐々に高度な技術を学んでいけるように作ってあります。

**でも一気に読み進めるのではなく、
Xcodeを立ち上げて手を動かしながら読み進めていってください。**

出来れば各Chapterを読み終えた後は、そこで学んだ技術をアレンジしてアプリを改造したりして遊んでみてください。もっと深く知りたいことがあったり、興味があったらGoogleで検索して様々な知識に触れてみてください。そうすることで学んだ技術が自分の体にしみこんでいくはずです。学んだ技術でどんどん遊びましょう。この授業にテストはありません。たくさん寄り道して遊んでください。遊び心がなければ面白いアプリを作ることはできませんよ！　もし本書で勉強していて壁にぶつかったら、簡単なアプリ作りに戻って遊びましょう。壁はいつか乗り越えればいいんです！　そして本書をフル活用し、ここで紹介している技術を応用してオリジナルアプリを開発してください。

COLUMUN

プログラミング学習のコツ

プログラミングの勉強を始めた当初は本を読んでいても聞き慣れない単語なども多く、なかなか頭に入ってこないと思います。しかし、ひとつひとつの単語につまづいていては本を読み進めることは出来ません。わからない単語が出てきたら、その単語をメモして、あとで調べましょう。慣れてくれば、わからない単語が出てきても文章の前後関係から何となくニュアンスを理解することができます。

Chapter1では、本書は「一気に読み進めるのではなく、Xcodeを立ち上げて読み進めていってください」とおすすめしました。アプリ開発の書籍にはさまざまなプログラムコードが登場します。こうしたコードは黙読するだけではなかなか身に付きません。コードはキーボードで「打ち込む」ことで、理解も深くなります。

しかし、ただなんとなくコードを「打ち込む」だけなのもよくありません。プログラムも言語です。言語ということは文法や意味、機能があります。この文法や意味、機能を考えながらコードを記述してください。

プログラミングに慣れ親しんでくれば、初めて目にするコードでも「読むこと」が出来るようになります。「読むこと」が出来るということは、記述してあるコードの意味がわかるということです。プログラマーがどのような処理がしたくてコードを記述しているのかがわかるようになれば、あなたにとってコードはただの記号の羅列ではなくなります。

そして何度もプログラムを記述することで、勉強しているプログラミング言語の「書き方」に慣れていきましょう。そうすることで、「○○という処理をしたい時は○○のように記述すればいい」ということがわかってきます。コードを記述するからと言って、そのコードや記述方法をまるまる暗記する必要はありません。はじめは、なんとなくでも良いので使い方を理解しましょう。そして「書き方」がわかれば、「こういう処理をしたい時はどうすればいいんだろう？」ということを調べることが出来ます。インターネットという力強い味方がいれば、だいたいのことは調べればわかりますよ。

コードを「打ち込み」、「読むこと」に慣れ、「書き方」が何となくわかってきたら、本に書いてあるソースコードを改変してみましょう。エラーが出たら、考えて、調べて、そして「書き方」の知識をアップデートしていきましょう。つまづいて、乗り越えることが大事です。その経験が自分でプログラミングが出来るようになる第一歩になります。

TEXT：桑村治良

Xcode を使ってみよう！

Chapter 2

CHAPTER 2-1 Xcodeとは何か？

POINT
1. iPhoneアプリ開発にはXcodeが必要
2. Xcodeにはいろんな開発ツールがつまっている

Xcodeで出来ること

Chapter 1でアプリ開発に必須のXcodeをインストールしました。本章ではXcodeの使い方を学びながら、シンプルなアプリを開発してみましょう。
そもそもXcodeとは何でしょうか？

Xcodeとは、アプリ開発に必要な作業を「強力」にサポートするツールが入った道具箱です。

アプリの開発は、プログラムを書くだけではできません。アプリをiPhone上で動作させるには、プログラムをコンピュータが理解できる形式に変換する必要があります。それだけでなく、アプリが使う画像や音声素材の管理、アプリが想定通りに動作するかの確認や、バグがないかの検証など、さまざまなことが必要となってきます。この一連の仕事をサポートするのがXcodeです。

Xcode アプリ開発ツール

Xcodeで使えるツール

■ テキストエディタ

プログラムを書くために必須のものです。Xcodeのテキストエディタは、ただプログラムを書くだけではなく、高度な自動入力やプログラム構文の強調をしてくれるため、効率良くプログラムすることができます。

■ インターフェイスビルダー

ボタンやスイッチなどの部品をドラッグ＆ドロップしていくことで、プログラムを1行も書くことなくアプリの見た目を作ることができます。

■ デバッガ

プログラムの動作に問題がないか、プログラムの実行途中で動作を止めてなかの状態を確認できたりします。

■ コンパイラ

ボタンひとつであなたが書いたプログラムをコンピュータが理解できる形式に変換してくれます。

■ iOSシミュレータ

実際のiPhone端末そっくりの動作をする「シミュレータ」をMac上に立ち上げ、アプリの動作を確認することができます。

Xcodeにはここに挙げた他にも、多くの便利な機能があります。ただし、様々な機能があるため、初めての人はどこをどう触っていいか戸惑うかもしれません。まずは必須の機能の使い方を覚えてから少しずつ他の機能の使い方を学んでいきましょう。

Xcodeでプロジェクトを作成する

POINT

① アプリ開発はプロジェクトの作成から始まる

② Xcodeの画面構成を理解する

③ XcodeでSwiftファイルやストーリーボードを表示する

プロジェクトとは何か?

さて、それでは実際にXcodeを触りながら使い方を学んで行きましょう。まずはプロジェクトの作成から行います。

「プロジェクト」とはソースコードや画像素材など、アプリに必要なものをひとまとめにしたものです。

Xcodeでプロジェクトを作成すると複数のファイルで構成されたプロジェクトフォルダがつくられます。このなかにはプロジェクトを管理するためのプロジェクトファイルやプログラムソースを記述するファイル、またアイコンや起動画像を入れるフォルダなどが入っています。また、アプリで使用する画像や音声ファイルなどもこのプロジェクトフォルダのなかに保存する必要があります。それでは実際にプロジェクトを作成してみましょう。まずはXcodeを起動してください。

新規プロジェクトを作成する

❶ Xcode を起動します。

Dock から起動する場合は Mac の画面下に表示されている設計図とハンマーのアイコンをクリックします。Finder から起動する場合はアプリケーションフォルダのなかにある Xcode アイコンをクリックします。

Dock から Xcode を起動

Finder から Xcode を起動

❷ Xcode の起動画面が表示されます。今回は「Create a new Xcode project」を選択して新規プロジェクトを作成しましょう。

❸テンプレート選択画面が表示されるので①iOSのApplicationのなかの②「Single View Application」を選択して、③「Next」ボタンをクリックします。

テンプレートとはプロジェクトを作るための雛形です。便利な機能が組み込まれたテンプレートもありますが、今回は最もシンプルなものを使用します。

❹設定画面が表示されるので各項目の設定をして、「Next」をクリックします。

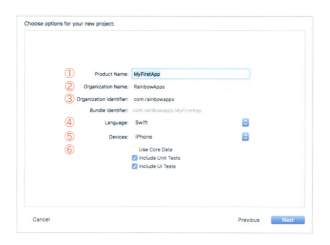

①Product Name
プロジェクトの名前です。アプリ名の初期値にもなります。今回は「MyFirstApp」とします。

②Organization Name
会社や団体名を入力します。入力しなくてもOKです。今回は「RainbowApps」とします。

③Organization Identifier
任意の値でOKです。通常は「com.rainbowapps」のように、ドメイン表記を逆にした記述にします。

④Language
開発に使用するプログラミング言語です。SwiftかObjective-Cを選択できます。もちろん本書では「Swift」を選択します。

⑤Devices
iPad、iPhone、Universal（iPhoneとiPadの両方に対応）のアプリにするかを選択できます。今回は「iPhone」を選択します。

⑥Use Core Data、Include Unit Tests、Include UI Tests
データベース機能やUnitテスト、UIテストなどの高度な機能を使用するかどうかの設定です。今回は特に使用しないので初期状態のままにしておきます。

❺ **プロジェクトを保存する場所を確認されるので、任意の場所を指定して「Create」ボタンをクリックすればプロジェクトが作成されます。**

❻ **これでプロジェクトができました。**

プロジェクトを作成するとアプリ開発に最低限必要なファイルやフォルダが自動生成されます。

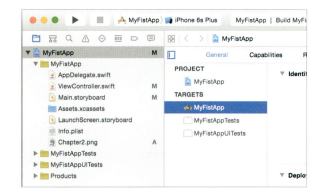

❼ **いったんプロジェクトを閉じて、再度開いてみましょう。**

Xcodeの左上の赤いボタンをクリックしてプロジェクトを閉じます。プロジェクトを保存したフォルダをFinderで見てみましょう。いくつかのファイルやフォルダが作成されました。プロジェクトを開くときは「.xcodeproj」ファイルをダブルクリックします。MyFirstApp.xcodeprojを開きましょう。

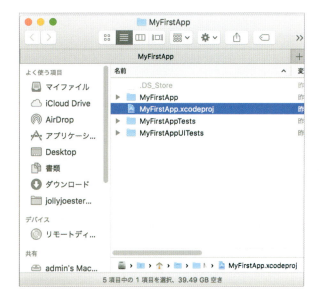

Xcodeの画面構成

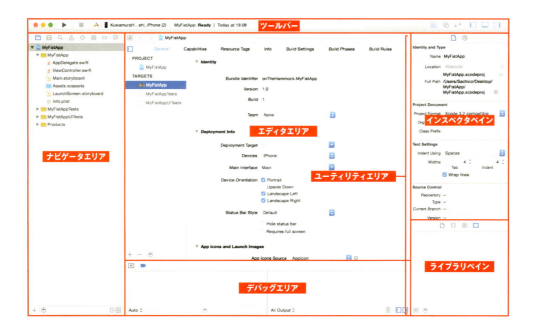

Xcodeの画面は5つのエリアで構成されています。それぞれのエリアの名前と役割を覚えましょう。

■ ツールバー
アプリ開発でよく使う機能が配置されています。

■ ナビゲータエリア
主に編集するファイルを選択したりします。

■ エディタエリア
選択したファイルを編集するのに使います。

■ デバッグエリア
プログラム実行時のデバッグメッセージが表示されます。

■ ユーティリティエリア
アプリ開発で使用する部品の設定ができます。上半分の領域をインスペクタペイン、下半分をライブラリペインと呼びます。

One Point Advice　ワークスペースの設定を行う

ツールバーの右側のワークスペース設定ボタンで、下記のエリアの表示/非表示設定が行えます。
①ナビゲータエリアの表示/非表示
②デバッグエリアの表示/非表示
③ユーティリティエリアの表示/非表示

Xcodeに触ってみよう！

特によく使う「ツールバー」、「ナビゲータエリア」、「エディタエリア」の機能の一部を使って、操作をしてみましょう。

❶ Swiftファイルを表示します。

ナビゲータエリアで「ViewController.swift」というファイルを選択します。ViewController.swiftは画面に関するソースコードが記述されているSwiftファイルです。エディタエリアにはソースコードを編集するためのテキストエディタが表示されます。

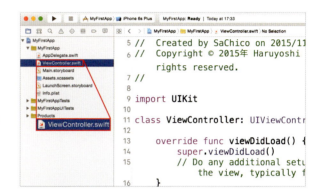

❷ ストーリーボードを表示します。

次に「Main.storyboard」を選択します。エディタエリアにキャンバスのようなものが表示されました。これがインターフェイスビルダーの機能「ストーリーボード」です。このストーリーボードにボタンや画像などを配置してアプリのインターフェイスを作っていきます。

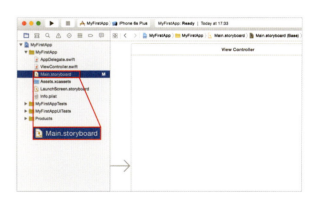

 コードを記述する時、エディタ画面に行番号を表示する

コードを記述するとき、エディタエリアには左側に行番号を表示することができます。本書のサンプルコードでも、コードの記述場所がわかりやすいように行番号を表示しています。行番号の表示は「Xcode」メニューから「Preferences...」を開き、「Text Editing」の「Line Numbers」にチェックを入れます。

ナビゲータエリアでファイルを選択すると、ファイルは編集に適した形でエディタエリアに表示されます。このエディタエリアでプログラムを記述したり、インターフェイスを作ったりします。
今度はシミュレータを起動してみましょう。現在のアプリの状態をシミュレーションできます。

❸ iOSシミュレータを起動します。

Runボタン　スキーマメニュー

画面左上、ツールバーにあるRunボタンをクリックするとiOSシミュレータが起動します。
またスキーマメニューをクリックするとiPhone4s〜iPhone6s Plus、iPad AirやiPad Proなどシミュレータの種類を選択できます。

さあ、Runボタンをクリックしてみましょう。iOSシミュレータが立ち上がってアプリが実行されました。画面は真っ白ですが、電波や電池のアイコンは実物そのままですね!!
iOSシミュレータは command キー＋ Q キーで終了できます。

iOSシミュレータ　シミュレータの種類

Xcodeのショートカットキー

アプリ開発ではショートカットキーを頻繁に使うことになるでしょう。コピー（ command キー＋ C キー）、ペースト（ command キー＋ V キー）、カット（ command キー＋ X キー）はMacを使っていて頻繁に使うショートカットキーですが、アプリ開発でも同様に使えます。Xcode特有の

ショートカットキーとして頻繁に使うのは command キー＋ R キーです。これでiOSシミュレータの起動をすることができます。アプリ開発ではシミュレータを頻繁に起動するので覚えておきましょう。

iOSシミュレータのサイズを変更する

iOSシミュレータを起動すると、画面がディスプレイ内に収まらない場合があります。これはiPhoneのRetinaディスプレイが、通常ディスプレイより解像度が2倍であるため、表示も2倍になるためです。iOSシミュレータの大きさはWindowメニューの「Scale」で調整できます。

インターフェイスビルダーで画面を作ろう

POINT
1. ラベルやボタンなどのオブジェクトを配置する
2. 画像をプロジェクトに取り込む
3. 配置したオブジェクトの重なり順を理解する

 インターフェイスビルダーは直感的に画面が作れる

Interface Builder（インターフェイス ビルダー）とは、その名の通りアプリのインターフェイス画面を構築していくツールです。

インターフェイスビルダーは、コードを記述することなくユーザーインターフェイスを設計できます。

従来、アプリ上で表示する画面やボタン、画像など（アプリ開発の世界ではこれらをオブジェクトと呼びます）はプログラムコードを記述することで作成していました。しかし、インターフェイスビルダーを使用すればボタンや画像といったオブジェクトをドラッグ＆ドロップで、直感的に設置することができます。インターフェイスビルダーで作成したインターフェイス画面はStoryboard（ストーリーボード）ファイルに保存されます。ストーリーボードとは「絵コンテ」という意味ですが、インターフェイスビルダーを使えば絵コンテのように複数のインターフェイス画面の設計もすることができます。例えばゲームアプリなら、スタート画面→ゲーム本編画面→結果画面というように画面が遷移していきますよね。こうした画面の流れもインターフェイスビルダーで作成することができます。

インターフェイスビルダーを使ってみよう！

それではさっそくインターフェイスビルダーを使ってみましょう。ナビゲータエリアから「Main.storyboard」を選択してください。ストーリーボードファイルで画面を制作します。

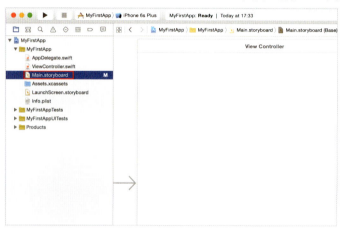

画面サイズを設定する

中央のエディタエリアには正方形のような枠が表示されています。これはView Controllerと言います。このView Controllerにボタンや画像といったオブジェクトを配置していくのですが、これだとなんだかiPhoneの画面っぽくないですよね。iPhoneは機種によって画面のサイズが異なります。iPhoneアプリは画面の比率が異なる端末にも対応することを前提としているため、View Controllerは最初は正方形のような形で表示されています。今回は初めてストーリーボードに触れるのでiPhone 6のみに特化してみましょう。そこでView ControllerのサイズをiPhone 6にします。

❶View Controllerの上部にある◻をクリックしてView Controllerを選択します。

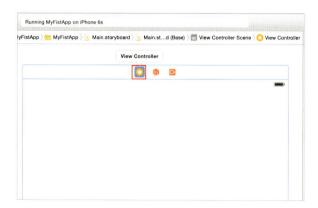

❷インスペクタペインのSimulated MetricsのSizeを「iPhone 4.7-inch」に変更します。

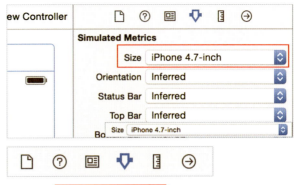

Simulated Metricsを表示するには3番目のタブのAttributes Inspector( )に切り替えてください。
Attributes Inspectorではオブジェクトの属性を設定できます。

インスペクタペインタブ

■ オブジェクトを配置する

画面の土台ができたので、次はオブジェクトを配置してみましょう。オブジェクトはライブラリペインのObject Library( )に格納されています(Object Libraryを表示するにはライブラリペインの3番目のタブに切り替えます)。ここはストーリーボードに配置できる部品置き場のようなものです。ここにあるオブジェクトをドラッグ&ドロップしてストーリーボードに配置することでこれらの部品を使うことができます。このなかには皆さんがiPhoneアプリのなかでよく見る部品も入っていると思います。
例えば以下のような部品を探して配置してみましょう。

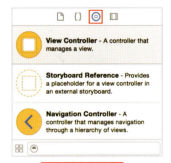

Object Library

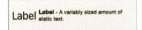
Label（ラベル）

Button（ボタン）

Slider（スライダー）

Switch（スイッチ）

手っ取り早く見つけたい場合はライブラリペインの一番下にある検索ウィンドウにオブジェクトの名前を入力してみましょう。頭文字を入れるだけでもすぐに見つかりますよ。

ストーリボードの画面のズームイン/ズームアウト

ストーリボードで複数画面の設計をすると、個々のインターフェイス画面が見にくくなってしまうことがあります。また、ストーリーボードで全体的な画面の流れを確認したい場合もあるでしょう。こういう場合はEditorメニューの「Canvas ▶ Zoom」から表示率を変更することができます。

各オブジェクトをドラッグ＆ドロップで配置しましょう。View Controller上にオブジェクトをドラッグすると青いガイドが表示されるので中央などにも簡単に配置できます。

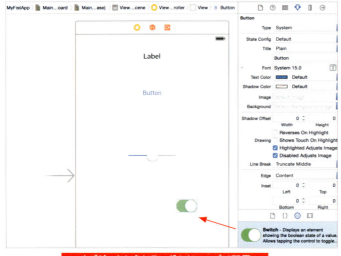
オブジェクトをドラッグ＆ドロップで配置

iOSシミュレータ

配置し終わったらスキーマメニューをiPhone6に設定してシミュレータを起動してみましょう。オブジェクトが表示されましたね！　クリックしてみると何も起こりませんが反応することがわかります。配置したオブジェクトを消す場合はオブジェクトを選択してキーボードの delete キーを押します。このあとスイッチとスライダーは使わないので消しておいてください。

■ オブジェクトの属性を設定する

それぞれのオブジェクトは属性(property)を持っています。例えばラベルなら表示する「文字」や「色」、ボタンならそのタイプなどの属性があります。こうした属性も簡単に設定することができます。それではラベルとボタンに表示する文字の設定をしましょう。

❶ラベルを選択します。

❷ラベルを選択した状態でダブルクリックします。そうすると「Label」という文字が選択された状態になります。

❸「初アプリ！」という文字を入力してください。

ボタンも同じように文字を入力することができます。❶ボタンを選択し、❷文字をダブルクリックをして、❸「祝」という文字を入力してください。

さらに詳細なオブジェクトの属性はインスペクタペインの右から3番目のタブAttributes Inspector（⬇）から変更することができます。今度はラベルの文字の色を赤に、文字のサイズも大きくなるように属性を変更してみましょう。

❶ラベルを選択します。

❷文字の色の設定はインスペクタペインの①「Color」をクリックします。②カラーパレットが表示されるので真ん中のタブから、③「Red」を選択します。

「Color」の設定が表示されない場合は、インスペクタペインをAttributes Inspector(⬇)に切り替えて設定してください。

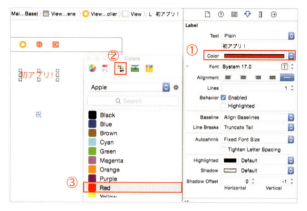

❸文字の大きさの設定は①FontのTマークをクリックします。そうすると②Font設定パレットが表示されます。このパレットでFontを選択したりSizeを変更することができます。ここでは③Sizeを「36」にします。

文字サイズを変更するとラベルが「初...」のような表示になってしまいました。ラベルのサイズに比べてなかの文字が大きくなりすぎてしまったんですね。文字に合わせてラベルのサイズを大きくしましょう。

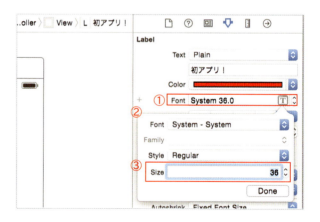

❹ラベルを選択すると小さな四角(ハンドル)が表示されます。ラベルの四隅のいずれかのハンドルをドラッグするとラベルが広がります。文字が収まるちょうど良いサイズに調整してください。

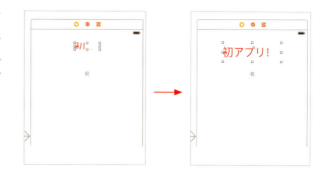

■ 画像をプロジェクトに取り込み、配置する

これでラベルとボタンを配置できましたが、画面がちょっと寂しいですね。せっかくなので画像も配置してみましょう。画像を用意しましたので、サポートサイトからChapter2の「素材」フォルダをMacにダウンロードしてください。

❶ ダウンロードしたフォルダはMacのダウンロードフォルダに保存されています。

通常はDockの一番右側のゴミ箱の横にダウンロードフォルダがあります。

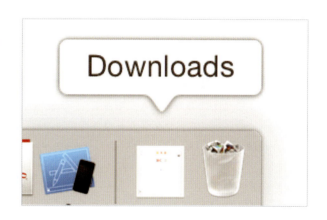

❷ ダウンロードしたフォルダに入っている「Chapter2.png」という画像をドラッグ＆ドロップしてプロジェクトに画像を取り込みます。

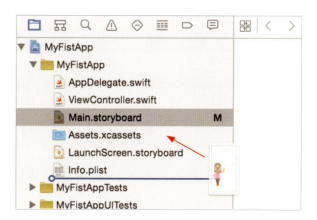

❸画像を取り込むと「Choose options for adding these files:」画面が表示されます。この画面のなかの①「Copy items if needed」にチェックを付けます。このチェックを付けるとプロジェクト内に取り込んだ画像のコピーが作成されます。②「Finish」ボタンをクリックして取り込みをします。

❹ストーリーボードに戻ります。ライブラリペインをMedia Library（ ）に切り替えます。

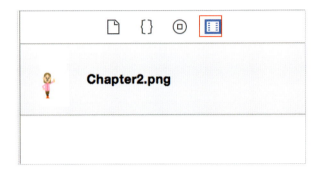

Media Libraryのなかにプロジェクトに取り込んだ画像が表示されています。

❺Media Libraryから取り込んだ画像をView Controllerにドラッグ＆ドロップで配置します。

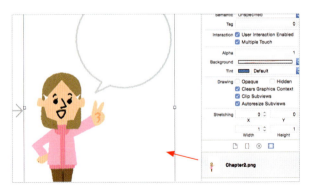

さて画像を配置したところ、ラベルやボタンが消えてしまいました。
実はオブジェクトは追加した順番に積み重なっていきます。だから後から追加した画像が大きくてラベルやボタンを覆って隠してしまったのです。この重なりの順番を変更してみましょう。

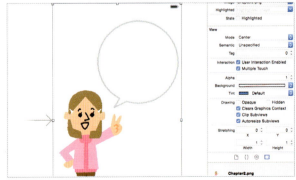

❻ オブジェクトの重なりの順番はストーリーボードの左に表示されているドキュメントアウトラインで確認できます。

ドキュメントアウトラインは①ドキュメントアウトラインボタン（▯）で表示/非表示を切り替えることができます。

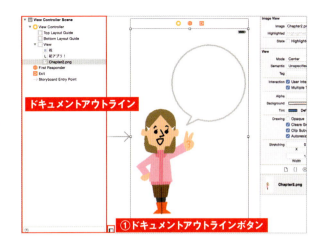

❼ ドキュメントアウトラインを見ると追加した順にラベルのＬマーク、ボタンのＢマーク、画像アイコンが表示されています。下のオブジェクトほど重なりとしては上の階層にあるので、画像をドラッグ＆ドロップしてラベルの上に移動しましょう。

重なりの順番を変更したらラベルとボタンが見えました。画像の吹き出しに文字が入るようにラベルの位置を調整してください。スキーマメニューを iPhone 6 にして iOS シミュレータを起動しましょう。

プログラムでアプリを動かそう！

POINT
1. ストーリーボードのオブジェクトをSwiftに接続する
2. IBOutletとIBActionの違いを理解する
3. ボタンをクリックしたときの操作をプログラミングする

どういうプログラムをするか？

ストーリーボードで、アプリのインターフェイス画面を作成することができました。iOSシミュレータを起動すると画像や文字やボタンが表示されています。ボタンをクリックすると、ボタン自体は反応します。しかし、ボタンをクリックしても画面上で何か起こるわけではありません。

何かを起こすためにはプログラミングが必要となります。

では、ボタンをクリックしたら、「初アプリ」と表示されたラベルの文字が「めでたい！」という文字に変化するようにしましょう。

まずストーリーボードで配置したオブジェクトを操作するには、ViewController.swiftでオブジェクトを扱えるようにしなければなりません。

■ アシスタントエディタを使うために画面を整理する

Xcodeには、ストーリーボード上のオブジェクトをプログラムで扱うアシスタントエディタという機能があります。この機能を使って、ViewController.swiftと操作したいオブジェクトを繋げてみましょう。そのために、まずアシスタントエディタを扱いやすいようにXcodeの画面を設定します。

❶ツールバーのエディタ設定ボタンでアシスタントエディタを表示します。

エディタエリアの表示を切り替える設定ボタン
左：スタンダードエディタボタン
中央：アシスタントエディタボタン
右：バージョンエディタボタン

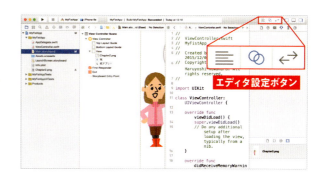

❷ワークスペース設定ボタンでユーティリティエリアを非表示にします。またストーリーボードのドキュメントアウトラインも非表示にします。

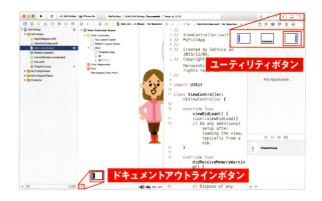

❸画面が整理されました。左にはストーリーボードが、右にはViewController.swiftの内容が表示されています。

ViewController.swiftは名前の通りView（見た目）をコントロールするためのプログラムファイルです。

■ ラベルをプログラムで扱うための準備

ラベルなどのオブジェクトをコントロールするにはストーリーボードのオブジェクトとViewController.swiftを関連付ける必要があります。

❶ラベルを選択した状態で、 control キーを押しながらViewController.swiftの13行あたりへドラッグ＆ドロップします。

青い線が現れたら、ViewController.swift上にドロップしてください。

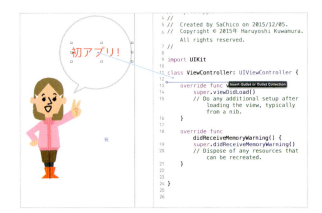

❷ポップアップ画面が表示されます。①Nameに「label」と入力し、②「Connect」ボタンをクリックします。

❸ViewController.swiftに「@IBOutlet weak var label: UILabel!」というプログラムが追加されました。

@IBOutletの左にある黒丸にカーソルを当てるとストーリーボード上で関連付けられているオブジェクトが青く反応します。

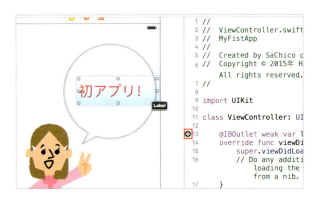

ボタンをタップしたときの操作をプログラムで扱うための準備

このアプリではボタンをクリックしたときに、ラベルの文字を変化させます。そのためにボタンをクリックした時の操作をプログラムしましょう。

❶ボタンを選択して control キーを押しながらViewController.swiftにドラッグ＆ドロップします。25行目あたりにドラッグ＆ドロップしてください。

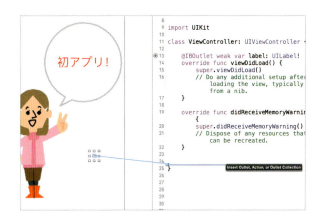

❷今度はConnectionを①「Action」に変更します。②Nameは「tappedButton」と入力して③「Connect」ボタンをクリックしてください。

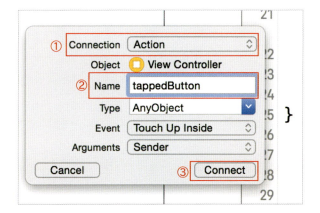

❸ViewController.swiftに「@IBAction func tappedButton (sender: AnyObject) { }」というプログラムが追加されました。

@IBActionの左にある黒丸にカーソルを当てるとストーリーボード上で関連付けられているオブジェクトが青く反応します。

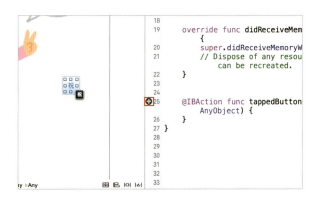

IBOutletとIBAction

ラベルをViewController.swiftに関連付ける時はConnectionは「Outlet」と設定しましたが、ボタンの時は「Action」と設定しました。これは大きな違いがあります。このプログラム上ではラベルとボタンでは役割が異なります。ユーザーがボタンをタップすると、ラベルで設定した文字は変化します。つまりボタンをタップするというアクションにより、ラベルの属性が変化するわけです。その違いがコード上ではIBOutletとIBActionという修飾子で表示されていました。

IBOutletとはインターフェイスビルダーで作成したオブジェクトを操作するための"修飾子"です。

プログラム上では「インターフェイスビルダーで作られたオブジェクトである」ことを明示するためにIBOutletという"修飾子"を使います。また、同じようにプログラム上でラベルであることを明示するためにはUILabelという"型(Type)"を使います。このようにプログラムでオブジェクトを扱う場合は"型"を付けます。ちなみに「Outlet」とは日本で言うコンセントの意味であり、プログラムとインターフェイスビルダーを繋ぐ接続口を意味しています。

IBActionはインターフェイスビルダーで作成したオブジェクトを使って操作処理するための"修飾子"です。

Actionという言葉が付いているように、IBActionでは何らかのアクションを起こすための処理を記述します。この処理は{ }という括弧のなかで記述します。この一連の操作処理をプログラミングの世界ではメソッドと呼んでいます。

現時点ではまだ{ }の中身は記述されていません。なので、これからラベルに変化を与えるプログラムを書く必要があります。

アシスタントエディタで接続を間違えたとき

アシスタントエディタでストーリーボードのオブジェクトをSwiftファイルに接続したとき、間違って接続してしまうこともあります。その場合はSwiftファイルに追加された「@IBOutlet〜」や「@IBAction〜」のプログラムコードを削除して下さい。

しかし、このままではストーリーボード接続情報が残っておりエラーが出ます。ストーリーボードで間違って接続したオブジェクトを選択し、インスペクタペインのConnections inspector(⊙)を表示します。IBOutletで接続したオブジェクトは「Referencing Outlet」の接続を切ります(Xマークをクリックします)。IBActionで接続したオブジェクトは「Sent Events」の接続を切ります。

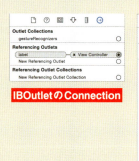

IBOutletのConnection

IBActionのConnection

■ IBActionの処理を記述する

さて、ここまではViewController.swiftファイルにコードを自ら記述することはありませんでした。しかし、ここからは自動的に行うことは出来ません。なぜなら、これからの処理はプログラマー自身が決めなければいけないからです。
さあ、何をしましょうか？
このアプリの目的はボタンをクリックしたらラベルの文字を変化させるというものでした。ということはIBActionのなかで、ラベルの文字の属性を変更するという処理をしてやればいいわけです。その処理はこのように記述します。

ViewController.swift

```
25  @IBAction func tappedButton(sender: AnyObject) {
26      label.text = "めでたい!!"   Coding
27  }
```

`tappedButton` メソッドの { } のなかに `label.text = "めでたい!!"` を記述してくださいね。
本書では Coding という表記で読者のあなたが記述するコードを示しています。
さて、Swiftの文法は次の章で勉強しますが、ここでは記述したプログラムがどのような意味なのかだけを理解してください。
`label` とはストーリーボードで配置したラベルのことですね。Swift では IBOutlet の修飾子を付けて定義しました。`label.text` というのはラベルのテキスト属性を意味します。このテキスト属性を "めでたい!!" とすることで、ボタンをクリックしたらラベルの文字が "めでたい!!" と表示されるようにプログラミングしました。

■ Xcodeのプログラミング入力補完

さて、ViewController.swift に記述する際「label.t」まで入力するとXcodeが入力候補を出してくれたと思います。これもXcodeの強力な機能のひとつ、入力補完です。コードを打ち込んでいくと、Xcodeが入力しようとする内容の候補を出してくれます。
複数候補がある場合は▲キー▼キーで候補を選んで return キーを押すと決定できます。この機能を使いこなせば入力文字数も少なくて済みますし、打ち間違いも大幅に減るのでぜひ使いこなしていきましょう。

■ 完成したアプリを確認しよう！

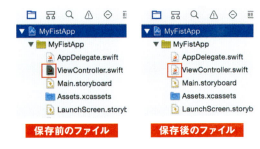

さあ、いよいよ本書での初アプリが完成しました。でも、完成の歓喜の前にみなさんに習慣付けておいてもらいたいことがあります。それはデータの保存です。パソコンを使っていると思いがけないアクシデントに遭遇することがあります。例えば、せっかく書いたレポートが、パソコンのフリーズによって消えてしまった経験はありませんか？ アプリ開発でもこうした危機は避けたいものです。データの保存を習慣付けましょう。プログラムの入力が終わったら command キーを押しながら S キーを押してプログラムを保存してください。

Xcodeでは保存していないファイルを明示してくれます。ナビゲーションエリアでファイルのアイコンが黒くなっていたら保存してない変更がある印なので気をつけてください。

さて、それではRunボタンをクリックしてください。「祝」ボタンをクリックしたら、ラベルの文字は変化したでしょうか。変化したら初アプリの成功です！

実機でアプリを確認する

開発中のアプリは自分が持っているiPhoneやiPadにインストールすることができます。iOSシミュレータでは完全に機能を確認できないこともあるので、実機でも開発したアプリを確認しましょう。

❶Xcodeメニューから「Preferences…」を選択します。

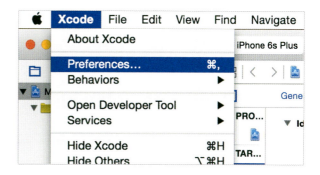

❷Preference画面の「Acounts」を選択して、左下の「＋」ボタンから、「Add Apple ID…」を選択します。

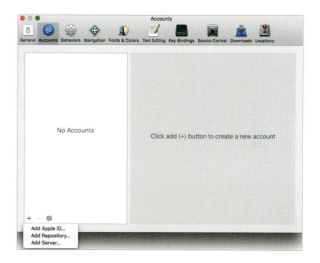

❸Apple IDとパスワードを入力して「Sign In」ボタンをクリックします。

❹ テスト用に使用するiPhoneとMacをライトニングケーブルで接続します。

❺ テストするプロジェクトのスキーマメニューをクリックすると接続したiPhoneが表示されるので、選択します。

ツールバーに「Processing symbol files」というメッセージが表示され、読み込みが始まります。

❻ Runボタンをクリックします。

ツールバーに「Building…」というメッセージが表示され、接続している端末にインストールしたアイコンが追加され、アプリが起動します。

One Point Advice　初めて実機テストを行う時の端末側の設定

初めてXcodeから端末にアプリをインストールする時、ホーム画面にアイコンは追加されてもアプリを実行できない場合があります。その場合はiOSの「設定」アプリで設定を行う必要があります。
「設定」アプリの項目「一般」から「プロファイルとデバイス管理」を選択すると、Xcodeで登録したApple IDが表示されたデベロッパAPPという項目があります。この項目から"Apple ID"を信頼」をタップして、開発用アプリが使用できるようにしてください。

新しいプログラミング言語 Swift

Chapter 3

PlaygroundでSwiftを学ぼう！

POINT
1. PlaygroundでSwiftを使ってみる
2. Playgroundファイルを作る
3. プログラムの実行結果をリアルタイムで確認する

新しいプログラミング言語Swift

さて、Chapter2ではXcodeの使い方を学びながら簡単なアプリを開発しました。プログラムは1行しか書いていないのにアプリらしいものができましたよね。これでプログラムができればさらに複雑なアプリ作ることができます。
そこでChapter3ではiPhoneアプリ開発で用いるプログラミング言語「Swift」について、詳しく学んでいきます。

Swiftは2014年に生まれたとても新しいプログラミング言語です。

これまではiPhoneアプリ開発には、「Objective-C」というプログラミング言語が主に使われてきました。Objective-Cは30年以上前に開発された歴史のあるプログラミング言語なのですが、少々クセが強く、特に初心者は学習するのに苦戦を強いられてきました。Swiftは記述がシンプルでとても読みやすくなりました。iPhoneアプリ開発の現場も、今後はObjective-Cが次第にSwiftに置き換わっていくと考えられます。

プログラミング言語の学び方

プログラムは、学校では主要な教科ではないため、プログラマー以外の方でプログラムを学んだことがある方は少ないと思います。ではどのようにプログラムを学べば良いのでしょうか？

多くのプログラマーが口を揃えて言うのは「とにかくプログラムを書いて実行すること」です。

なんのひねりもないようですが、これは「本を読ん」だり「考え」たりすることと比べて手を動かして「書く」ことを大事にしなさいという意味です。

プログラムは最終的にはコンピュータが解釈するものです。実際にプログラムを書いて実行してみないと本当にコンピュータがきちんと解釈してくれるのかはわかりません。またプログラミング言語には日本語や英語のような自然言語と違って厳格なルールがあり、人間には理解し難いルールもあります。なぜそんなルールなのか、初めからそんなことを考えていてはなかなか実践的な勉強を始めることができません。

なのでプログラマーたちは新しい言語を学ぶときは、とにかく書籍やインターネットにあるプログラム（ソースコードとも言います）をたくさん書き写して自分で動かしてみます（ちなみに、このことをプログラマーたちは「写経」と呼んでいます (笑)）。

記述したソースコードを実際に動かして、それが間違っていればコンピュータがエラーを出します。その原因を調べてはプログラムを修正してまた実行して……プログラマーはそれを繰り返すことによって、まるで体で覚えるようにプログラムを学習していきます。なので皆さんも学習でつまづいた時は、とにかくプログラムを書いてみましょう。プログラマーとしてある程度のレベル（といってもそこそこ高いレベル）まではそうすることによってたどり着けるはずです。

Playgroundに触ってみる

さて、「とにかくプログラムを書いて実行する」と言ってもどのようにすればいいのでしょうか？

プログラムを実行するにはそれ相応の「環境」が必要です。ひと昔前はこの「環境」を用意することが入門者にとってプログラムを学ぶことよりも難関だったりしました。しかし、Swiftを学ぶ上では、Xcodeにある「Playground」というツールを用いることで簡単に「環境」を準備できてしまいます。

PlaygroundはSwiftを学ぶためには最適のツールです。

Playgroundを使えばChapter2で行ったようにXcodeでプロジェクトを作成し、iOSシミュレータを起動するということをしなくても、記述したプログラミングの結果をすぐに確認することができます。これは、たくさんプログラムを書いて、勉強するにはもってこいのツールですね。PlaygroundでSwiftの基本を学ぶという準備運動をしてから、Chapter4以降で本格的なアプリ開発に取りかかることにしましょう。

■ Playgroundを作成する

❶ Playgroundファイルを作成します。

①XcodeのメニューバーからPlaygroundを作成する場合はFileメニューの「New ▶ Prayground...」を選択します。

②Xcode起動時のメニューからPlaygroundを作成する場合は「Get started with a playground」を選択します。

❷ Nameに任意の名前を入力して、② Platformは「iOS」を選択し、③「Next」ボタンをクリックします。

Playgroundは「Playground名.playground」というファイル名で保存されます。

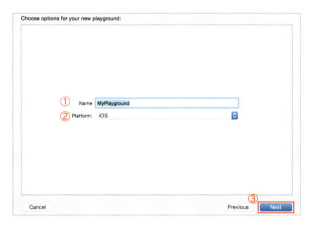

❸ 新規作成したPlaygroundの保存先を決めて、「Create」ボタンをクリックします。

■ Playgroundの画面構成

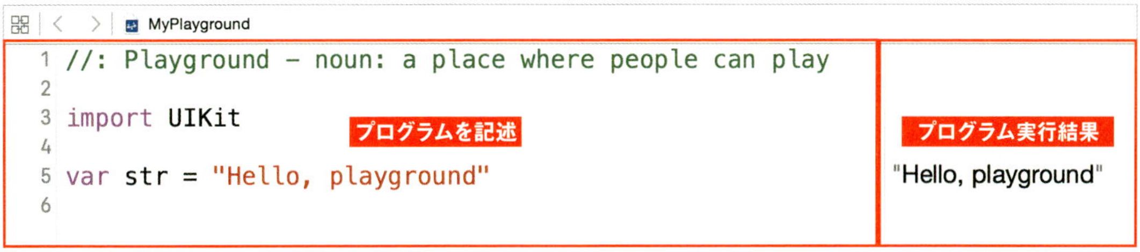

```
1 //: Playground - noun: a place where people can play
2
3 import UIKit
4
5 var str = "Hello, playground"
6
```

プログラムを記述

プログラム実行結果
"Hello, playground"

画面左側がプログラムを書く場所であるテキストエディタです。そして右側のサイドバーにプログラムの実行結果が表示されます。新規作成した時点で下記のコードが記述されています。

MyPlayground.playground

3	`import UIKit`	
4		
5	`var str = "Hello, playground"`	`"Hello, playground"`

5行目のサイドバーには "Hello, playground" という文字が表示されています。これが var str = "Hello, playground" というプログラムの実行結果になります。

では、下記のコードを記述してみてください。

MyPlayground.playground

6		
7	`var number = 10 + 20`	`30`
8		

7行目のサイドバーには "30" と表示されていますね！ このようにして記述したプログラムが瞬時に実行されて、結果が表示されました。それではこの機能を使って Swift の文法を学んでいきましょう。

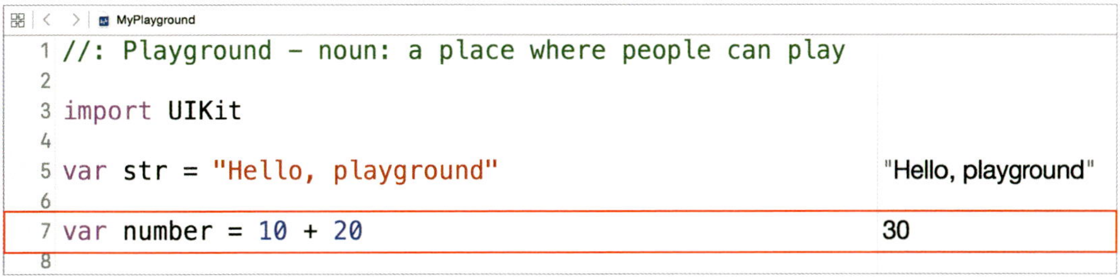

```
1 //: Playground - noun: a place where people can play
2
3 import UIKit
4
5 var str = "Hello, playground"          "Hello, playground"
6
7 var number = 10 + 20                    30
8
```

コメントを使ってプログラムに注釈を書こう

POINT
1. コメントの書き方をおぼえる
2. コメントの種類を理解する

コメントとは？

Playground を新規作成したときに 1 行目に下記の記述がありました。

MyPlayground.playground

```
1  // Playground - noun: a place where people can play
```

この部分を「コメント」と言います。コンピュータは記述されたプログラムを解析し処理を実行していきます。しかし、コメントはこの処理が実行されません。なのでコメント内では私たちが普段使っている日本語も使用することができます。

<u>つまりコメントにはプログラムの説明やメモなどを自由に書くことができます。</u>

実際にアプリ開発をすると記述するプログラムコードの量は膨大なものになる場合があります。そのような時に自分がどのような処理を記述したのかわかるように、ソースファイルにメモや注釈を残しておくと便利です。また、1 人ではなく何人ものチームでアプリ開発をする場合は、コメントを記述しておくことで他のプログラマーにコードの意味を伝えることができます。
コメントはプログラムの勉強にも役立ちます。勉強していて気づいたことやコードの意味などをコメントとして記述しておけば理解は深まり、復習するときにも役立つでしょう。

1 行コメントの書き方

コメントには 1 行コメントと複数行コメントがあります。1 行コメントを書く場合は /（スラッシュ）を 2 回、先に書きます。では、先ほど記述した var number = 10 + 20 というプログラムの上にコメントを記述してみましょう。

MyPlayground.playground

7	`// 10 + 20 を計算します。`	
8	`var number = 10 + 20`	30
9		

またコードの横にも記述することができます。コメントの前に全角スペースを入れるとエラーになるので注意しましょう。

MyPlayground.playground

7	`// 10 + 20 を計算します。`	
8	`var number = 10 + 20    // 答えは 30 になると思います。`	30
9		

■ 複数行コメントの書き方

複数行コメントはコメント化したい箇所を「/*」「*/」で囲みます。囲まれた部分は全てコメント化されます。

MyPlayground.playground

6	`/*`	
7	`  10 + 20 を計算します。`	
8	`  答えは 30 になると思います。`	
9	`*/`	
10	`var number = 10 + 20`	30

One Point Advice ショートカットによるコメントの便利な使い方

間違ったコードを記述してしまってエラーが出た時に、記述したコードを無効化したい場合があります。そういう時にもコメントを使うと便利です。
/*〜*/で複数行コメントをしてもよいですが、コメント化したい箇所を選択して command キー＋ / キーでまとめて1行コメント化することができます。コメントを解除する場合も1行コメント箇所を選択して command キー＋ / キーで解除できます。

```
8  var number = 10 + 20
```
コメント化したい部分をドラッグして選択
↓
```
8  //var number = 10 + 20
```
command キー＋ / キーでコメント化

変数を使いこなそう！

POINT
1. 変数とは何かを理解する
2. 変数は宣言して使用する
3. 演算子を使って変数で計算する

「変数」の使用がプログラムの基本

プログラムを書く上で必ず理解しておかなければならないのが「変数」(variable) です。

変数とはデータを格納できる場所のことです。

変数には数字を入れることができます。また、文字列を入れることもできます。さらに数字を入れた変数は別の数字に入れ替えることも可能です。変数とはデータを入れておくことが出来る箱のようなものですね。Playground にも下記の変数が記述されていました。

MyPlayground.playground

4		
5	`var str = "Hello, playground"`	`"Hello, playground"`
6		

これは「str という名前の変数（var）を宣言して」、「"Hello, playground" という文字列で初期化する」という意味です。

「str という名前の変数（var）を宣言して」というのはコンピュータにこれから「str」という名前の変数を使いますよと教えることを意味します。これ以後 str という名前の変数が使えるようになります。
「"Hello, playground" という文字列で初期化する」というのは先ほど宣言して用意された str という変数に "Hello, playground" というデータを格納するという意味です。データを格納するときはイコール（=）を使います。以後 str という変数には "Hello, playground" というデータが入ることになります。
Playground の 5 行目のサイドバーには "Hello, playground" という実行結果が表示されていました。これは str という変数の中身を表しています。

```
5 var str = "Hello, playground"              "Hello, playground"
6
```

この後の行に str という変数を記述すると、サイドバーには "Hello, playground" という実行結果が表示されます。つまり str にはまだ "Hello, playground" という文字列が入っているということですね。
このように変数を使う場合はまず変数であることを宣言して、初期値を入れます。

```
5 var str = "Hello, playground"              "Hello, playground"
6 str                                         "Hello, playground"
```

変数の宣言

```
var 変数名 = 初期値
```

変数名には数字や記号を頭に付けられません。またプログラムの範囲によって、同じ名前の変数名を使えない場合があるので注意しましょう。

コードに使われている色には意味がある

コードを見ていると、様々な色がついていることに気づかれたかと思います。デフォルトではコメントは緑色で表示され、型（キーワード）はピンク色で、文字列は赤色で表示されています。これもXcodeの機能でプログラムを読みやすいように表現しています。この機能をシンタックスハイライトといいます。シンタックスハイライトはXcodeメニューの「Preferences...」の「Fonts & Colors」で変更することも出来ます。この「Preferences...」ではエディタエリアの背景色やコードの文字の大きさなども変更することができます。コーディングしやすい設定をしましょう。

■ 変数の中身を入れ替えてみよう

変数はデータの格納場所ですので、中身のデータを入れ替えることもできます。試しに変数 str の中身を "I love Swift" というデータに入れ替えてみましょう。

MyPlayground.playground

16		
17	`str = "I love Swift"`	`"I love Swift"`
18		

これを「変数 str に "I Love Swift" を代入する」と言います。

■ 変数を使って計算をしてみよう

代入という言葉を目にして、数学を思い出したかもしれませんが変数を使って計算することもできます。

MyPlayground.playground

19	`var x = 25`	25
20	`var y = 10`	10
21	`x + y`	35

Playground のサイドバーにはプログラムの実行結果、つまり計算結果が表示されます。
この x と y を使って四則演算もやってみましょう。

21	`x + y`　//和	35
22	`x - y`　//差	15
23	`x * y`　//積	250
24	`x / y`　//商	2

プログラミング上では掛け算で使用する「×」は「 * 」(アスタリスク) を使います。また割り算で使用する「÷」は「 / 」(スラッシュ) を使用します。

これらの「＋」「ー」「＊」「/」を演算子といいます。

また「 % 」を使用すると割り算をしたときの余りを求めることができます。

| 25 | `x % y`　//余り | 5 |

x(25) を y(10) で割ると商は 2 となり、余りは 5 となりました。「 % 」は剰余演算子といいます。例えばこの剰余演算子を使って、対象となる変数が 2 で割り切れるか (余りが 0 となるか)、余りが出るかで変数が偶数か奇数かを調べることができます。また剰余演算子を使用することで周期的な数字を算出することもできます。本書の実践的なアプリ開発の中で度々出てくるので、そこで具体的な使い方を覚えてくださいね。

さらにプログラムで使用できる演算子には下記のようなものがあります。これらの演算子もプログラムではよく使うものなので、使いこなせるようになりましょう！

```
x++      // インクリメント演算子。x = x + 1 と同じでありxに1が加算される。
x--      // デクリメント演算子。x = x - 1 と同じでありxに1が減算される。
x += 5   // 複合代入演算子。x = x + 5 と同じであり、この場合xに5が加算される。
x -= 5   // 複合代入演算子。x = x - 5 と同じであり、この場合xに5が減算される。
```

■ 定数を使う

プログラムでは定数 (let) というものを使用することも出来ます。ちなみに定数を宣言するキーワードの let ですが、数学では「○○を××とする」というような値を定義するときに使用されます。

定数の宣言

```
let 定数名 = 初期値
```

定数と変数を使って計算することができます。

32	`var w = 25`	25
33	`let z = 3`	3
34	`w + z      // 変数w（25）と定数zを足し算する`	28

定数のなかの値を計算に使ったりすることはできますが、宣言した定数に新たに値を代入するとエラーになってしまいます。なので定数は変更してはいけない値を宣言する際に用います。

定数も変数と同じようにデータを格納できますが、中身を変更することができません。

		28
36	`z = 10      // エラー。zに代入することはできないとXcodeに怒られる`	10
37		

Cannot assign to value: 'z' is a 'let' constant
Fix-it Change 'let' to 'var' to make it mutable

Cannot assign to value: 'z' is a 'let' constant

定数に新たに値を代入することはできません。エラーが出ます！

063

変数とデータ型

POINT

1. 変数には数字、文字などデータに適した型が付く
2. オプショナル値を何のために付けるのか理解する
3. プログラム上での文字の扱い方を知る

■「変数」は同じタイプどうしでないと計算できない

変数や定数では数字だけではなく、文字も扱うことができました。実は文字を格納した変数で、こんな計算処理をすることもできます。

MyPlayground.playground

39	`var str1 = "Hello, "`	`"Hello, "`
40	`var str2 = "playground!"`	`"playground"`
41	`str1 + str2`	`"Hello, playground"`

Playground の 7 行目のサイドバーには "Hello,playground!" と文字が連結された実行結果が表示されます。では、今度は数字の「4649」を初期値にした変数と文字を足してみましょう。

MyPlayground.playground

43	`var num = 4649`	4649
44	`var str3 = " playground!"`	`" playground!"`
45	`number + str3`	

さてサイドバーには "4649 playground!" と出したかったんですが、エラーが出てしまいました……。

```
45 num + str3
46    ⓘ Binary operator '+' cannot be applied to operands of type 'Int' and 'String'
```

エラー：Binary operator '+' cannot be applied to operands of type 'Int' and 'String'

なぜエラーが出てしまったのでしょうか。実は Swift のルールとして数字と文字を計算することはできないんです。融通が効きませんねぇ。エラーが出たコードは削除して、次に、こういう計算をしてみましょう。

MyPlayground.playground

47	`var number1 = 1`	1
48	`var number2 = 0.5`	0.5
49	`number1 + number2`	

文字と数字を足すというのは少々トリッキーだったかもしれませんが、数字と数字を足すくらいはやってくれるでしょう。しかし、またしてもエラーが出てしまいました……。

```
49 number1 + number2
50    ⓘ Binary operator '+' cannot be applied to operands of type 'Int' and 'Double'
```

エラー：Binary operator '+' cannot be applied to operands of type 'Int' and 'Double'

エラーの理由を見てみると、どうも先ほどと同じようです。実は整数と小数点が付く数字は違うタイプのものとして扱われます。そして異なるタイプの変数どうしでは計算をすることはできません。
これまで変数や定数を宣言するときは初期値を入れてました。実はこの初期値を入れたときに自動的に変数や定数のタイプが決められていたのです。そして一度決まったタイプの変数や定数に異なるタイプの値を代入してもエラーになってしまいます。

```
51 var number3 = 1                                          1
52 number3 = 0.5    ⓘ Cannot assign value of type 'Double' to type 'Int'
```

整数で初期値を宣言した変数に小数点付きの数字を代入するとエラーが出ました。

データ型

さんざん、みなさんの前でエラーを出してしまいましたが、これはみなさんに変数や定数には「データ型」というものがあることを理解して欲しかったからです。データ型はかなりたくさん用意されていますが主に以下のものがあります。

Actionをキャッチしたときの設定一覧

Int 型	整数の型です。数を数えたりする計算などによく使います。
Double 型	小数の型です。例えば体重の計算や金額の計算などで使用します。
String 型	文字列の型です。アプリに表示するメッセージなどに使います。
Bool 型	真 (true) か偽 (false) を設定する型です。

さて、ここまでは変数を宣言する際に型を意識することはありませんでした。それは初期値を設定することによって、型が決められていたからです。

このように型を初期値で設定することを型推論と呼びます。

MyPlayground.playground

54	`var count = 10`	//Int 型の変数になる。	10
55	`var height = 10.0`	//Double 型の変数になる。	10
56	`var message = "10"`	//String 型の変数になる。	"10"
57	`var isOK = true`	//Bool 型の変数になる。	true

気をつけたいのは同じ「10」という数字でもInt型として扱う場合は「10」と初期値を設定すればよいわけですが、Double型として扱う場合は「10.0」と初期値を設定しなければならないことです。そして文字列として数字を扱う場合は「"10"」とダブルコーテーションで括らなくてはいけません。

結果を想定して型を決めよう

変数や定数を使って計算処理をした場合、Int型を使った場合は結果もInt型になります。割り算を使って小数点が出る結果でも整数になってしまいます。結果を小数まで出したい場合はDouble型を使わなくてはいけません。

`var number1 = 10`	10
`number1 / 3`	3
`var number2 = 10.0`	10
`number2 / 3`	3.333333333333333

■ 型を指定して変数を宣言する

型を指定して変数を宣言することもできます。この場合は初期値の設定をしなくてもエラーにはなりません。型を指定する場合は変数名の後に：(コロン) を付けてデータ型を記述します。

型を指定する変数の宣言

```
var 変数名：データ型
```

MyPlayground.playground

59	`var count2:Int`	`//Int 型の変数になる。`	
60	`var height2:Double`	`//Double 型の変数になる。`	
61	`var message2:String`	`//String 型の変数になる。`	
62	`var isOK2:Bool`	`//Bool 型の変数になる。`	

型を指定して初期値を設定することができます。

MyPlayground.playground

64	`var count3:Int = 10`	`//Int 型の変数になる。`	10
65	`var height3:Double = 10.0`	`//Double 型の変数になる。`	10
66	`var message3:String = "10"`	`//String 型の変数になる。`	"10"
67	`var isOK3:Bool = true`	`//Bool 型の変数になる。`	true

■ 型を変換する

さて、先ほど変数や定数は異なるタイプのデータを持つことはできませんと紹介しましたが、これだと不便過ぎますね。

異なるデータ型を扱う場合は、「型変換」を行って受け渡すことが出来ます。

Int 型や Double 型を型変換する場合は下記のように記述します。

Int 型や Double 型を型変換して変数に受け渡す

```
var 変数名 = 変換する型 ( 変数または定数 )
```

MyPlayground.playground

69	//Int型変数int1をDouble型に変換して変数double1に代入する	
70	`var int1:Int = 10`	10
71	`var double1 = Double(int1)`	10
72		
73	//Double型変数double1をInt型に変換して変数int2に代入する	
74	`var int2 = Int(double1)`	10
75		
76	//Int型変数int2をString型に変換して変数string1に代入する	
77	`var string1 = String(int2)`	"10"

上記が具体的な型変換の実行結果です。まず7行目でInt型変数をDouble型に変換してdouble1という変数に代入しました。10行目ではこのdouble1をInt型に変換してint2に代入しました。そして13行目でint2をString型に変換してstring1に代入しました。

型変換をすれば計算も行えます。下記のコードの15行目ではDouble型変数double1をInt型に型変換してint1と足し算をしています。19行目はint1をDouble型に変換してdouble1と掛け算しています。

MyPlayground.playground

79	//Double型変数double1をInt型に変換してInt型変数int1と足す	
80	`Int(double1) + int1`	20
81		
82	//Int型変数int1をDouble型に変換してDouble型変数double1と掛ける	
83	`Double(int1) * double1`	100

■ String型をInt型に変換する

型変換は実際のプログラミングではよく利用されるものです。しかし、まだやっていないことがありました。String型の数字を格納した変数をInt型に変換する方法です。これは、ちょっとやっかいです。文字としての数字と計算などで使用される数字とは扱いが異なるからです。しかし、文字としての数字をInt型に変換しなければならないケースは結構あります。こうしたケースに対応するために文字としての数字をInt型に変換することができます。

String型をInt型に変換

```
var 変数名 = Int(String型変数)
```

MyPlayground.playground

```
85  //String 型変数 string1 を Int 型に変換して変数 int3 に代入する
86  var int3 = Int(string1)                                    10
```

"10" という値が入った String 型の変数を Int 型に変換しました。それでは String 型 から Int 型に変換した int3 を使って計算してみましょう。

MyPlayground.playground

```
85  // String型変数string1をInt型に変換して変数int3に代入する
86  var int3 = Int(string1)                                    10
87
88  // String型からInt型に変換したデータを格納したint3に10を足す
89  int3 + 10
```

うーん、エラーが出てしまいましたね……。赤丸 ● をクリックしてみましょう。

Fix-it Insert "!" と出ています。これをダブルクリックしてみましょう。

```
88  // String型からInt型に変換したデータを格納したint3に10を足す
89  int3! + 10                                                 20
90
```

int3 の後にビックリマークの「!」（エクスクラメーションマークと言います）が自動的に付加されてエラーが消えました。そして実行結果も正しく表示されています。

先ほど String 型の変数を数字に変換するのはやっかいだと先述しましたが、それが正にここで紹介したエラーとして出てきました。String 型の文字を Int 型に変換するわけですから、その変換する文字が数値に置き換えられるかどうかはコンピュータ側では判断できません。試しに下記のようなコードを書いてみましょう。

MyPlayground.playground

```
92  // "さんじゅう"という文字で初期化されたString型の変数をIntに型変換
93  var string2 = "さんじゅう"                                "さんじゅう"
94  var int4 = Int(string2)                                    nil
95
```

上記のプログラムは"さんじゅう"という文字列をInt型の変数に型変換しようとしています。実行結果は「nil」となりました。nilとは「無効な値、空のデータ」という意味です。日本人の私たちは"さんじゅう"という音の響きから数字の「30」を意味していることを想像することはできますが、コンピュータはそこまでの想像力は備えていません。そこで"さんじゅう"という文字列をInt型に変換しようとすると「nil」となってしまいました。

Swiftでは値がnilになる可能性がある変数を計算に使おうとするとエラーが出ます。30 + 10は計算できますが、nil + 10は計算できないからです。変数の中にnilが入っていないことがはっきりわかっている場合はそれをプログラマーが明示する必要があります。それがint3の後に付けた「!」となります。ただしこの場合は、int3はnilになってはいけないのでstring1の中身がInt型に変換できないものが入っているとエラーになります。

■ アプリの安全性を高めるためのオプショナル値

nilという値を扱うと想定していた処理が出来ない場合があります。これはエラーですが、エラーにも2種類あります。Xcodeで間違ったコードを記述したときに起こるエラーは、そのプログラムが解析できないことによって起こるものです。これを「コンパイルエラー」と言います。一方、Xcodeで解析はできるが、プログラム実行時に起こるエラーもあります。これを「ランタイムエラー」と言います。ランタイムエラーになるとアプリが落ちてしまいます。この危険性を軽減するためにオプショナル値というものがあります。オプショナル値はnilを入れることができる型です。逆の言い方をすればオプショナル値でない変数にnilを入れるとエラーになります。

nilが入るかもしれない変数はオプショナル値として扱わなければいけません。

先ほど、var int3 = Int(string1) というプログラムで String 型の変数を Int() を使って Int 型に変換し、int3 という変数に代入しました。もし Int 型への変換が失敗した場合は 変数 int3 には nil が入る可能性があるので、int3 はオプショナル値となります。また、この int3 はオプショナル値で「ラップ」されている (包まれている) 状態と言います。オプショナル値の変数とオプショナル値ではない変数を同じように扱うことはできません。そのためにオプショナル値の変数を計算などで使用する場合は、プログラマーはその値が nil であるかどうかチェックしてから使用する必要があります。そこで int3 の後

Xcodeは間違いを許さない！

プログラムの世界は厳格です。文法を間違えたり、ルールを破るとXcodeはエラーを表示します。勉強をしていると、このエラーが出ることにビクビクしてしまいがちです。でも、エラーのアイコンをクリックするとなぜ間違えているのかを教えてくれます。エラー表示には2種類あり、🛑 をクリックすると「修正しろ！」と指示を出しますが、🔴 は「こうすべきじゃないの？」と候補を出します。候補をクリックすればエラーが解消できる場合もあります。

に「!」を付けました。これは、int3 の値をオプショナル値でラップされている状態から取り出すので「アンラップ」と言います。

「!」を付けたアンラップ

```
オプショナル値！
```

変数に nil が入るかもしれない場合や、あえて nil を使いたい場合は、オプショナル値として宣言しなくてはいけません。nil を扱うオプショナル値は下記のように「?」を付けて宣言します。
また、nil が入る可能性はあっても、プログラマー自身がその変数には nil が入らないことを保証して宣言できるオプショナル値もあります。この場合は下記のように「!」を付けて宣言します。

nil が入るかもしれないオプショナル値の宣言

```
var 変数名：データ型 ? = 初期値
```

nil が入らないオプショナル値の変数の宣言

```
var 変数名：データ型 ! = 初期値
```

MyPlayground.playground

```
96  var opVer1: Int? = 10         // ?をつけたオプショナル値       10
97  opVer1! + 10      // アンラップすると計算できる              20
98  opVer1 + 10       //ラップされた変数は計算できない           20
```

上のコードを見ると、「?」のオプショナル値が付いた変数はアンラップすると計算できますが、ラップされた状態ではエラーが出ます。ラップ状態の変数は nil という " 意図しない値 " が入るかもしれないので扱うには注意が必要です。この注意を厳重に行うためにアンラップという処理があります。このように Swift では変数にエラーが起こるような値がなるべく入らないような工夫が施されています。
エラーを放置するとその後に記述するコードに支障があるので、エラーが出た行はコメント化するか削除しましょう。

■ String 型に変数を埋め込む

String 型の変数のなかで、Int 型変数や Double 型の変数を文字として扱いたいケースがあります。例えばゲームアプリの点数などは、随時変化する数値として Int 型や Double 型の変数のなかにユーザーの得点を格納していきます。その結果を文字として表示するためには String 型にしなければなりません。例えば「あなたのスコアは 0 点です」という文字列を作りたいとします。しかし、下記のようなソー

スコードを記述するのは非常に面倒くさいです。

MyPlayground.playground

101	`// 表示のための String 型変数 str4`	
102	`var str4 = " あなたのスコアは "`	`" あなたのスコアは "`
103	`// スコア変数を宣言`	
104	`var score = 0`	`0`
105	`// スコア変数を String 化。表示のための String 型変数 str5`	
106	`var str5 = String(score)`	`"0"`
107	`// 表示のための String 型変数 str6`	
108	`var str6 = " 点です "`	`" 点です "`
109	`// 表示のために String 型変数をつなげる`	
110	`str4 + str5 + str6`	`" あなたのスコアは 0 点です "`

この場合は、下記のようにスコアを格納した変数を String 型の文字列に埋め込むことで実現できます。

112	`// スコア変数を宣言`	
113	`var score2 = 0`	`0`
114	`// 表示のための String 型変数 str7`	
115	`var str7 = " あなたのスコアは \(score) 点です "`	`" あなたのスコアは 0 点です "`

5 行で記述していたコードが 2 行で済みました。文字列に変数を埋め込むには以下のように記述します。

文字列に変数を埋め込む

```
var 変数名 = " 文字列 \( 変数 ) 文字列 "
```

「 \ 」はバックスラッシュという記号です。使用する場合は option キー ＋ ¥ キーで入力します。

■ String 型に備わっている機能を使う

Chapter2 で、ストーリボードに配置したラベルの属性を変更する処理を記述しました。各データ型にはあらかじめこうした命令処理が用意されています。例えば文字を大文字から小文字に変化させる処理に .lowercaseString というものがあります。

String 型変数の大文字を小文字にする

変数.lowercaseString

117	`var str8 = "HELLO"`	"HELLO"
118	`str8.lowercaseString`	"hello"

次は逆に String 型の変数の小文字を大文字に変換してみましょう。

String 型変数の小文字を大文字にする

変数.uppercaseString

120	`var str9 = "hello"`	"hello"
121	`str9.uppercaseString`	"HELLO"

次は String 型の変数の文字数を調べてみましょう。

String 型変数の文字数を調べる

変数.characters.count

123	`str9.characters.count`	5

String 型変数 str9 に格納された文字列（HELLO）が characters という文字の集まりに分割され、その文字数が count されて、「5」という結果が表示されました。
では最後に String 型変数の文字列を指定の文字で分割するという処理を紹介します。

String 型変数の文字列を指定の文字で分割する

変数.componentsSeparatedByString(" , ")

125	`var str10 = "Hello, Swift"`	"Hello, Swift"
126	`str10.componentsSeparatedByString(" , ")`	["Hello","Swift"]

ここでは「Hello,Swift」という文字列を「Hello」と「Swift」という文字列 にカンマに使って分割しました。分割された 2 つの文字列は、複数のデータを扱う配列というデータ型として扱われます。

配列と辞書

POINT
1. 複数のデータを扱う場合は配列や辞書を使う
2. 配列はデータを番号で扱う
3. 辞書はデータをキーワードで扱う

複数のデータを扱えるコレクション

複数のデータを扱う場合は、「配列」(Array) や「辞書」(Dictionary) というものを使用します。変数は「データを入れておくことが出来る箱のようなもの」と紹介しましたが、配列や辞書はその箱のなかに必要なだけの区画を作ってたくさんのデータを入れておくことができます。配列のひとつひとつの区画にはデータを格納するごとにインデックス番号が振られます。配列のなかのデータは順番に取り出すことも出来ますし、番号を指定して取り出すこともできます。一方、辞書には区画に名前 (Key) を付けることができます。辞書の場合は、その区画の名前を使ってデータを取り出すことができます。

このような複数のデータをひとつの集合体として取り扱うデータ型をコレクションと呼びます。

それでは「配列」「辞書」の使い方を紹介しましょう。

配列を作ろう

配列では複数のデータをインデックス番号を使って扱うことができます。ここで押さえておきたい重要なポイントがあります。

配列のインデックス番号はゼロから始まります。

コンピュータの世界でなにかを数える時は基本的にゼロから始まります。これは人間の世界ではあまり馴染みがないかもしれません。例えば3つのデータがあった場合、配列のインデックス番号は0〜2となります。配列の最後のインデックス番号が2なら、配列のなかには3つのデータが入っていることになるわけです。このゼロから始まる考え方はプログラミングでは頻繁に出てくることになります。

配列の作成

配列は複数の値 (配列では要素と呼びます) を角括弧 [ ] で囲んで宣言します。この要素は「,」(カンマ) で区切ります。

配列の宣言

```
var 配列名 = [ 要素1 , 要素2, 要素3...]
```

では、試しに数字の配列と曜日の配列を作ってみましょう。

```
131  // 数字の配列と曜日の配列
132  var numArray = [1,2,3,4,5,6,7]                        [1,2,3,4,5,6,7]
133  var daysArray = ["月","火","水","木","金","土","日"]    ["月","火","水","木"...
```

配列は要素の型を指定しても作ることもできます。

型を指定した配列の宣言

```
var 配列名 : [ 型 ] = [ 要素1 , 要素2, 要素3...]
```

```
135  var numArray2:[Int] = [1,2,3,4,5,6,7]
136  var daysArray2:[String] = ["月","火","水","木","金",   [1,2,3,4,5,6,7]
           "土","日"]                                       ["月","火","水","木"...
```

■ 空の配列を作る

配列は最初から要素を入れておかなくてはいけないわけではありません。空の配列を作ってあとから要素を追加することも出来るし、入れ替えることもできます。

空の配列の宣言、型を指定した空の配列の宣言

```
var 配列名 = [ ]
var 配列名：[ 型 ] = [ ]
```

■ 配列を使おう

配列に格納されている要素を使用する場合は、インデックス番号で指定します。

配列の要素を取り出す

```
配列名[ インデックス番号 ]
```

では、先ほど作った曜日の配列から水曜日を指定してみましょう。

| 136 | `var daysArray2:[String] = ["月","火","水","木","金","土","日"]` | ["月","火","水","木"... |
| 137 | `daysArray2[2]` | "水" |

くどいようですが配列はゼロから始まります。なので3番目に格納した"水"を指定する場合はdaysArray[2]としなくてはいけません。
今度は水曜から金曜までを指定してみましょう。配列は範囲を指定することができます。

配列の範囲を指定して要素を取り出す

```
配列名[ 開始インデックス番号 ... 終了インデックス番号 ]
```

| 137 | `daysArray2[2]` | "水" |
| 138 | `daysArray2[2...4]` | ["水","木","金"] |

■ 配列の要素数を調べる

配列にどれだけの要素が入っているのかは、.count というプロパティを使用することで調べることが出来ます。曜日の配列の数を数えてみましょう。

配列の範囲を指定して要素を取り出す

配列名 .count

139		
140	daysArray2.count	7
141		

■ 配列の要素の内容を変更する

要素の内容を変更する場合は、インデックス番号で指定して代入します。

要素の内容を変更する

配列名 [インデックス番号] = 要素

142	daysArray2[2] = "水曜"	"水曜"
143	daysArray2	["月","火","水曜","木","金","土","日"]

■ 配列の要素を削除する

配列の要素の削除にはインデックスを指定する方法、最後の要素を削除する方法、全てを削除する方法などがあります。

インデックス番号を指定して要素を削除

配列名 .removeAtIndex(インデックス番号)

145	daysArray2.removeAtIndex(2)	"水曜"
146	daysArray2	["月","火","木","金"...

配列の最後の要素を削除

配列名.removeLast()

148	daysArray2.removeLast()	"日"
149	daysArray2	["月","火","木","金","土"]

配列の全ての要素を削除

配列名.removeAll()

151	daysArray2.removeAll()	[]

■ 配列の要素を追加する

配列の要素の追加には、最後に追加する方法やインデックス番号を指定して追加する方法があります。

配列の最後に要素を追加

配列名.append("要素")

154	var daysArray3 = ["月","火","木","金","土"]	["月","火","木","金","土"]
155	daysArray3.append("日")	["月","火","木","金","土","日"]

配列のインデックス番号を指定して要素を追加

配列名.insert("要素", atIndex: インデックス番号)

157	daysArray3	["月","火","木","金","土","日"]
158	daysArray3.insert("水",atIndex: 2)	["月","火","水","木","金","土","日"]

Xcodeの補完機能で機能を調べる

変数名の後に「．」(ピリオド)を入力すると、その変数の型が持っている機能を表示してくれます。こうしたコードは長いものもあるので、キーボードを叩いて入力していたら入力ミスが起こりがちです。補完候補を活用しましょう。

辞書を作ろう

辞書は私たちが普段使っている辞書と同じようにキーワード (key) を使って要素を扱うことができます。作りかたなどは配列と似ています。

辞書の作成

辞書はキーと値を 1 セットの要素として角括弧 [ ] で囲んで宣言します。要素は「,」(カンマ) で区切ります。

辞書の宣言

```
var 辞書名 = [ キー : 値 , キー : 値 , キー : 値 ...]
```

では、試しに住所を想定した辞書とテスト結果を想定した辞書を作成してみましょう。

| 162 | `var adDic = ["国":"日本","都道府県":"神奈川県","市町村":"横浜"]` | ["市町村":"横浜","国"... |
| 163 | `var scoreDic = ["国語":50,"算数":55,"英語":80]` | ["算数":55,"国語":50,... |

キーと値に型を指定して宣言することも出来ます。

型を指定した辞書の宣言

```
var 辞書名 : [ キーの型 : 値の型 ] = [ キー : 値 , キー : 値 , キー : 値 ...]
```

| 165 | `var adDic2:[String:String] = ["国":"日本","都道府県":`
`"神奈川県","市町村":"横浜"]` | ["市町村":"横浜","国"... |
| 166 | `var scoreDic2:[String:Int] = ["国語":50,"算数":55,`
`"英語":80]` | ["算数":55,"国語":50,... |

キーと値に何も入れなければ空の辞書を作成することが出来ます。

```
var 辞書名 = [:]      // 空の辞書の宣言
var 辞書名 : [ キーの型 : 値の型 ] = [:]       // 空の辞書の宣言
```

辞書を使おう

辞書に格納されている値を使用する場合はキーを指定します。先ほど作ったテスト結果の辞書から国語の点数を指定してみましょう。

辞書の要素を取り出す

辞書名["キー"]

```
168  var scoreDic3 = ["国語":50,"算数":55,"英語":80]     ["算数":55,"国語":50,...
169  scoreDic3["国語"]                                    50
```

さて、Playground の実行結果を確認すると 50 と表示されています。では、今度は試しに登録していないキーとして "理科" を指定してみましょう。

```
168  var scoreDic3 = ["国語":50,"算数":55,"英語":80]     ["算数":55,"国語":50,...
169  scoreDic3["国語"]                                    50
170  scoreDic3["理科"]          // 登録していないキー"理科"を指定    nil
```

nil が表示されました。辞書で登録していないキーを指定した場合は中身は nil となります。つまり nil になる可能性があるので辞書の中身はオプショナル値になります。なので辞書に入れたデータを使用する場合は、注意しましょう。例えば 3 科目の平均点を求めるプログラムは下記のように取り出した値をアンラップしてから計算します。

```
172  var lang = scoreDic3["国語"]      // 国語の点数を変数 lang に代入     50
173  var math = scoreDic3["算数"]      // 数学の点数を変数 math に代入     55
174  var eng  = scoreDic3["英語"]      // 英語の点数を変数 eng に代入      80
175  (lang! + math! + eng!) / 3        // 各変数をアンラップして計算        61
```

```
174                                    // 英語の点数を変数engに代入       80
175  (lang + math + eng!) / 3
176      Value of optional type 'Int?' not unwrapped; did you mean to use '!' or '?'?
```

アンラップしなければエラーとなります。しかし "!" でアンラップするのは中身が確実にある場合です。中身が nil のものを "!" でアンラップするとランタイムエラーになってしまうので注意しましょう。

■ 辞書の要素数を調べる

辞書も配列と同じように、.count というプロパティを使用することで格納している要素数を調べることが出来ます。テスト結果の辞書の要素数を数えてみましょう。

配列の範囲を指定して要素を取り出す

辞書名.count

177	scoreDic3.count	3

■ 辞書に格納したデータを変更する

辞書に格納したデータを変更する場合は、キーを指定して代入します。

要素の内容を変更する

辞書名["キー"] = 値

179	scoreDic3["国語"] = 70	70
180	scoreDic3	["算数":55,"国語":70,"英語":80]

■ 辞書の要素を追加する

辞書の要素を追加する場合は、キー名を指定して値を代入します。

辞書の要素を追加

辞書名["キー"] = 値

182	scoreDic3["社会"] = 50	50
183	scoreDic3	["国語":70,"算数":55,"英語":80,"社会":50]

■ 辞書の要素を削除する

辞書の要素の削除には、キーを指定して削除する方法や要素全てを削除する方法などがあります。

辞書のキーを指定して要素を削除

配列名.removeValueForKey("キー")

| 185 | scoreDic3.removeValueForKey("社会") | 50 |
| 186 | scoreDic3 | ["国語":70,"算数":55,"英語":80] |

辞書の要素を全て削除

辞書名.removeAll( )

| 188 | scoreDic3.removeAll() | [:] |

さて、Swift の集中講義はこの辞書の使い方までで終了です。ここまで新しい言葉や新しい概念がたくさん出てきたと思います。いきなり全部は覚えられないので、まずはここまでのプログラムを手に馴染むまで Playground 上で繰り返し書いてみてください。掲載しているプログラムの変数名を変えたり、値を変えたりして、プログラムを改造してみるとより効果的です。

Swift にはこのほかにも様々な文法がありますが、この後はアプリ開発をしながら覚えていくことにしましょう。

シンプルで簡単な知育アプリを作ろう！

Chapter 4

```
-mSignal(){
domNumber = arc4random()%3
domNumber == 0{
signalImageView.image = blueImage
}elseifrandomNumber == 1{
    signalImageView.image = redImage
}else{
    signalImageView.image = yellowImage
    }
}
```

アプリを作るための企画を立てる

POINT
1. どのようなアプリを作るか企画を立てる
2. アプリのラフイメージをスケッチする
3. 画像サイズを考慮してデザインを作る

アプリはどうやって生まれる？

Chapter2ではXcodeの基本的な使い方を紹介しました。これでみなさんはボタンをクリックすればラベルに表示していた文字を変更することが出来るようになりました。そしてChapter3ではSwiftの基本的な使い方を勉強しました。それでは、これまで勉強した技術をもとにシンプルで簡単なアプリを作ってみましょう。まだ出来ることは少ないですが、アイディア次第でなんとかなるかもしれません。
さて、その前にここでアプリを作るためには何が必要なのかを考えてみたいと思います。

まず、どのようなアプリを作るのか企画を立てる必要があります。

企画が生まれる場面はいろいろあります。例えば……。

- 「こういうアプリが欲しい！」という明確な目的やビジョンがある場合。
- なんらかの問題があってそれを解決するためのアプリを考える場合。
- すでにあるサービスをアプリでも行う場合。

また技術先行型の企画もあります。例えば、「新しいiOS、新しいiPhoneで新たな技術/機能が発表された。これを使って、どんなアプリが出来るか考えてみよう」といった感じですね。しかし、今はまだアプリ開発の勉強を始めたばかりなので、出来ることから考えてみましょう。

アプリをイメージしてみよう

Chapter2で学んだのはボタンをタップするとラベルにメッセージを表示するということです。これはユーザーが意思を表示するのに使えそうですね。

例えば、三択クイズの場合は3つのボタンがあれば、ユーザーは答えを選ぶことが出来ます。では、信号の画像があってその色を答えるというアプリはどうでしょうか。みなさんも子供のときに信号について両親や先生に教えられた経験があるはずです。子供でもわかりやすく学べて、信号ルールを覚えることができる知育アプリなら、需要があるかもしれません。それでは、具体的にアプリのイメージを考えてみましょう。

知育アプリのユーザーは子供になります。信号の色を答えるアプリなら対象年齢は3〜5才くらいでしょうか。そうすると、インターフェイスはシンプルでわかりやすい方がいいですね。画像やボタンも大きい方が操作がしやすいはずです。画面を大きく使うのなら横向きのLandscapeモードを使用した方がいいかもしれません。

さあ、なんとなくイメージができてきたら、そのイメージを具体的にしていきましょう。

まず信号の色を答えるわけですから、画面には信号の画像が表示されてなくてはいけません。ユーザーはボタンで信号の色を答えるので、信号に対応した「青」「赤」「黄」の3つのボタンも設置しましょう。そしてユーザーがボタンをタップしたら、画面に答えを表示する必要がありますよね。

イメージが具体的になってきたらスケッチしてみましょう。

例えばこんな感じです！

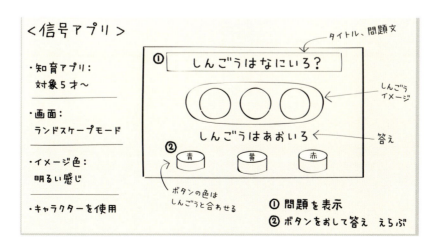

■ 画面デザインをiPhoneで確認する

アプリのイメージがまとまったらグラフィックソフトなどでインターフェイスデザインを制作しましょう。デザインが出来上がったら、iPhoneで画像を取り込んで実際に確認してみることをおすすめします。

実際の端末で表示してみると「ボタンはタップしやすい位置にあるか？」「画像は見やすいか？」「文字は読みやすいか？」など、いろんなことに気づきます。これは使いやすいユーザーインターフェイスを作るために必要な作業です。

デザイン画像はPNG形式やJPEG形式で保存してからiTunesでiPhoneに同期したり、メールなどでiPhoneに送ることで、画面に表示することができます。

画面サイズのバリエーションが増えてきたiPhone端末

iPhone4 / 4S
480pt x 320pt (3:2)

iPhone5 / 5s
578pt x 320pt (16:9)

iPhone6/6s
667pt x 375pt (16:9)

iPhone6 Plus/6s Plus
736pt x 414pt (16:9)

2014年9月、iPhone6とiPhone6 Plusが登場したことによって、iPhoneの画面サイズのバリエーションがさらに広がりました。初期iPhone～iPhone3Gまでは画面サイズは縦480ポイント×横320ポイントでした。そしてiPhone4～4SでRetinaディスプレイになり解像度が2倍になりました。解像度が2倍になったことで画面全体の画像サイズは960ピクセルx640ピクセルとなります（ポイントとピクセルは異なる単位です。290ページを参照ください）。そこでアプリ開発においては、@2xという名前の画像ファイルを用意することで解像度の異なるiPhoneに対応することになりました。

まだ、この時点では画面サイズの比率は3:2、3.5インチのiPhoneしかありませんでしたが、iPhone5～5sによって画面の比率が変わって578ポイントx320ポイントとなり比率は16:9(4インチ)になりました。解像度に関してはiPhone4～4Sと同じですが、縦のサイズが従来に比べて大きくなっています。

そしてiPhone6 / 6sは、画面サイズは667ポイントx 750ポイント、4.7インチと大きくなります。さらにiPhone6 Plus / 6s Plusでは画面サイズは736ポイントx 414ポイント、5.5インチという大きさになりました（画面の比率はiPhone6 /6sとiPhone6 Plus / 6s Plusも16:9です）。

これからアプリ開発を行っていく上ではこうした画面サイズの異なる端末を考えてデザインなどを行っていかなければなりません。

本格的にインターフェイス画面を作成しよう!

POINT

① 画面モードの設定をする

② インターフェイスビルダーで画面を作成する

③ 画面サイズに対応したレイアウト設計をする

■ Xcodeで新規プロジェクトを作成する

アプリの内容、デザインが固まったので、開発にとりかかりましょう。
まずはXcodeを起動して、新規プロジェクトを作成します。下記の手順で作成してください。

❶「Create a new Xcode project」を選択します。

❷テンプレートは「Single View Application」を選択します。

❸設定画面で下記の設定を行います。

①Product Nameは「ShingoHaNaniiro」と入力します。
②Organization Name、Organization Identifierは任意で結構です。
③Languageは「Swift」を選択します。
④Devicesは「iPhone」を選択します。

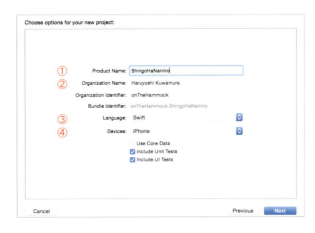

❹任意の場所にプロジェクトを保存してください。

作成したプロジェクトフォルダのなかには3つのフォルダとひとつのファイルが入っています。

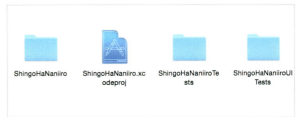

画面作成のための設定をする

プロジェクトの新規作成が出来たら今度はアプリの設定を行います。Chapter4で開発するアプリは横向きのLandscapeモードを使用します。プロジェクトの設定画面からLandscapeモードを選択しましょう。

Landscapeモードに設定する

❶アプリの設定画面のDeployment Infoで「Device Orientation」のチェックボックスを「Landscape Left」だけにチェックが入る状態にします。

設定画面はナビゲーションエリアのXcodeプロジェクトアイコンを選択すると表示されます。

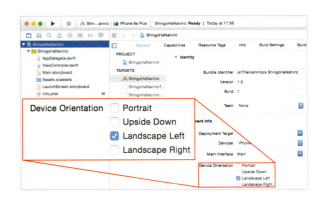

❷iOSシミュレータで確認するために、スキーマメニューを設定します。今回は最も画面サイズが小さなiPhone4sを選択します。

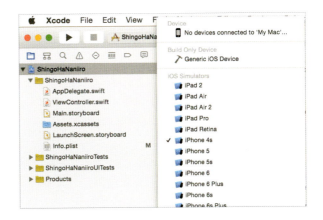

❸Runボタンをクリックして iOSシミュレータを起動します。

iOSシミュレータがLandscapeの横向き画面になりました。

One Point Advice 設定画面の構成

設定画面を選択すると「General」ペインが表示されます。
①IdentityではApp Storeにアプリを申請するときに使用するIDや、アプリのバージョンなどの設定を行うことができます。
②Deployment Infoでは開発アプリのiOSバージョンの設定やデバイス、Status Barのスタイル設定などを行います。
③App Icons and Launch Imagesではアプリのアイコン、起動画面の設定などを行います。

その他にも画面上部のペインでアプリに関する詳細な設定、App Store申請の設定を行います。App Store申請の詳細についてはChapter10を参照ください。

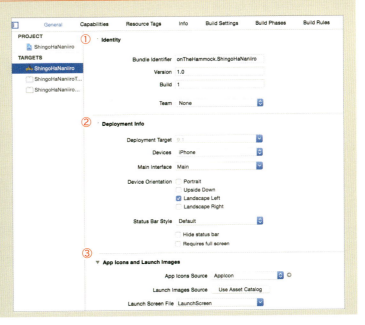

■ 画像など外部素材を取り込む

このアプリでは背景やボタンなどに画像を使用します。なので各画像素材をプロジェクトに取り込みます。今回は画像が多数あるので管理しやすいようにグループを作成し、そのなかに画像を取り込みます。本書のサポートサイトからChapter4の「素材」フォルダをダウンロードしておいてください。

❶ ナビゲーションエリアの「ShingoHa-Naniiro」グループを選択した状態で、Fileメニューから「New ▶ Group」を選択します。

新規グループは選択しているグループの配下に作成されます。

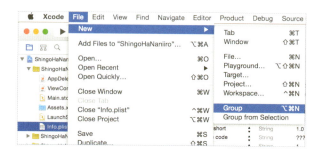

❷「New Group」というグループ名をクリックすると選択状態になるので「Images」という名前に変更します。

❸ サポートサイトからダウンロードしたChapter4の「素材」フォルダのファイルを全選択（ command キー＋ A キー）して、プロジェクトの「Images」グループにドラッグ＆ドロップします。

❹「Choose options for adding these files:」画面が表示されます。「Copy items if needed」にチェックを付けて「Finish」ボタンをクリックします。

「Copy items if needed」にチェックを入れるとプロジェクトフォルダ内に取り込んだファイルが保存されます。

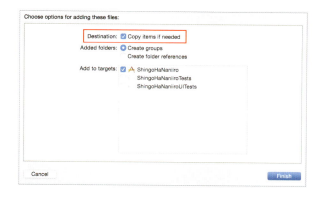

インターフェイスビルダーでアプリ画面を作成しよう

それではインターフェイスの制作に取りかかります。Chapter2でも使用したインターフェイスビルダーをさらに使いこなしてみましょう。ナビゲーションエリアから「Main.Storyboard」を選択してください。

■ 信号の画像を画面の中央に配置する

❶ 画面右下にあるMedia Library（■）から「signal_blue.png」を選択し、View Controllerにドラッグ＆ドロップして画面に貼り付けます。

画像をView Controller上の中央あたりにドラッグすると青いガイドラインが表示されますので、ちょうど中央に配置しましょう。

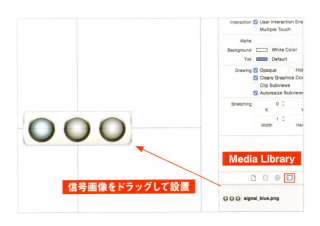

❷ 次に、Editor画面の下のAlign（吕）ボタンをクリックします。

Alignで配置したオブジェクトの位置に関する設定を行うことができます。

❸「Horizontally in Container」と「Vertically in Container」にチェックを入れて、「Add 2 Constraints」ボタンをクリックします。

Container（コンテナー）とはデータを格納する構造を意味します。このContainerの水平・垂直の位置に対して、オブジェクトを中央に配置するというConstraint（制約）を設定しました。

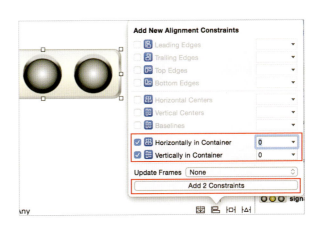

■ 配置したオブジェクトを確認する

画面に配置した信号画像が、ちゃんと中央に配置されているかiOSシミュレータで確認しましょう。iPhone4s、iPhone5、iPhone6、iPhone6 Plusそれぞれのシミュレーションを実行してください。

iPhone4Sの場合

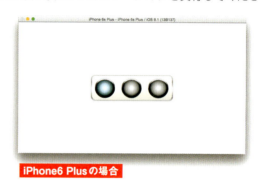
iPhone6 Plusの場合

4タイプの画面をシミュレータを起動して確認するのは面倒です。ストーリーボードで作成したインターフェイスを確認する場合はもっと便利な機能があります。「Preview」機能を使ってみましょう。

❶エディタ設定ボタンでアシスタントエディタ(◎)を選択します。

❷エディタエリア上部に「Automatic」と表示されている部分をクリックしてアシスタントエディタの表示を「Preview」にします。

❸画面左下にある「+」ボタンをクリックするとプレビューする端末の候補が表示されるので選択します。

❹ **Landscapeモードで表示する場合はプレビュー画面の下にある回転ボタンをクリックします。**

プレビューしたい端末を増やす場合は再度左下の「＋」ボタンをクリックして、端末機種を選択します。

■ 画面サイズに依存しないオートレイアウト

先ほど信号画像を中央に配置した機能はオートレイアウト (Auto Layout) というものです。オートレイアウトとは、制約 (Constraint) に基づき画面のレイアウトを設定する機能です。先ほどは、どのような画面サイズでも、垂直・水平の中心位置に信号画像を配置する制約を追加しました。これにより、iPhone4S〜iPhone6 Plusのどの端末でも信号画像は画面の中心に配置することができます。

オートレイアウトは画面の大きさに関わらず、制約を付けて相対的にオブジェクトを配置する仕組みです。この制約を付けるというレイアウト方法は例えば「画面の上辺から○○ポイント下にオブジェクトを配置する」ということや、「配置したオブジェクトに対して、○○ピクセル右に、○○ピクセル下にオブジェクトを配置する」といったことが出来ます。また画面サイズが変わったときのオブジェクトのサイズなども制約によって設定することができます。

制約は複数組み合わせることができますが、オブジェクトが多くなれば複雑になります。オートレイアウトを使いこなしていくには、実際にストーリーボードでオブジェクトを配置して制約を付けるとどのようなレイアウトになるのか確認して、コツを掴んでいく必要があります。

オブジェクトに制約を付る場合は「Align」と「Pin」を使います。

オートレイアウト（左からStack View、Align、Pin、Resolve Auto Layout Issues）

- Stack Viewは配置したオブジェクトにまとめて制約を設定することができる機能です。ラベルや画像などを一つのまとまりとして表示の設定を行うときに使用します。
- Alignはオブジェクトを揃えるための制約を付けることができます。信号画像を配置したように中央に配置することや、2つのオブジェクトを左に揃えるということが可能です。
- Pinは距離を指定することで空間的な配置の制約を付けることができます。オブジェクトの高さを定義したり、別のオブジェクトからの水平距離を指定するといったことが可能です。
- Resolve Auto Layout Issuesは不足している制約を自動的に設定したり、キャンバス上のオブジェクトを制約通りに表示する機能などがあります。

■ オートレイアウトを使ってオブジェクトを配置しよう

オートレイアウトは使ってみないとなかなかわかりづらいものです。実際にオートレイアウトの機能を使って、今回のアプリで使用する全てのオブジェクトを配置しましょう。下の画像がこれから制作する画面です。手順に沿って、インターフェイスを作ってください。

❶もっとも小さな画面でもオブジェクトが収まるように、View Controllerのシミュレートサイズを3.5インチに変更します。

①レイアウト画面の上の◻︎をクリックしてView Controllerを選択します。

②Attributes Inspector（⬇︎）を開きます。

③Simulated Metricsを「iPhone 3.5-inch」に変更します。また横向きの画面のアプリなのでOrientationを「Landscape」に変更します。

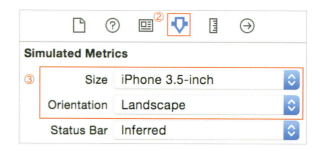

❷ **背景画像を配置します。**

①ライブラリペインをMedia Library（▦）に切り替え、「background.png」をView Controllerの中央に配置します。

②インスペクタペインのAttributes Inspector（▱）を開き、ViewのModeを「Aspect Fill」にします。
※「Aspect Fill」は画像の縦横比を維持して枠いっぱいに画像を表示します。

③Pin（⊢□⊣）の「Constrain to mergin」のチェックを外します。
※「Constrain to mergin」は画面の余白を考慮してレイアウト設定をする時にチェックして使用します。

④Spacing to nearest neighborの上下左右の4つのスペースをクリックして、「Add 4 Constraints」をクリックします。
※画面に対する上下左右の距離を設定しています。画面サイズが大きくなるとそれに合わせてImageViewが拡大します。Previewで確認してみましょう。

⑤信号画像が隠れてしまったのでドキュメントアウトラインで背景画像を一番下の階層に移動します。

ストーリーボード上でも制約に合った表示にする

オブジェクトにオートレイアウトで制約を付けると黄色のガイドが出る場合があります。これはオートレイアウトで設定した実際の画面の位置を示しています。ストーリーボード上でもオートレイアウトで設定した位置にオブジェクトを表示する場合はResolve Auto Layout IssuesのUpdate Framesを選択すると修正されます。

095

❸ **文字の入ったラベルを配置します。**

①ライブラリペインをObject Library(◉)にして、ラベルを配置します。

②インスペクタペインのAttributes Inspector(▼)を開き、Textを「しんごうはなにいろ？」、Colorを「red」、Fontを「24」、Alignmentを中央(≡)に設定します。
※ラベルの大きさは文字が入るように拡大してください。

③オートレイアウトのPin(┣┫)でTop Spaceをクリックして、値を「25」に設定して「Add 1 Constraint」をクリックします。
※ラベルの位置が画面の上から25ピクセル下に固定されました。

④Align(吕)の「Horizontally in Container」にチェックして「Add 1 Constraint」をクリックします。
※ラベルの水平位置が常に画面中央に配置されるように設定しました。

❹ **文字の入らないラベルを配置します。**

①ラベルを信号画像の下に配置します。

②インスペクタペインのAttributes Inspector(▼)を開き、Textの文字を削除し、Alignmentを中央(≡)に設定します。

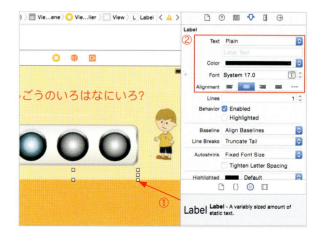

③オートレイアウトのPin(┣┫)でTop Spaceをクリックして、値を「8」に設定します。そしてWidthを「260」、Heightを「20」に設定して「Add 3 Constraints」をクリックします。

④Align(吕)の「Horizontally in Container」にチェックし、「Add 1 Constraint」ボタンをクリックします。

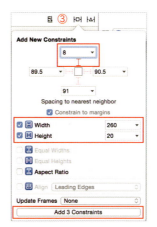

❺**ボタンを3つ配置します。**

①Object Library(◉)からボタンを選択し、信号画像の下に3つ配置します。

②一番左に配置したボタンを選択し、Attributes Inspector(⇩)でボタンのTypeを「Custom」にし、Titleの文字は何も入っていない状態にします。
そしてImageで「btn_blue_off.png」を選択します。これでボタンに画像をセットすることができました。

③State Configを「Highlighted」にします。これはボタンがタップされたときの設定です。ボタンがタップされた時のボタンの画像をImageで「btn_blue_on.png」に設定します。

④中央に配置したボタンも同様に「btn_yellow_off.png」と「btn_yellow_on.png」を設定してください。

⑤右端のボタンには「btn_red_off.png」と「btn_red_on.png」を設定してください。

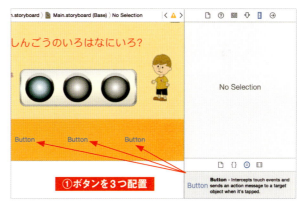

⑥真ん中の黄色ボタンを選択してオートレイアウトのPin(🔲)のBottom Spaceをクリックし、値を「5」にして「Add 1 Constraint」をクリックします。
※ボタンの垂直位置が画面下から5ピクセル上に固定されました。

⑦Align(🔲)の「Horizontally in Container」にチェックして、「Add 1 Constraint」をクリックします。

⑧左の青ボタンを選択して、Pin(🔲)のTrailing Space(右側)をクリックして値を「70」に、Bottom Spaceをクリックして値を「5」にして「Add 2 Constraints」をクリックします。
ボタンの垂直位置が画面下から5ピクセル上に、水平位置が中央の黄色ボタンから70ピクセル左に固定されました。
※ボタンのPinの設定は上にある文字の入ってないラベルに重ならないようにしてください。

⑨右の赤ボタンを選択して、Pin(🔲)のLeading Space(左側)をクリックして値を「70」に、Bottom Spaceをクリックして値を「5」にして「Add 2 Constraints」をクリックします。
ボタンの垂直位置と水平位置が固定されました。

ボタンの設定が終わったらシミュレータを起動してみましょう。ボタンをクリックすると画像が変化します。
Previewで異なる画面サイズも比較してみましょう。インターフェイスが崩れてなければ成功です！

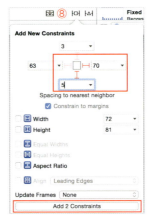
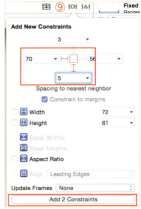

プログラムで
アプリを動かそう

POINT

① 使用する変数を宣言する

② アクションのためのメソッドを記述する

③ クラスのプロパティを使用する

どのオブジェクトを操作する？

「しんごうはなにいろ？」アプリのインターフェイスを作ることが出来ました。オブジェクトを配置しただけですが、ボタンをタップするとボタンに設定した画像が変化したりして、アプリが具現化してきたことを実感できると思います。しかし、ここからが本番です。いよいよプログラミングをしていきますよ。さてストーリーボードで信号の画像、背景画像、「しんごうはなにいろ？」というラベル、3つのボタン、そして何も書かれていない透明のラベルを配置したわけですが、これらのオブジェクトのなかで、プログラムで動かさなくてはいけないものはどれでしょうか。

どのオブジェクトをどのようにコントロールするか整理してみましょう。

背景画像は変化しなくていい静的なオブジェクトです。信号の画像もとりあえず変化はしません。画面上部に配置した「しんごうはなにいろ？」というラベルも変化しませんね。では、どのオブジェクトが変化するのでしょうか。正解は信号画像の下に配置した文字の入ってないラベルです。ユーザーが赤・青・黄のいずれかのボタンをタップしたら、ラベルにどの信号が押されたのかを表示します。

さて、ボタンをタップして、ラベルにメッセージを表示するアプリはChapter2でも作りました。しかし、今回はボタンが3つあり、表示するメッセージが異なります。さあ、どうやって作りましょうか？

クラスとインスタンス

Chapter3で変数について紹介しました。変数を使えば、様々な計算処理やデータの管理が行えます。しかし、これから扱いたいものはラベルやボタンといった特定の機能を持ったものとなります。こうしたラベルやボタンはプログラム上でどのように扱われているのでしょうか。
例えばラベルには、文字を表示する機能や文字の色を変える機能などがありましたよね。

特定の機能を定義して集めたオブジェクトを「クラス」と呼びます。

クラスは自ら作成することも出来ますが、すでに用意されているものもあります。Chapter1でアプリ開発はフレームワークを使いますと紹介しましたが、フレームワークには特定の機能が定義された様々なクラスが用意されています。例えばUIKitフレームワークはラベルやボタンのクラスが用意されています。ラベルの機能を集めたものはUILabel、ボタンの機能を集めたものはUIButtonクラスです。
では、クラスを使用するにはどうすれば良いでしょうか。変数の場合はデータの型を指定して使用していました。クラスを利用する場合は、どのクラスを使用するのか指定して使用します。

クラスを指定してプログラム上で使用するオブジェクトを「インスタンス」と呼びます。

インスタンスという言葉は「実体」という意味です。例えばボタンの機能を使いたいときは、UIButtonというクラスの変数を宣言し、プログラム上で扱える実体(インスタンス)を作成します。
こうしたフレームワークで用意されているクラスは様々な属性を持っています。この属性の設定を変更することでボタンに画像を設定したり、ラベルのなかの文字を設定したりできます。

オブジェクトの属性を参照したり設定するデータを「プロパティ」と呼びます。

ストーリーボードではインスペクタペインで配置したオブジェクトの設定を行いました。プログラムではインスタンス化した変数に「.」(ドット)付けて属性の設定をすることができます。
また、フレームワークで用意されているクラスには、様々な処理が定義されています。例えばアプリを実行して最初に行う時の処理や、ボタンをタップしたときの処理など。アプリはこうした処理を積み重ねていくことで動いていきます。つまりプログラマはコンピュータに命令処理を記述していくことで、アプリを作っていきます。こうした命令の方法もクラスで定義されています。

クラスで定義された命令処理を「メソッド」と呼びます。

例えばボタンをタップしたときに、変数を操作する場合はUIButtonクラスのメソッドで処理を記述します。またアプリを起動して、最初に画面を表示するときの処理はViewControllerという画面を管理するクラスのviewDidLoadというメソッドで処理を記述します。このようにアプリを作るためにはどのようなメソッドで命令処理を行い、どのようなプロパティで操作するのかを知っておく必要があります。新しい概念、新しい言葉がいろいろ出てきましたが実際に使って覚えていきましょう。

ラベルを扱うための変数を作成する

では、ストーリーボード上で配置したラベルをプログラムでも操作できるように変数を作りましょう。以下の手順でストーリーボード上から、ViewController.swiftにUILabelクラスのインスタンス化した変数を作成します。

❶ アシスタントエディタ (⊘) をクリックして、ストーリーボードの右側にViewController.swiftを表示します。

ViewController.swiftが表示されない場合は、アシスタントエディタの表示を「Automatic」にしてViewController.swiftを選択してください。

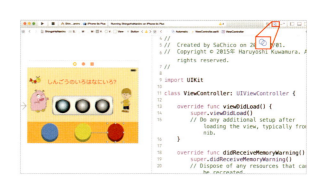

❷ 文字の入っていないラベルを選択して、 `control` キーを押しながらViewController.swiftにドラッグ＆ドロップします。

12行目あたりにドラッグ＆ドロップしましょう。

❸ Connectionパネルが表示されるのでNameに「resultLabel」と入力して「Connect」ボタンをクリックします。

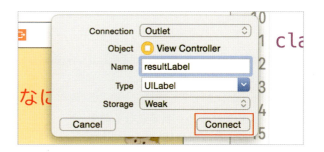

❹ ラベルに関連付けられた変数が作成されます。

```
@IBAction weak var resultLabel: UILabel!
```
IBOutlet修飾子　プロパティ属性　キーワード　変数名　　　　クラス

上記が生成されたコードとなります。ストーリーボード上で配置したラベルを操作するには、プログラム上でそのラベルに対応するための変数の宣言をしなければなりません。この宣言のためにラベルならUILabelという型、ボタンならUIButtonという型で定義します。さらにインターフェイスビルダーで作ったオブジェクトに関連付けたい場合は @IBOutlet 修飾子を付けます。また、詳細はここでは説明しませんがプロパティ属性も設定することができます。ただ、ここに記述されていることを今の時点で全て理解するのは難しいでしょう。押さえて欲しいポイントは、ボタンの機能が使えるように UILabel のクラスのインスタンスとなる変数を resultLabel という名前で宣言したということです。

■ ラベルの文字を変化させるメソッドを作る

さてラベルを扱える変数を宣言したら、今度はこのラベルに対してどのようなアクションを行うかを命令するメソッドを作ります。

今回のアプリはユーザーが信号の色を答えるというものです。子供らしく、青色のボタンをタップした場合は「しんごうはあおいろ！」というメッセージを表示させましょう。

メソッドもアシスタントエディタを使ってストーリーボードから作成します。ここでは青色のボタンに関連付けられたメソッドを作成します。そして resultLabel に「しんごうはあおいろ！」という文字を表示するための処理を記述します。

❶ 青色のボタンを選択して、`control` キーを押しながらViewController.swift にドラッグ＆ドロップします。

24行目あたりにドラッグ＆ドロップしましょう。

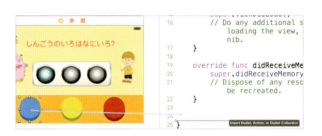

❷ Connectionパネルが表示されるのでConnectionを「Action」に、Nameを「blueBtnPushed」に設定し「Connect」ボタンをクリックします。

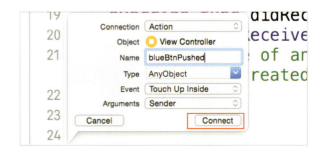

上記が生成されたコードです。ストーリーボード上のオブジェクトに関連付いたメソッドは @IBAction という修飾子が付きます。func はメソッドを表すキーワードです。blueBtnPushed はメソッド名です。青いボタンをタップしたときのメソッドなので blueBtnPushed という名前にしました。
メソッドで何らかの値を取得する場合は「引数（ひきすう）」を指定します。引数とはメソッドが実行されたときに値を格納するための特別な変数です。このメソッドの場合は AnyObject という型で、sender という名前の引数を取得しています。といっても、まだピンとこないかもしれません。引数を使ったメソッドは Chapter5 で詳しく紹介します。
これでボタンをタップしたときに変数の操作を行うメソッドができました。変数の操作は { } という括弧内に記述します。このように括弧内でコードをまとめることをコードブロックと言います。

■ プロパティを使ってメソッドの内容を記述する

使用するメソッドの定義が出来たわけですが重要なのは中身です。ここで先に宣言した resultLabel の出番です。resultLabel を使って「しんごうはあおいろ！」という文字を表示します。

```
resultLabel.text = "しんごうはあおいろ！"
```

これは resultLabel の text 属性を「しんごうはあおいろ！」にするという命令文です。resultLabel 変数の後に記述されている .text がプロパティです。.text は UILabel クラスに用意されているラベルに表示する文字列を設定するためのプロパティです。そして Swift では文字列を扱う場合は " しんごうはあおいろ！" というように、ダブルコーテーション " " を使って指定します。

このようにクラスにはさまざまなプロパティがあり、オブジェクトを操作できます。

例えばプロパティを利用すれば文字の色や大きさも指定することができます。ちょっと思い出してください。ストーリボードでも同じように文字の色や大きさを設定することができましたよね。プログラムでも同じように属性を指定することができます。
せっかくなので、もう少し resultLabel を操作しましょう。.textColor プロパティを使って resultLabel の文字色を青にします。色の変更は UIColor クラスの blueColor() メソッドで命令します。

```
resultLabel.textColor = UIColor.blueColor()
```

ではコードを記述しましょう。blueBtnPushedメソッドのなかにresultLabelに文字を表示する処理と、文字の色を設定する処理を記述しましょう。この処理を記述するにあたりひとつ注意が必要です。生成されたblueBtnPushedメソッドの後ろには { } が付いていました。メソッドで行う処理はこの { } のなかに記述する必要があります。

ViewController.swift

```
23      @IBAction func brueBtnPushed(sender: AnyObject) {
24          resultLabel.text = "しんごうはあおいろ！"
25          resultLabel.textColor = UIColor.blueColor()
26      }
```

それではシミュレータを起動してみましょう。青色のボタンをクリックしてください。どうですか？ラベルのなかに青い文字が表示されたでしょうか。

ではblueBtnPushedと同じ要領でViewController.swiftに黄色ボタンをタップしたときのメソッドyellowBtnPushedと赤色ボタンをタップしたときのメソッドredBtnPushedも記述してみましょう。

❶ 黄色ボタン、赤色ボタンそれぞれのオブジェクトを選択して、 control キーを押しながら先ほど記述したコードの下にドラッグ＆ドロップします。

❷ ConnectionパネルのConnectionは「Action」にし、Nameはそれぞれ「yellowBtnPushed」「redBtnPushed」とします。他の入力項目はデフォルトのままで問題ありません。

メソッドの中身は blueBtnPushed と基本的に同じです。ただし redBtnPushed が実行されたとき resultLabel のテキストは「しんごうはあかいろ！」、yellowBtnPushed が実行されたときは「しんごうはきいろ！」とします。また文字の色もそれぞれの信号の色に対応してみました。

ViewController.swift

```
27      @IBAction func yellowBtnPushed(sender: AnyObject) {
28          resultLabel.text = "しんごうはきいろ！"
29          resultLabel.textColor = UIColor.yellowColor()
30      }
31      @IBAction func redBtnPushed(sender: AnyObject) {
32          resultLabel.text = "しんごうはあかいろ！"
33          resultLabel.textColor = UIColor.redColor()
34      }
```

さあ、それではシミュレータを起動してみましょう！　青、黄色、赤のボタンに対応した文字が、ラベルに表示されるはずです。

でも、これでは、アプリとしてはまだまだ完成度は低いですねぇ……。

ViewController.swift

```swift
11  class ViewController: UIViewController {
12
13      @IBOutlet weak var resultLabel: UILabel!
14      override func viewDidLoad() {
15          super.viewDidLoad()
16          // Do any additional setup after loading the view, typically from a nib.
17      }
18      override func didReceiveMemoryWarning() {
19          super.didReceiveMemoryWarning()
20          // Dispose of any resources that can be recreated.
21      }
22
23      @IBAction func blueBtnPushed(sender: AnyObject) {
24          resultLabel.text = "しんごうはあおいろ！"
25          resultLabel.textColor = UIColor.blueColor()
26      }
27      @IBAction func yellowBtnPushed(sender: AnyObject) {
28          resultLabel.text = "しんごうはきいろ！"
29          resultLabel.textColor = UIColor.yellowColor()
30      }
31      @IBAction func redBtnPushed(sender: AnyObject) {
32          resultLabel.text = "しんごうはあかいろ！"
33          resultLabel.textColor = UIColor.redColor()
34      }
35  }
```

アプリをインタラクティブにしよう！

POINT

1. if文を使って判定処理を行う
2. 変数を使ってランダム処理を行う
3. プログラム内でメソッドを使用する

アプリの処理の流れをフローチャートにしてみよう

「しんごうはなにいろ？」アプリのプロトタイプバージョンは残念ながらつまらないものでした。多分、3～5才の子供も同じ感想を持つと思います。なぜ、このアプリがつまらないのでしょうか？ 答えは明白です。アプリが信号の画像を表示し、その信号の色をユーザーが答えるという一方通行のやり取りで終わってしまっているからです。せっかくのアプリですからインタラクティブにしたいものです。

それではユーザーが信号の色を答えると「せいかい」か「まちがい」かを判定し、その後に青色、黄色、赤色のいずれかの信号の画像をランダムに表示するようにしてみましょう。そうすると何度もユーザーは「しんごうはなにいろ？」アプリをやってくれるかもしれません。しかし、こうなると動作が少々複雑になってきます。アプリの流れを整理するためにもフローチャートを書いてみましょう。

処理をチャートにすると、流れが明確になり、不具合などを未然に防ぐことができます。

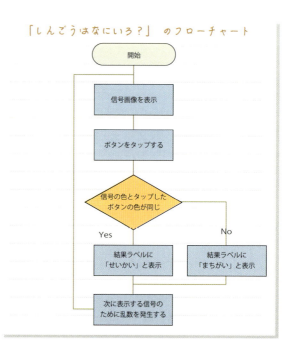

「しんごうはなにいろ？」のフローチャート

フローチャートを書いてみよう！

UIImageViewとUIImage

フローチャートに照らし合わせるとプロトタイプバージョンは「信号画像を表示」「ボタンをタップする」まで実装しています。では「信号の色とタップしたボタンの色が同じ」という判定処理を実装しましょう。インターフェイスビルダーで設置した信号画像に対応するUIImageViewが扱える変数を作成します。

■ 信号画像を管理するUIImageViewを扱う変数を作成する

❶ 信号画像を選択して、 control キーを押しながらViewController.swiftにドラッグ&ドロップします。

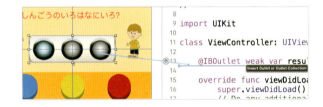

❷ Connectionパネルが表示されるのでNameを「signalImageView」と設定して、「Connect」ボタンをクリックします。

❸ 信号画像オブジェクトに関連付けられた変数が作成されます。

`@IBOutlet weak var signalImageView: UIImageView!`

オブジェクトに与えられるイベントアクション

ボタンをタップしたときのメソッドで設定したTouch UpInsideというアクションはユーザーがボタンをタッチして、オブジェクト内でタッチを外したときにアクションを実行します。上記の一覧のようにオブジェクトに対しては様々なタッチアクションを設定することができます。

Did End On Exit	キーボードのリターンキーを押された時		Touch Drag Enter	ドラッグして対象オブジェクト領域内入った時
Editing Changed	テキストフィールドで文字が変更された時		Touch Drag Exit	ドラッグして対象オブジェクトから外れた時
Editing Did Begin	テキストフィールドで文字の入力を始まった時		Touch Drag Inside	対象オブジェクト内でドラッグした時
Editing Did End	テキストフィールドで文字の入力が終わった時		Touch Drag Outside	対象オブジェクト外でドラッグした時
Touch Cancel	タッチがキャンセルされた時		Touch Up Inside	タッチして対象オブジェクト内で離れた時
Touch Down	タッチされた時		Touch Up Outside	タッチして対象オブジェクト外で離れた時
Touch Down Repeat	2回以上連続でタッチした時		Value Changed	値が変化した時

■ 画像を判定するためにUIImageを扱う変数を作成する

UIImageViewクラスには、表示されている信号の画像を変更したり、どのような画像が表示されているのか判定したりすることができるプロパティがあります。

ストーリボードでは青信号画像「signal_blue.png」を設置しました。この画像をプログラムで赤信号画像「signal_red.png」に変更したいと思います。

UIImageViewクラスで画像をセットする場合は画像管理を行う変数を宣言してUIImageクラスでインスタンス化します。青信号、黄信号、赤信号の各画像を管理する「blueImage」「yellowImage」と「redImage」という変数をUIImageクラスを指定して宣言してください。ただしこの3つのUIImageはストーリボードで扱う変数ではないのでIBOutletは必要ありません。またnilを使わないことを保証する「！」を付けましょう。

インスタンスの作成

```
var インスタンス名：クラス ！
```

ViewController.swift

```
13    @IBOutlet weak var resultLabel: UILabel!
14
15    @IBOutlet weak var signalImageView: UIImageView!
16
17    var blueImage:UIImage!
18    var redImage:UIImage!
19    var yellowImage:UIImage!
```

■ 初期設定をviewDidLoadメソッドに記述する

ViewController.swiftのなかには、最初から記述されているメソッドがあります。そのなかのひとつviewDidLoadを利用すると変数の初期設定を行うことができます。このviewDidLoadメソッドはViewControllerのViewが最初に読み込まれた(Load)ときに実行されるメソッドです。

viewDidLoadメソッドのなかで、最初に取り込んだ素材の青信号(signal_blue.png)、赤信号(signal_red.png)、黄信号(signal_yellow.png)の画像ファイルをUIImageクラスのnamed:メソッドを使用して設定します。画像ファイルを指定するときは、ファイル名も文字列なので" "で指定します。

そしてsignalImageViewに赤信号の画像をセットします。UIImageViewクラスには表示画像を設定する.imageプロパティがあります。このプロパティを使用して赤信号の画像を管理しているredImageをセットしましょう。コードを記述したらiOSシミュレータを起動してみてください。さっきまで青信号が表示されていましたが、赤信号が表示されるようになりました。

ViewController.swift

```
21  override func viewDidLoad() {
22      super.viewDidLoad()
23      // Do any additional setup after loading the view, typically from a nib.
24
25      //UIImageのimageNamed:メソッドを使って画像を設定
26      blueImage = UIImage(named: "signal_blue.png")
27      redImage = UIImage(named: "signal_red.png")
28      yellowImage = UIImage(named: "signal_yellow.png")
29
30      //UIImageViewのimageプロパティを使ってredImageを設定
31      signalImageView.image = redImage
32  }
```

制御文を使って判定処理を行う

プログラムでは条件を設定し、その条件に合致したときに処理を実行するということができます。これを制御文と言います。プログラムは基本的には上から下へと順に実行されていきます。しかし、制御文を使うと条件に合った処理をしたり（条件が合わなければ処理をしない）、何回も処理を繰り返したりすることができます。制御文はプログラミングでは非常に重要なテクニックです。
さて、今回はユーザーが答えた信号の色を判定するために条件定義ができる制御文のひとつ if 文を使います。if 文は条件式を設定し、条件が正しければ処理を実行します。この処理は {} 内に記述します。また、if 〜 else 文は条件が正しければ処理を実行し、条件が正しくなければ別の処理を実行します。

if 文の文法

```
if 条件式 { 条件が正しければ実行される処理 }
```

if 〜 else 文の文法

```
if 条件式 { 条件が正しければ実行される処理 } else { 条件が正しくないときに実行される処理 }
```

ではユーザーが正しいボタンをタップしたかどうかの判定処理を if 文を使ってコーディングします。blueBtnPushed メソッドのなかに、ユーザーが青ボタンをタップしたときに信号が青色だったら resultLabel に「せいかい！」、違ったら「まちがい！」と表示する if 文を記述しましょう。信号画像が青色信号かどうかの条件式は signalImageView の image プロパティと UIImage クラスの blueImage を使います（※ resultLabel.text = " しんごうはあおいろ！" という処理は削除してください）。

ViewController.swift

```swift
40    @IBAction func blueBtnPushed(sender: AnyObject) {
41        //resultLabel.text = "しんごうはあおいろ！"←削除する。
42        resultLabel.textColor = UIColor.blueColor()
43
44        // 青信号についての判定処理
45        if signalImageView.image == blueImage {
46            resultLabel.text = "せいかい！"
47        } else {
48            resultLabel.text = "まちがい！"
49        }
50    }
```

記述した if 文を翻訳すると、このような日本語になります。

> もし signalImageView のイメージプロパティが blueImage だったら、resultLabel のテキストプロパティは "せいかい！" とする。そうでなければ resultLabel のテキストプロパティは "まちがい！" とする。

if 文では条件式を記述するために比較演算子というものを使用します。== は signalImageView.image と blueImage が等しいという条件を意味します (= がひとつだと代入の意味になるので注意しましょう)。この条件文はユーザーが青ボタンをタップしたときに実行されます。初期設定で signalImageView.image には redImage を設定しているので、青ボタンをタップしたとき signalImageView.image == blueImage という条件は成立しません。だから resultLabel には "まちがい！" が表示されます。

条件式に使用できる演算子は == だけではありません。別の演算子を使用しても今回のような正誤判定処理を行うことができます。

if 文は条件式によって、その正誤判定をすることができます。条件式は演算子を使って記述します。

条件式に使用できる演算子

演算子	意味	演算子	意味
==	左辺と右辺が同じなら真 (true または YES が返される)	>	左辺が右辺より大きいと真 (true または YES が返される)
!=	左辺と右辺が異なっていると真 (true または YES が返される)	>=	左辺が右辺以上だと真 (true または YES が返される)
<	左辺が右辺より小さいと真 (true または YES が返される)	&&	左辺と右辺が共に真であれば真 (true または YES が返される)
<=	左辺が右辺以下なら真 (true または YES が返される)	||	左辺か右辺が真であれば真 (true または YES が返される)

では、redBtnPushed と yellowBtnPushed メソッドにも同じように if 文で判定処理を入れましょう。

ViewController.swift

```swift
51    @IBAction func yellowBtnPushed(sender: AnyObject) {
52        resultLabel.textColor = UIColor.yellowColor()
53
54        // 黄信号についての判定処理をコーディング
55        if signalImageView.image == yellowImage {
56            resultLabel.text = "せいかい！"
57        } else {
58            resultLabel.text = "まちがい！"
59        }
60    }
61
62    @IBAction func redBtnPushed(sender: AnyObject) {
63        resultLabel.textColor = UIColor.redColor()
64
65        // 赤信号についての判定処理をコーディング
66        if signalImageView.image == redImage {
67            resultLabel.text = "せいかい！"
68        } else {
69            resultLabel.text = "まちがい！"
70        }
71    }
```

それではシミュレータを起動してみましょう。赤ボタンをクリックすると「せいかい！」と表示され、青ボタンか黄ボタンをクリックすると「まちがい！」と表示されるようになりました。

変数を使ってランダムに信号の色を変える

次はユーザーがボタンをタップして答えると、ランダムに信号の色を変える処理を実装します。この処理のために新しいメソッドを作成します。このメソッドはストーリボードのオブジェクトから生成するわけではありません。

メソッドを記述する時は func というキーワードを付けます。func の後にはメソッド名を記述し、引数や戻り値を括弧 ( ) のなかに記述します。引数はメソッドで取得できるる値、戻り値はメソッドで行った処理を格納する値です。今回は引数も戻り値もないメソッドを使用します。引数や戻り値がないメソッドは ( ) のなかに何も記述しません。

メソッドの文法（引数なし　戻り値なし）

```
func メソッド名 ( ) { }
```

メソッドの文法（引数なし　戻り値あり）

```
func メソッド名 ( ) -> 戻り値の型 {
    return 戻り値
}
```

メソッドの文法（引数あり　戻り値あり）

```
func メソッド名 ( 引数 : 引数の型 , 引数 : 引数の型 ... ) -> 戻り値の型 {
    return 戻り値
}
```

さて、ここではランダムな数値を作り、その数値に対応して信号の画像を変えるというメソッドを記述します。メソッドの名前は randomSignal とします。

■ 乱数：ランダムな数値

乱数とはサイコロの出目のように予測できない数値のことです。ゲームなどを開発する場合、乱数を使ってランダムな処理を行うことが多々あります。規則性のある処理の流れでは、次に何が起こるのかユーザーが予測できます。だから予測ができない値を使用することによってゲーム性を生み出すわけです。プログラミング言語には基本的に乱数を発生させるための計算式が用意されています。

Swiftではarc4random()を使うと、ランダムな数値を作ることができます。

randomSignalメソッドでは変数randumNumberを宣言し、そのなかには、赤信号、青信号、黄信号の3つの画像に対応する乱数値を格納します。
この場合、下記のように記述します。

```
var randomNumber = arc4random() % 3
```

このコードではarc4randomで乱数を作り、3で割って、その余りを取り出すことで0か1か2という3つのいずれかの数値をrandomNumberという変数に格納しています。
randomNumberという変数には0という数値が入るのか、1が入るのか2が入るのか誰もわかりません。そこでrandomNumberの数値が0だったらsignalImageViewには青信号の画像blueImageをセットすることにします。数値が1だったら赤信号redImage、2だったら黄色信号yellowImageをセットします。
ではrandomSignalメソッドを記述しましょう。

ViewController.swift

```
71  func randomSignal(){
72      //ランダムな数値を作る
73      let randomNumber = arc4random() % 3
74
75      // 0なら青信号、1なら赤信号、それ以外なら黄信号をセットする
76      if randomNumber == 0{
77          signalImageView.image = blueImage
78      }else if randomNumber == 1{
79          signalImageView.image = redImage
80      }else{
81          signalImageView.image = yellowImage
82      }
83  }
```

ここでも信号の色に対して「せいかい！」か「まちがい！」の文字を表示するときに使ったif文を使用しています。このメソッドでは0～2のランダムな数値に対応してimageプロパティを使用して、signalImageViewの画像をセットしました。

メソッドの実行方法

ここまでのアプリ制作では、メソッドはまだボタンをタップしたときの IBAction のメソッドしか作っていませんでした。ボタンをタップするというアクションとは異なり、randomSignal メソッドはプログラムのなかで実行処理を記述しなくてはいけません。プログラムのなかでメソッドを実行する場合は下記のように記述します。

```
randomSignal( )
```

では、randomSignal メソッドはどのタイミングで実行すれば良いでしょうか？ フローチャートを思い出してみましょう。このアプリを遊んでくれるユーザーが、信号が何色か答えてくれたら(いずれかのボタンをタップしたら)、randomSignal メソッドを呼び出して信号画像を新たにセットするという流れでした。なので blueBtnPushed、yellowBtnPushed、redBtnPushed のなかで randomSignal メソッドを呼び出すようにコーディングしましょう。

ViewController.swift

```swift
40  @IBAction func blueBtnPushed(sender: AnyObject) {
41      resultLabel.textColor = UIColor.blueColor()
42
43      // 青信号についての判定処理をコーディング
44      if signalImageView.image == blueImage {
45          resultLabel.text = "せいかい！"
46      } else {
47          resultLabel.text = "まちがい！"
48      }
49      //randomSignal メソッドを実行
50      randomSignal()   Coding
51  }
```

blueBtnPushed メソッドの最後に randomSignal を実行する処理を追加しました。これでユーザーが青ボタンをタップしたら、信号の色がランダムに変化します。では、redBtnPushed メソッド、yellowBtnPushed メソッドの最後にも randomSignal() を追加しましょう。
コードを追加したら、ちゃんと動いてくれているかシミュレータで実行して確認してください。どうです？ ボタンをタップするとランダムで信号の色が変わるようになりましたよね。

ViewController.swift

```swift
53      @IBAction func yellowBtnPushed(sender: AnyObject) {
54          resultLabel.textColor = UIColor.yellowColor()
55
56          // 黄信号についての判定処理をコーディング
57          if signalImageView.image == yellowImage {
58              resultLabel.text = "せいかい！"
59          } else {
60              resultLabel.text = "まちがい！"
61          }
62          //randomSignalメソッドを実行
63          randomSignal()    Coding
64      }
65      @IBAction func redBtnPushed(sender:AnyObject) {
66          resultLabel.textColor = UIColor.redColor()
67
68          // 赤信号についての判定処理をコーディング
69          if signalImageView.image == redImage {
70              resultLabel.text = "せいかい！"
71          } else {
72              resultLabel.text = "まちがい！"
73          }
74          //randomSignalメソッドを実行
75          randomSignal()    Coding
76      }
```

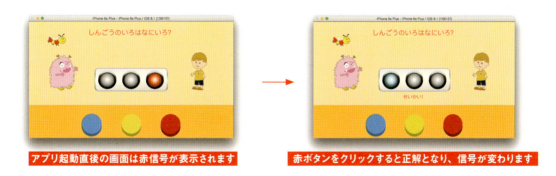

アプリ起動直後の画面は赤信号が表示されます　　赤ボタンをクリックすると正解となり、信号が変わります

　これはシンプルで簡単なアプリです。プログラムのなかで行っている処理も高度なものではありません。しかしこの基礎的な仕組みを発展させて、内容をさらに充実していけば、App Storeでリリースするアプリにすることも出来るでしょう。

COLUMN

オリジナルアプリを制作するヒント

いきなりオリジナルアプリを制作してみようとしても、何から始めればいいのかわからなくて戸惑ってしまう方も多いかと思います。このコラムでは、そのような方のために少しだけヒントを書きたいと思います。まず、アイディアが必要ですね。アイディアのソースとしては……

- 日常生活の観察
- 他のアプリ
- 過去の体験
- テレビ、新聞、書籍、ウェブサイトなどのメディア

などが挙げられます。

これはアプリだけの話ではないのですが、見聞を広げ、様々な体験をすることが良質なアイディアの源になります。アプリ開発者の目線で物事を見ると、今までと違った発見が得られますので、様々な事象を注意深く観察してみましょう。

浮かんだアイディアは、メモにとってリストにしておきましょう。リストにアイディアが20個ほど溜まったら、このなかから最も開発が簡単そうなアプリをひとつ選択してみましょう。大事なのは、いきなり難しすぎるアプリを開発しようとしないことです。

なぜなら、ソフトウェア開発は規模が大きくなるほど難易度が指数関数的に上昇してしまうからです。もし開発しようと思うアプリの難易度の判断がつかない場合は、経験豊富な開発者に相談してみてください。

もちろん、並行して開発の勉強をすることも大事なことです。技術力がつくと共に、開発できるアプリの選択肢が増えていきます。開発の勉強は書籍を読むだけではなく、必ずコードを自分で考えて書いてください。

ヒットするアプリを開発するためにはマーケティングや企画、プロモーションも大事なのですが、最初のアプリはこれらにあまりこだわらずに、練習と割り切っていいかと思います。とりあえずApp Storeにアプリをリリースするまでの流れを押さえておいてから、次回以降のアプリでヒットを狙ってみましょう。

ちなみに以前、私の長男が生まれたときに、対象を刺激しないように撮影できるアプリはできないか、というアイディアが浮かびました。そして開発したのが『優しいカメラ』というカメラアプリです。日常生活は、アプリのアイディアの宝庫です。

TEXT：我妻幸長

楽器アプリでサウンドの扱い方を学ぶ

Chapter 5

音を再生するだけのアプリを作ろう

POINT
1. 音を鳴らすための方法を知る
2. フレームワークをインポートする
3. ファイルを使用するプロセスを理解する

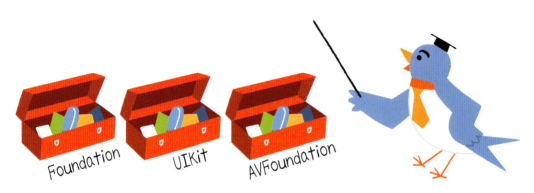

音を鳴らすにはどうすればよい？

Chapter5では楽器アプリの作成を行います。まずはシンプルなサウンドの再生方法から始めて、自分で音声再生クラスを作成する方法までを学習します。サウンドを扱えるようになると、アプリ開発がさらに楽しくなるので、ぜひそのコツを習得しておきましょう。

さて、Chapter4ではユーザーインターフェイスを作るクラスは、UIKitというフレームワークで管理されているという紹介をしました。このUIKitや基礎フレームワークであるFoundationは音を鳴らすクラスを持っていません。

楽器アプリを作成するためには音を鳴らすフレームワークを使用します。

iOSアプリ開発で使えるフレームワークには音を鳴らすことができるものがいくつかあります。そのなかでも手軽で便利に扱えるのが、AVFoundationフレームワークのAVAudioPlayerクラスです。AVFoundationというフレームワークはオーディオ・ビジュアル関連のフレームワークであり、オーディオ関連の機能がまとまったクラスの他に、写真や動画などを扱うクラスも用意されています。そのなか

のAVAudioPlayerクラスには、音楽プレイヤーで必須となる音声ファイルの再生や停止、またボリュームやピッチの調整などの機能が用意されています。

今回の楽器アプリは、このAVAudioPlayerを使って開発していきましょう。

まずは音を鳴らす仕組みを理解してもらうために、非常にシンプルな打楽器カウベルのアプリを作成してみましょう。

シンプルな打楽器、カウベルのアプリを作ろう！

❶ Xcodeを起動し、新規プロジェクトの作成を行います。テンプレートは「Single View Application」を選択します。

❷ 設定画面で下記の設定を行い、任意の場所にプロジェクトを作成します。

①Product Nameは「Cowbell」としてください。
②Organization Name、Organization Identifierは任意で結構です。
③Languageは「Swift」を選択します。
④Devicesは「iPhone」を選択します。

❸ サポートサイトからダウンロードしたChapter5-1の「素材」フォルダに入っているファイルをプロジェクトに取り込みます。

素材を取り込む時に「Copy items if needed」にチェックを入れるのを忘れないようにしましょう！

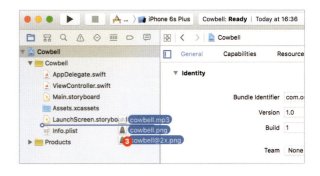

■ ストーリーボードでインターフェイス画面を作成する

このカウベルアプリのインターフェイスは極めてシンプルです。ストーリーボードで設置するのはボタンたったひとつだけです。

❶ Object Library（◎）から、ボタンをView Controllerに配置します。

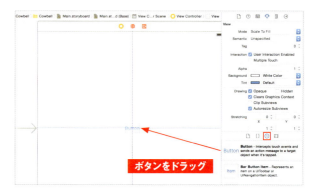

❷ インスペクタペインのAttributes Inspector（↓）で、ボタンのImageの設定を「cowbell.png」に設定します。またTitleの「Button」という文字を削除します。

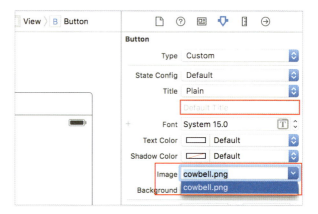

❸ オートレイアウトのAlign（吕）で「Horizontally Container」と「Vertically Constainer」にチェックし、「Add 2 Constraints」をクリックします。

これでボタンが中央に配置されました。iOSシミュレータやPreviewで確認してみましょう。

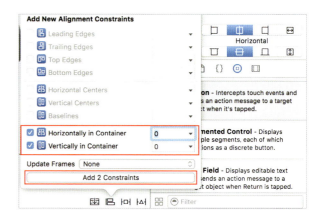

■ フレームワークを使用する

さて、音を鳴らすためにはAVFoundationフレームワークを使うための宣言をしなくてはいけません。ViewController.swiftファイルを表示すると9行目にimport UIKitと記述されていますよね。これはUIKitフレームワークを使うための宣言です。このようにフレームワークを使う場合はimportを使用します。

フレームワークの使用法

```
import フレームワーク
```

では、ViewController.swiftの11行目にAVFoundationをインポートしてみましょう。

ViewController.swift

```
9    import UIKit
10   // AVFoundation フレームワークをインポートする
11   import AVFoundation  Coding
12
13   class ViewController: UIViewController {
```

ここでひとつ注意しておきたいことがあります。これまでコードはclass ViewController: UIViewControllerの{ }内に記述してきました。これはテンプレートに予め記述されているもので、ViewControllerというクラスを宣言しています。クラスはアプリを作るために特定の機能を定義した設計図のようなものです。このViewControllerクラスではアプリのインターフェイスに表示されるViewのなかのオブジェクトをコントロールするためのクラスとして宣言されています。そのためUIKitフレームワークのUIViewControllerクラスの機能を使えるように宣言しています。

このようにクラスを作成する時に、すでにあるクラスの機能を引き継ぐことを継承と言います。

クラスの宣言

```
class クラス名
```

継承したクラスの宣言

```
class クラス名 : 親クラス
```

ViewControllerクラスのように親クラスを継承して作られるクラスをサブクラスと呼びます。一方、サブクラスに対する親クラスのことをスーパークラスと呼びます。サブクラスはスーパークラスのメソッドやプロパティも引き継いで使用することができます。

また、すでにあるメソッドを上書きすることもできます。ViewControllerクラスには予め記述されているメソッドがありますよね。

ViewController.swift

```
13      override func viewDidLoad() {           ← 予め記述されているメソッド
14          super.viewDidLoad()
15          // Do any additional setup after loading the view, typically from a nib.
16      }
17
18      override func didReceiveMemoryWarning() {  ← 予め記述されているメソッド
19          super.didReceiveMemoryWarning()
20          // Dispose of any resources that can be recreated.
21      }
22
```

ViewControllerクラスに予め記述されているメソッドの前にはoverrideと記述されています。これはUIViewControllerクラスのメソッドを自分でオーバーライド(上書き)したい場合にメソッドの型の前に付けます。

■ AVAudioPlayerを使用する

AVFoundationフレームワークのインポートが出来たので、このフレームワークのクラスを使用することが出来るようになりました。これから使用したいのはAVAudioPlayerクラスです。playerという変数を作り、AVAudioPlayerにインスタンス化しましょう。

ViewController.swift

```
13   class ViewController: UIViewController {
14
15       // 音声を制御するための変数player
16       var player:AVAudioPlayer!   Coding
17
```

playerという変数を宣言し、AVAudioPlayerクラスのインスタンスにしました。

■ ボタンがタップされた時のIBActionメソッドを作る

カウベルアプリはカウベルの画像を設定したボタンをクリックすると音が鳴るという仕様です。ストーリーボードで設置したボタンからIBActionメソッドを作りましょう。

❶ **Main.storyboardを表示して、アシスタントエディタ（◎）を使用します。**

❷ **右側にViewController.swiftが表示されたら、ボタンを選択して、 control キーを押しながら、ViewController.swiftにドラッグ＆ドロップします。**

18行目あたりにドロップしましょう。

❸ **Connectionパネルが表示されたらConnectionを「Action」にします。Nameは「play」としましょう。またEventは「Touch Down」とします。設定したら「Connect」ボタンをクリックします。**

Touch Downはユーザーがタップしてボタンが押し下げられた時にメソッドを実行します。これまで使っていたTouch Up Insideはユーザーがボタンをタップして指を離した瞬間にメソッドが実行されていました。

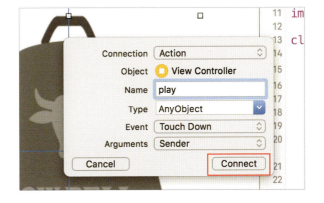

ViewController.swift

IBActionのplayメソッドが作成されました。このメソッドのコードブロック { } のなかにplayerを使って音を鳴らすコードを記述していきましょう。

ViewController.swift

```swift
18     @IBAction func play(sender: AnyObject){
19         // サウンドファイルの参照先を格納する変数を作成
20         let url = NSBundle.mainBundle().bundleURL.
                URLByAppendingPathComponent("cowbell.mp3")
21         do {
22             // サウンドファイルの参照先をAVAudioPlayerの変数に割り当てる
23             try player = AVAudioPlayer(contentsOfURL: url)
24             // 音声を再生
25             player.play()
26         }
27         catch {
28             print(" エラーです ")
29         }
30     }
```

音声を再生するコードは複雑ですが、今のところはその流れを理解してください。

まず音声ファイルなどをプログラム上で扱うには、NSBundleというファイルを管理するクラスでサウンドファイルの場所を設定します。このファイルの場所を参照して、AVAudioPlayerで音を鳴らすのですが、可能性として参照先のファイルが読み込めない場合があります。Swiftでは、こうしたエラーが起こるかもしれないメソッドを使う場合、その回避策を用意しなければいけません。

エラーを回避する処理はtry文とdo-catch文を組み合わせて記述できます。tryはエラーが起こるかもしれないコードの前に記述します。このtryを使ってサウンドファイルの参照先をAVAudioPlayerの変数に割り当て、それが成功したらplay()メソッドを使って音の再生を行います。この流れをdoのコードブロックの中に記述すると、try文でエラーが起こった場合、catchのコードブロックが実行されます。このcatch文のなかではprint文を使っています。print文を使うとXcodeのデバッグエリアに設定した文字を出力することができます。例えば、上記の音を鳴らすコードで、もしファイル名などが間違っていてエラーとなった場合、catch文が実行されて、デバッグエリアに"エラーです"と出力されます。print文の記述方法はこの後も頻繁に使用するので、ここで覚えておきましょう。

print 文の文法

```
print(" デバッグエリアに表示する文字 ")
```

さあ、シミュレータを起動してみましょう。カウベル画像が設定されたボタンをタップすると、音が鳴るでしょうか？ 基本的にはこの一連の流れでサウンドを取り扱うことが可能です。この次は、ここまでに学んだことをベースに簡単なピアノアプリの制作を行います。

楽器アプリ「ワインピアノ」を作ろう！

POINT

① 引数をもったメソッドの使い方を学ぶ

② 制御文switch文を使いこなす！

③ print文で正しくプログラミングされているかチェックする！

楽器アプリの企画を練る

アプリ開発を初めたばかりの頃は、使える技術の選択肢も少ないものです。ですが選択肢が少なくてもオリジナルのアプリを開発することは可能です。なにより、アプリを自分で作ってみることが大事です。

ひとつのアプリを完成させてみることでアプリ開発全体の流れも分かりますし、何より自信がつきます。

今回はChapter5-1で扱ったサウンドを再生するための技術をベースに、オリジナル楽器アプリの企画・制作を行っていきます。それでは、具体的にどんな楽器アプリを作るか、アイディアをリストアップしていきましょう。例えば……。

- ドラムセットを並べて、演奏するアプリ
- ピアノの鍵盤を並べて、演奏するアプリ
- ジャングルを舞台に、動物たちが鳴き声を上げるアプリ
- 大海原を舞台に、イルカ達が歌うアプリ

アイディアは想像力次第で、いくらでも出てきますね。

本書でサンプルとして作る楽器アプリは、ちょっとだけ大人の雰囲気のアプリにしてみようと思います。ジャズがBGMとして流れ、ワイングラスをタップするとアニメーションをしてサウンドが再生されるアプリです。

他愛もないアプリですが、お酒を飲みながら戯れに遊んでみても面白いかもしれません。企画書を作ってもいいのですが、簡単なアプリなのでストーリーボード上で画像を並べてイメージを作っていきます。今回のサンプルは、以下のようなデザインにしたいと思います。

ワインピアノのインターフェイス画面

5つのワイングラスをタップすると、それぞれ異なるサウンドが再生され、異なるアニメーションが実行されます。ワイングラスは、画像が表示されているボタンです。BGMとしてジャズが再生されます。読者の皆さんは、同じ仕様でそれぞれ独自のアプリを企画していただいてもいいですよ。

アプリの企画書に必要な要素

アプリの企画書といっても様々なものがありますが、基本的にはどのようなアプリで、どんな目的があるのかをわかりやすく説明することが大切です。以下に企画書に必要な要素を箇条書きにしました。

●アプリの企画概要
・概要：どのようなアプリなのかを紹介。
・目的：「収益をあげるため」「宣伝をするため」「サービスを強化するため」など目的を明確にする。
・目標：ダウンロード数、売上などの指標。
・ターゲット：年齢層、性別、ユーザー像を想定する。
●アプリの機能説明
・機能概要：開発するアプリで出来ることの具体的説明。
・機能要件：アプリの機能を構成する技術。
・イメージ：インターフェイスなどの画面イメージ。
●補足情報
・マーケティング：競合アプリ、市場データなど。

ワインピアノのインターフェイス画面を作成する

❶Xcodeのプロジェクトを新規作成します。テンプレートは「Single View Application」を使用します。

①Product Nameは「WinePiano」とします。
②Organization Name、Organization Identifierは任意で結構です。
③Languageは「Swift」を選択します。
④Devicesは「iPhone」を選択します。

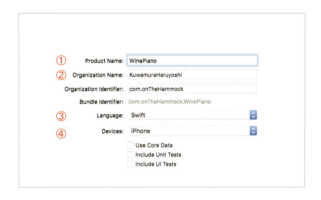

❷設定画面の「Deployment Info」で「Device Orientation」の「Landscape Left」のみにチェックを入れます。

❸ダウンロードしたChapter5-2の「素材」フォルダに入っている「Image」と「Sound」フォルダを取り込みます。

取り込む時に「Copy items if needed」にチェックを入れ、Added foldersは「Create groups」を選択します。プロジェクトにフォルダも作成されます。

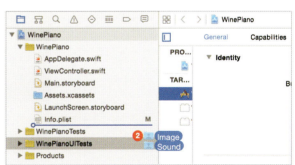

❹Main.storyboardを表示して、View Controller 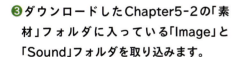をクリックして選択します。Attributes Inspector()のSimulated MetricsのSizeを「iPhone3.5-inch」に、Orientationを「Landscape」に設定します。

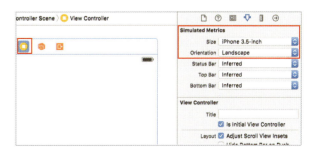

❺ ライブラリペインをMedia Library(▦)に切り替えて、「background.png」を設置します。Attributes Inspector(▼)で、ViewのModeを「Aspect Fill」に設定します。

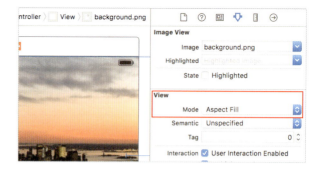

❻ オートレイアウトのPin(⊞)のConstrain to marginsのチェックを外し、上下左右のスペースを「0」に設定し、「Add 4 Constraints」をクリックします。

これで画面サイズが変わっても画像が画面全体に表示されます。

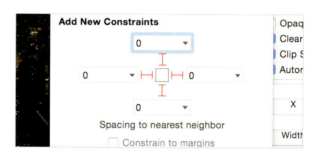

❼ Object Library(⊙)からボタンを設置します。Attributes Inspector(▼)を開き、Imageを「wine.png」に設定し、Titleの「Button」の文字を削除します。

ワイン画像ボタンを124ページのように5つ配置します。ボタンを選択して、option キーを押してドラッグするとボタンが複製できます。

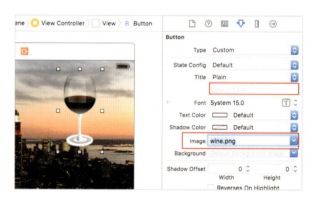

❽ ボタンそれぞれにオートレイアウトの設定をします。Align(🖻)のHorizontally in ContainerとVertically in Containerの入力ボックスの▼をクリックして「Use Current Canvas Value」を選択します。

「Use Current Canvas」を選択するとキャンバス上のオブジェクトの中央からの位置を算出して設定することができます。

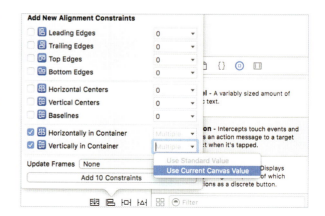

引数を持ったメソッドでBGMを鳴らす

次にBGMの再生プログラムをViewController.swiftに記述したいと思いますが、今回はBGMを再生するために引数を使ったメソッドを使用します。そこで、引数を使ったメソッドの使い方の練習をしておきたいと思います。

引数とはメソッドを呼び出す時に渡す値です。

久しぶりにPlaygroundを使って、引数を使った簡単な足し算メソッドを記述してみましょう。

メソッドの文法 (引数2つあり)

```
func メソッド名 ( 引数1 : 引数の型 , 引数2 : 引数の型 ) {  }
```

メソッドの呼び出し (引数2つあり)

```
メソッド名 ( 引数1, 引数2 )
```

MyPlayground.playground

```
5   // 足し算メソッド
6   func adding(num1:Int, num2:Int){
7       // 引数 num1 と引数 num2 を足す
8       num1 + num2                      3
9   }
10  // 足し算メソッドに引数を設定
11  adding(1, num2:2)
```

上記ではInt型の引数を2つ持った足し算 (adding) メソッドを記述した後、足し算メソッドを呼び出して引数1に1を引数2に2という数字を設定しました。メソッドの実行結果には引数1と引数2を足した計算結果が表示されています。

今度は結果の値を出す戻り値を持ったメソッドを記述してみましょう。

メソッドの文法 (引数2つあり　戻り値あり)

```
func メソッド名 ( 引数1 : 引数の型 , 引数2 : 引数の型 ) -> 戻り値の型 {
      return 戻り値
}
```

MyPlayground.playground

13	`// 戻り値のある足し算メソッド`	
14	`func adding2(num1:Int, num2:Int)->Int{`	
15	`    // 変数 addnum に引数 num1 と引数 num2 を足した値を代入`	
16	`    let addNum = num1 + num2`	3
17	`    // 引数 num1 と引数 num2 を足した値を格納した変数 addNum を返す`	
18	`    return addNum`	3
19	`}`	
20	`//Int 型の変数 addResult を宣言`	
21	`var addResult:Int`	
22	`addResult = adding2(1,  num2:2)`	3

上記ではInt型の引数を2つとInt型の戻り値を持った足し算 (adding2) メソッドを記述しています。引数1と引数2が足された結果は変数addNumに格納され、addNumを戻り値にしています。メソッドを記述した後にはInt型の変数addResultを宣言し、引数1に1を引数2に2という数字を設定したadding2メソッドの結果を格納しています。戻り値を設定しなければ、adding2メソッドの結果を代入するという処理はできません。

また引数を持つメソッドには、その引数がどういう意味を持つ値なのかを明示するラベルを設定することもできます。ラベルを付けるとメソッドを呼び出す時に、どういう引数を設定したのかがわかりやすくなります。Playgroundでは引数1にnumber1というラベルを、引数2にnumber2というラベルを付けたメソッドを記述しました。

メソッドの文法 (ラベルあり　引数 2 つあり　戻り値あり)

```
func メソッド名 ( ラベル　引数 1: 引数の型 , ラベル　引数 2: 引数の型 ) -> 戻り値の型 {
    return 戻り値
}
```

MyPlayground.playground

24	`// 引数にラベルを付けた足し算メソッド`	
25	`func adding3(number1 num1:Int, number2 num2:Int)->Int{`	
26	`    // 変数 addnum に引数 num1 と引数 num2 を足した値を代入`	
27	`    let addNum = num1 + num2`	3
28	`    // 引数 num1 と引数 num2 を足した値を格納した変数 addNum を返す`	
29	`    return addNum`	3
30	`}`	
31	`//addResult に足し算メソッドの引数を設定し、戻り値を代入`	
32	`addResult = adding3(number1: 1, number2: 2)`	3

■ BGMを再生するメソッド

さあ、メソッドの使い方は理解できたでしょうか。それではBGMの再生プログラムをView Controller.swiftに記述していきましょう。まずはAVFoundationをインポートしてください。そしてBGMを制御するためのplayerを宣言します。

ViewController.swift

```swift
 9  import UIKit
10  import AVFoundation    // AVFoundation フレームワークをインポートする
11
12  class ViewController: UIViewController {
13      var player:AVAudioPlayer!    //BGMを制御するための変数
```

BGMの再生は基本的にはカウベルアプリを作ったときと同じコードを記述すればOKです。ただカウベルアプリはボタンをタップしたら音が鳴るという仕様でした。今回はアプリの画面が表示された時点でBGMが再生するようにしたいと思います。そのためにBGMとなる音声ファイル名を引数に持つ、playメソッドを作ります。引数はString型となります。

ViewController.swift

```swift
13      var player:AVAudioPlayer!
14      //BGM再生メソッド
15      func play(soundName: String){
16          // サウンドファイルの参照先を格納する変数を作成
17          let url = NSBundle.mainBundle().bundleURL.
                  URLByAppendingPathComponent(soundName)
18          do {
19              // サウンドファイルの参照先を AVAudioPlayer の変数に割り当てる
20              try player = AVAudioPlayer(contentsOfURL: url)
21              player.numberOfLoops = -1  //BGMを無限にループさせる
22              player.prepareToPlay()     // 音声を即時再生させる
23              player.play()              // 音を再生する
24          }
25          catch {
26              print("エラーです")
27          }
28      }
```

カウベルアプリでは記述していなかったコードが２カ所あります。
player.numberOfLoops = -1 は音声ファイルの再生回数を設定します。１回再生させる場合はplayer.numberOfLoops = 0 と設定します。-1 と再生回数を設定すると無限に繰り返し再生されます。
player.prepareToPlay() は音声ファイルを即時再生するメソッドです。音声の再生は、実行した時にファイルを読み込んでから音を再生する為、若干タイムラグが起きます。しかし、このメソッドを使うとあらかじめファイルから音声を読み込んで保持しておいてくれるのでタイムラグがありません。
さて、BGM は画面が表示されたときに再生させます。なので画面が表示されたら実行されるメソッドviewDidLoad() で play メソッドを呼び出しましょう。引数に設定するのはファイル名「BGM.mp3」です。

ViewController.swift

```
30  override func viewDidLoad() {
31      super.viewDidLoad()
32      // Do any additional setup after loading the view, typically from a nib.
33
34      //play メソッドの呼び出し。引数はファイル名
35      play("BGM.mp3")   Coding
36  }
```

これで iOS シミュレータを起動してみてください。画面が表示されると BGM が再生されるようになりました。

AVAudioPlayerの主なメソッド、プロパティ

AVAudioPlayerには音楽プレイヤーを作れてしまうようなメソッドやプロパティが用意されています。ここで紹介するメソッドやプロパティを利用して、さらに機能を追加してみましょう。

メソッド/プロパティ	説明	メソッド/プロパティ	説明
.prepareToPlay	音声ファイルの即時再生するための設定	.volume	ボリュームの設定
.play()	音声ファイルの再生	.enableRate	再生スピードの設定変更の可否をBoolで設定
.pause()	再生中の音声ファイルを一時停止	.rate	再生スピードの設定
.stop()	再生中の音声ファイルを停止	.pan	パンニングを設定
.playing	音声ファイルが再生中かどうかをBoolで判断	.numberOfLoops	再生回数の設定
.currentTime	設定した秒数後から再生する		

ワイングラスに音色を付けよう！

次はワイングラスボタンに音色を設定します。Chapter4の知育アプリでは青ボタン、赤ボタン、黄色ボタンと3つのボタンに対応するメソッドを作りました。今回はボタンが5つもあります。なのでひとつのメソッドのなかで5つのワングラスボタンをコントロールしてみましょう。

メソッドのなかで、どのボタンがタップされたかを判定するためにtagを使います。Main.storyboardで各ボタンにtagを設定しましょう。

■ ボタンにtagを付ける

❶ tagを付けるボタンを選択して、Attributes Inspector（）のViewのTagに数値を入れます。

Attributes Inspector（）のViewは インスペクタペインの下の方にあるのでスクロールしましょう。
tagは左から1〜5と付けてください。

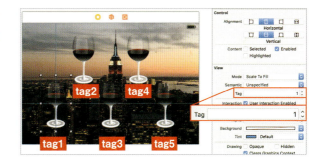

■ ボタンメソッドを作る

今度はボタンがタップされたときのメソッドを作ります。今回はアシスタントエディタを使って、ボタンメソッドを作成しません。自らの手でコードを打ち込んでみましょう！

ViewController.swift

```
36      // ワイングラスボタンメソッド
37      @IBAction func wineTapped(sender: UIButton){
38
39      }
```

wineTapped という名前のメソッドを作成しました。このメソッドはインターフェイスビルダーで設置したボタンをコントロールするメソッドなので @IBAction 修飾子を付けます。また引数の型はUIButton にしました。

■ ストーリーボードでボタンとプログラムのメソッドを関連付ける

❶ メソッドを関連付けるボタンを選択して、Connections Inspector（ ➔ ）を開きます。

Connections Inspectorではストーリーボードのオブジェクトとプログラムを関連付ける設定を行います。

❷ Sent EventsのTouch Downの右端の（ ○ ）をドラッグして、wineTappedメソッドを関連付けるボタンまでドラッグ＆ドロップします。

Sent Eventsを選択して対象オブジェクトにドラッグすると青いラインが表示されます。

❸ ドロップすると「wineTapped:」というメソッドが表示されるので選択します。

5つのワイングラスボタン全てにwineTappedメソッドを関連付けましょう。

変数の有効範囲

これまでメソッドの{ }ブロック内で変数を宣言する場合と、クラスの{ }ブロック内（メソッドの外）で変数を宣言する場合がありました。変数は宣言する場所によって有効範囲が異なります。メソッドの{ }ブロックのなかで宣言された場合は、そのブロックのなかでしか有効ではありません。一方、クラスの{ }ブロックのなかで宣言された場合は、そのクラス内で有効であり、もちろんメソッドのなかでも使用することができます。これをメンバ変数と言います。またこのように変数の有効範囲をスコープと言います。今回のWinePianoアプリではplayerがメンバ変数となります。

■ Switch文を使って、tag付けされたボタンの分岐処理を行う

wineTapped メソッドのなかに、どのボタンがタップされたのかを判断する分岐処理を記述します。分岐処理については、前章で if 文を使用しましたが、今回は switch 文という制御文を使用します。

switch 文は変数の値に対して処理を分けたいときに便利です。

同じ条件分岐を if 文でも記述することができますが、switch 文は case というキーワードで値によって処理が分岐されるので、コードの可読性もよくなります。どの case の値にも当てはまらない場合は default というキーワードの後に処理を記述します。switch 文は default を記述しないとエラーになるので注意しましょう。

switch 文の文法

```
switch 変数 {
    case 値 1:
        変数が値 1 のときの処理
    case 値 2:
        変数が値 2 のときの処理
    case 値 3:
        変数が値 3 のときの処理
    default:
        変数が値 1 でも値 2 でも値 3 でもないときの処理
}
```

さて、ボタンの tag にアクセスする場合は wineTapped メソッドの引数 sender を使用します。sender.tag プロパティを使えば、タップされたボタンの tag 値がわかります。では、どのボタンがタップされたかデバッグエリアに表示されるように plint 文を使って確認してみたいと思います。print 文はプログラムに影響はしませんが、任意の文字や変数の値などをデバッグエリアに表示することが出来ます。ここでは変数の中身を表示する print 文を使用します。

print 文の文法（変数の中身を表示）

```
print("デバッグエリアに表示する文字 \( 変数 )")
```

plint 文は iOS シミュレータでボタンなどをクリックしたときもデバッグエリアに情報を出力することができます。なのでプログラム処理の確認などデバッグをする時に非常に有効な命令文です。
それでは switch 文と print 文を使って、ボタン処理のプログラムを記述しましょう。

ViewController.swift

```swift
38      // ワイングラスボタンメソッド
39      @IBAction func wineTapped(sender: UIButton){
40          switch sender.tag{
41          case 1:
42              print("ワイングラスボタン \(sender.tag)")
43          case 2:
44              print("ワイングラスボタン \(sender.tag)")
45          case 3:
46              print("ワイングラスボタン \(sender.tag)")
47          case 4:
48              print("ワイングラスボタン \(sender.tag)")
49          case 5:
50              print("ワイングラスボタン \(sender.tag)")
51          default:
52              print("どのボタンでもありません")
53          }
54      }
```

iOS シミュレータでワイングラスボタンをクリックするとデバッグエリアに設定した情報が出力されました。これで正常にボタンに設定した tag によって分岐処理が行われていることが確認できました。ではボタンに音声ファイルを設定しましょう。

■ switch 文のなかで音の再生処理を記述する

それではボタンがタップされたときにワイングラスの音が鳴る処理を記述しましょう。もう、音を鳴らすコードを記述することは出来ますよね？ まずは音を鳴らす変数 wineGlass を宣言し AVAudioPlayer クラスにインスタンス化しましょうしましょう。

ViewController.swift

```swift
13      var player:AVAudioPlayer!    //BGMを制御するための変数
14      // ワイングラスの音を制御するための変数
15      var wineGlass:AVAudioPlayer!
```

続いて wineTapped メソッドのなかの switch 文のなかに音を鳴らす処理を記述しましょう。各ワイン

グラスボタンがタップされた時にサウンドファイル「1.mp3」〜「5.mp3」が鳴るように設定します。
さあ、長くなりますよ。打ち込む前に指の体操をしておきましょう。

ViewController.swift

```swift
@IBAction func wineTapped(sender: UIButton){
    switch sender.tag{
    case 1:
        print("ワイングラスボタン\(sender.tag)")
        let path = NSBundle.mainBundle().bundleURL.
            URLByAppendingPathComponent("1.mp3")
        do {
            try wineGlass = AVAudioPlayer(contentsOfURL: path)
            wineGlass.prepareToPlay()
            wineGlass.play()
        }catch {
            print("エラーです")
        }
    case 2:
        print("ワイングラスボタン\(sender.tag)")
        let path = NSBundle.mainBundle().bundleURL.
            URLByAppendingPathComponent("2.mp3")
        do {
            try wineGlass = AVAudioPlayer(contentsOfURL: path)
            wineGlass.prepareToPlay()
            wineGlass.play()
        }catch {
            print("エラーです")
        }
    case 3:
        print("ワイングラスボタン\(sender.tag)")
        let path = NSBundle.mainBundle().bundleURL.
            URLByAppendingPathComponent("3.mp3")
        do {
            try wineGlass = AVAudioPlayer(contentsOfURL: path)
            wineGlass.prepareToPlay()
            wineGlass.play()
        }catch {
            print("エラーです")
        }
```

```
69          case 4:
70              print("ワイングラスボタン\(sender.tag)")
71              let path = NSBundle.mainBundle().bundleURL.
                    URLByAppendingPathComponent("4.mp3")
72              do {
73                  try wineGlass = AVAudioPlayer(contentsOfURL: path)
74                  wineGlass.prepareToPlay()
75                  wineGlass.play()
76              }catch {
77                  print("エラーです")
78              }
79          case 5:
80              print("ワイングラスボタン\(sender.tag)")
81              let path = NSBundle.mainBundle().bundleURL.
                    URLByAppendingPathComponent("5.mp3")
82              do {
83                  try wineGlass = AVAudioPlayer(contentsOfURL: path)
84                  wineGlass.prepareToPlay()
85                  wineGlass.play()
86              }catch {
87                  print("エラーです")
88              }
89          default:
90              print("どのボタンでもありません")
91          }
92      }
```

はい、大変おつかれさまでした！では、iOSシミュレータを起動してみましょう。どうですか、軽快なジャズのBGMをバックに心地良いワイングラスの音は鳴っていますか？

しかし、それにしても今回は何度も何度も何度も同じようなコードを記述しました。Switch文のボタンの分岐なんてサウンドファイル名以外は全て一緒のコードです。律儀な方はこれを全て手打ちしたのでしょうか。ちょっと要領の良い人はコピペして、ファイル名だけを変更したかもしれませんね。

プログラミングの世界では、ここでやったように同じような処理を何度も何度も記述することを"美しくない"と考えます。もっと効率が良くて、便利で、間違いが起こらない書き方がエレガントなコーディングなんです。

独立したサウンドクラスを作ろう！

POINT

1. クラスの作り方を学ぶ
2. コードを整理して、効率の良いコーディングを考える
3. デリゲートメソッドを使ってみる

クラスを作ろう！

ワインピアノアプリは一応完成しました。BGMが流れて、ワイングラスボタンをタップすれば音は鳴ります。しかしユーザーにはこれで良いかもしれませんが、プログラマー的にはちょっとやばったい中身になっています。これを洗練させるために音を鳴らす機能だけを独立させたクラスを作りたいと思います。サウンドの再生は他のアプリでもよく使ったりします。

音を鳴らす機能だけをクラスとして独立させると、使い回しができて後々の開発も楽になりますよ。

またViewController.swiftでも音を再生するコードは1行のみになるので、エレガントなプログラムになります。

さて独自のクラスを作成するためにはどうすればよいでしょうか。これまでプログラムを記述していたViewControllerは画面を管理するUIViewControllerのサブクラスでした。今回、作成するのはアプリのインターフェイスなどViewに関わるものではありません。とくに継承すべき親クラスがない場合は「NSObject」というクラスを継承するようにします。

NSObjectは全てのクラスのスーパークラスになるもので、基本となるものです。

それでは新規Swiftファイルを作成し、クラスの宣言をしましょう。

■ 新規Swiftファイルの作成

❶Fileメニューから「New ▶ File…」を選択します。

　`command`キー＋ `N`キーでもファイルの新規作成が出来ます。

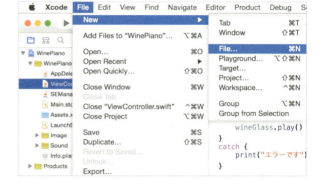

❷新規作成ファイルのテンプレート画面が表示されるのでiOSのSourceのなかの「Swift File」を選択して、「Next」ボタンをクリックします。「SEManager」という名前で保存先をWinePianoプロジェクトフォルダのなかにし、「Create」ボタンをクリックします。

　ファイル名はSound Effect(効果音)を管理するという意味です。

❸Foundationフレームワークがインポートされただけのswiftファイルが作成されました。

■ SEManagerクラスの作成

このクラスでは音を扱うのでAVAudioPlayerクラスを使用します。なのでAVFoundationクラスをインポートしましょう。変数playerを宣言し、音を再生するsePlayerメソッドを記述します(内容はViewControllerで記述したplayメソッドとほぼ同じです)。

SEManager.swift

```swift
 9  import Foundation
10  import AVFoundation      //AVFoundation フレームワークのインポート
11
12  class SEManager: NSObject {
13      // 音を制御するための変数
14      var player:AVAudioPlayer!
15      // 音を再生する sePlay メソッド
16      func sePlay(soundName: String){
17          let path = NSBundle.mainBundle().bundleURL.
                  URLByAppendingPathComponent(soundName)
18          do {
19              try player = AVAudioPlayer(contentsOfURL: path)
20              player.prepareToPlay()
21              player.play()
22          }
23          catch {
24              print(" エラーです ")
25          }
26      }
```

音を鳴らす機能を持ったクラスを作成できました。このクラスをViewController.swiftで使うために、SEManagerの変数を作成します。ナビゲータエリアでViewController.swiftを選択します。

クラスの変数の作り方

```
var 変数名 = クラス名( )
```

ViewController.swift

```swift
13      var player:AVAudioPlayer!          //BGM を制御するための変数
14      var soundManager = SEManager() //SEManager でインスタンス化した変数
```

では、ViewController.swiftのswitch文のなかで記述していたワイングラスの音を鳴らすコードを全て削除してください。新たに書き直したwineTappedメソッドのソースコードは以下となります。

ViewController.swift

```
40        // ワイングラスボタンメソッド
41        @IBAction func wineTapped(sender: UIButton){
42            // サウンドファイル名を格納するsound変数。初期値に空の文字を入れておく
43            var sound:String = " "
44            switch sender.tag{
45            case 1:
46                print("ワイングラスボタン\(sender.tag)")
47                sound = "1.mp3"
48            case 2:
49                print("ワイングラスボタン\(sender.tag)")
50                sound = "2.mp3"
51            case 3:
52                print("ワイングラスボタン\(sender.tag)")
53                sound = "3.mp3"
54            case 4:
55                print("ワイングラスボタン\(sender.tag)")
56                sound = "4.mp3"
57            case 5:
58                print("ワイングラスボタン\(sender.tag)")
59                sound = "5.mp3"
60            default:
61                print("どのボタンでもありません")
62            }
63            // 引数にsound変数を設定して、SEManagerクラスのsePlayメソッドを呼び出す
64            soundManager.sePlay(sound)
65        }
```

どうですか、ずいぶんとシンプルになったでしょう！ リニューアルしたwineTappedメソッドでは、サウンドファイル名を格納するString型のsound変数を作成し、タップしたボタンのtagによって格納されるファイル名を決定しています。そして、このファイル名を引数にして、SEManagerのsePlayメソッドを実行します。

しかし、実は楽器アプリとしてはまだちょっと不満があります。iOSシミュレータで音を鳴らしていると気づかないでしょうが、このアプリは２つ同時にワイングラスをタップしても、２つの音を鳴らすことが出来ないんです。これは楽器アプリとしては不完全ですよね。

音のハーモニーを生み出す処理

さて、現状のワインピアノはなぜ音が同時に鳴らないのでしょうか。今の仕組みではひとつのAVAudioPlayerのインスタンスで音を再生して、次に鳴らす音も同じインスタンスで再生されるため、最初に再生されていた音が停止してから次の音が再生されてしまいます。しかし、楽器アプリや音楽ゲームなどで音を再生する際は、音をいくらでも重ねられた方が、自然ですよね。

そこでボタンがタップされるたびに、AVAudioPlayerのインスタンスとなる変数を作成し、配列を使って管理します。soundArrayという配列を作ってSEManagerクラスを修正しましょう。そしてメンバ変数として宣言していたplayerは削除して、sePlayメソッドのなかで変数を作ります。

SEManager.swift

```swift
9   import Foundation
10  import AVFoundation    // AVFoundation フレームワークをインポートする
11  class SEManager: NSObject {
12      //var player:AVAudioPlayer! ←削除
13      //AVAudioPlayer を格納する配列を宣言
14      var soundArray = [AVAudioPlayer]()   Coding
15      // 音を再生する sePlay メソッド
16      func sePlay(soundName: String){
17          let path = NSBundle.mainBundle().bundleURL.
                  URLByAppendingPathComponent(soundName)
18          var player: AVAudioPlayer!    Coding
19          do {
20              try player = AVAudioPlayer(contentsOfURL: path)
21              // 配列 soundArray に player を追加
22              soundArray.append(player)    Coding
23              player.prepareToPlay()
24              player.play()
25          }
26          catch {
27              print(" エラーです ")
28          }
29      }
30  }
```

修正したコードの解説をしましょう。
15行目ではAVAudioPlayerを格納する配列soundArrayを宣言しています。
24行目ではsePlayメソッドのなかで、player変数を作成し、mp3ファイルへパスを設定しています。そして26行目で.appendを使って配列soundArrayにplayerを追加しています。
実機でアプリを起動できる方は同時に2つのワイングラスボタンをタップしたときに、音が重ねって奏でられているかを確認してみてください。美しいハーモニーが奏でられているでしょうか？
修正したsePlayメソッドでは、ワイングラスボタンがタップされるごとにplayer変数を作り、配列に格納しています。これにより、ユーザーがボタンをタップするごとに効果音を保持したインスタンスが作成され、いくつもの音を重ねることが出来るわけです。

■ 必要のない変数は削除する

sePlayメソッドではユーザーがボタンをタップするごとに、player変数が作成され配列に格納されます。これはユーザーが100回ボタンをタップしても、1000回ボタンをタップしても、10000回ボタンをタップしても同じことが行われます。うーん……これって大丈夫なのでしょうか！？
コンピュータ上では(iPhoneでも)、プログラムが実行されるとその要求に応じてメモリを使用します。もちろんメモリは有限で、ひとつのアプリが好きなだけメモリを占有することは許されません。

プログラマーは命令処理を記述するのと同時に、その命令に応じたメモリ管理をしなければいけません。

しかしOSの進化によってプログラマーがメモリ管理をそれほど気にしなくても、OS側で自動的にメモリ処理をしてくれるようになってきました。iOSでも、ARC(Automatic Reference Counting)という機能により、メモリを自動で管理してくれます。とはいえ、sePlayメソッドで記述したように、ユーザーがタップするごとに変数が作成され、配列に格納される処理は、際限なくメモリを使用する可能性があります。これは、プログラマーがなんとかしなくてはいけません。
では、どのような解決策があるでしょうか？　Chapter3では配列に要素を追加するだけでなく、配列から要素を削除する方法も紹介しました。要素が必要なくなった時点で削除してやれば、配列が無限に肥え太っていく心配をする必要もありません。
そのためには音の再生が終わった時点で配列の要素を削除をする命令処理をしなくてはいけません。クラスによっては、こうした特定の条件下において処理を行うメソッドが用意されています。

こうした機能的に必要と想定されたメソッドが予め用意されたものをデリゲートパターンと言います。

デリゲートは委任などの意味を持つ言葉です。何らかの処理を実行させたいときに、そのクラスに処理を委任すると考えればイメージしやすいかもしれません。
プロジェクトを作成するとAppDelegate.swiftというファイルが存在することに気づいている読者は多いのではないでしょうか。このファイルには"アプリが終了したとき"や"アプリがバックグラウンドになった時"などiPhone上で動くアプリの挙動に対応したメソッドが用意されています。Delegateパターンは様々な局面で頻繁に用いられますので、難しいですがぜひ慣れておいてください。

■ AVAudioPlayerのデリゲートを使用する

さて、前置きが長くなりましたがAVAudioPlayerクラスにも、サウンドの再生が終了したときに実行されるデリゲートが用意されています。このメソッドを使用して、サウンドの再生が終了したら配列から要素を削除するという処理を実装しましょう。

デリゲートを使用するには、いくつかの準備が必要です。まず、クラスの宣言のなかで、AVAudioPlayerDelegateを使用するということを付け加えなくてはいけません。

このように予め用意された処理やルールの集合体をプロトコルと言います。

デリゲートを使用するには、必要に応じたプロトコルを設定する必要があります。

プロトコルを設定したクラス

```
class クラス名 : 親クラス , プロトコル名 { }
```

では、SEManagerクラスにAVAudioPlayerDelegateプロトコルを追加しましょう。

SEManager.swift

```
10    import AVFoundation    // AVFoundation フレームワークをインポートする
11    // NSObject を親クラスとした SEManager クラスの宣言
12    class SEManager: NSObject, AVAudioPlayerDelegate {    Coding
```

さらにデリゲートメソッドで管理するために、使用したAVAudioPlayerの変数にdelegateの設定をします (player?.delegate = selfとして、このクラス自身のデリゲートとして設定します)。

SEManager.swift

```
22        // 配列 soundArray に player を追加
23        soundArray.append(player)
24        player.delegate = self    Coding
```

ようやく準備が整いました。ここで使用したいのはaudioPlayerDidFinishPlaying()というデリゲートメソッドとなります。メソッド名の字面で想像できると思いますが、これはaudioPlayerの再生が終わった時に実行されるメソッドです。このなかで配列soundArrayのなかで、何番目に格納された変数の再生が終わったのかを調べ、その変数を削除するという処理を行います。

SEManager.swift

```
33      // サウンドの再生後に実行されるメソッド
34      func audioPlayerDidFinishPlaying(player: AVAudioPlayer,
            successfully flag: Bool) {
35          // 再生が終わった変数のインデックスを調べる
36          let i:Int = soundArray.indexOf(player)!
37          // 上記で調べたインデックスの要素を削除する
38          soundArray.removeAtIndex(i)
39      }
```

さあ、これでメモリの心配もなくなりました！　しかし、このパートでは結構いろんな概念を詰め込んでしまいましたね。でも、戸惑うことはありません。現時点でデリゲートやプロトコルといったものを使いこなすレベルに到達していなくても大丈夫です。ここで紹介したプログラミングの流れと、理屈と、仕組みをなんとなく理解してもらえればOKです！

AppDelegateのメソッド

AppDelegate.swiftファイルにはアプリの起動時や終了時などそのアプリのライフタイムに実行されるメソッドがあらかじめ記述されています。これらのメソッドはアプリの設定やデータの初期化などを行う際に有効です。ここではAppDelegate.swiftに記述されているメソッドの役割を紹介します。どのようなタイミングでメソッドが実行されるかは、メソッドのなかにprintlnなどを記述してシミュレータで確認してみましょう。

```
func application(application: UIApplication, didFinishLaunchingWithOptions
launchOptions: [NSObject: AnyObject]?) -> Bool { }
```
アプリを起動したときに実行されるメソッドです。

```
func applicationWillResignActive(application: UIApplication) { }
```
ホームボタンを押した時など、アプリがアクティブではなくなる直前に実行されるメソッドです。

```
func applicationDidEnterBackground(application: UIApplication) { }
```
アプリがバックグラウンド状態になる直前に実行されるメソッドです。

```
func applicationWillEnterForeground(application: UIApplication) { }
```
アプリがフォアグラウンド状態(アプリが画面に表示される)になる時に実行されるメソッドです。

```
func applicationDidBecomeActive(application: UIApplication) { }
```
アプリがアクティブになる時に実行されるメソッドです。

```
func applicationWillTerminate(application: UIApplication) { }
```
アプリが終了する時に実行されるメソッドです。

オブジェクトにアニメーションを付ける

POINT
1. アニメーションの付け方を学ぶ
2. アニメーションの種類を知る

ワイングラスに動きを付けよう！

最後の仕上げとしてボタンに動きを付けてみましょう。iOSプログラミングではオブジェクトに簡単にアニメーションを付けることができます。ユーザーがワイングラスボタンをタップした時にボタン自体にアニメーションを付けてみましょう。UIButtonはUIViewというクラスを継承しています。アニメーションをさせるにはこのUIViewクラスのtransformプロパティを使って、CGAffineTransformというクラスで指定します。基本的なアニメーションには以下のようなものがあります。

- CGAffineTransformTranslate：移動
- CGAffineTransformScale：拡大・縮小
- CGAffineTransformRotate：回転
- CGAffineTransformInvert：反転

では、ワイングラスボタンをタップしたときの動作を設定してみましょう。まずは、CGAffineTransformの所用時間を設定するDouble型の変数の宣言を行います。

ViewController.swift

```swift
// ワイングラスボタンメソッド
@IBAction func wineTapped(sender: UIButton){
    // サウンドファイル名を格納するsound変数。初期値に空の文字を入れておく
    var sound:String = " "
    // 変形を設定するCGAffineTransformの変数
    var transform:CGAffineTransform = CGAffineTransformIdentity
    // アニメーションの所要時間を持つ変数
    let duration:Double = 0.5
```

 Coding

ボタンごとにアニメーションを設定する

ワイングラスボタンは5つあるので、それぞれに異なるアニメーションを付けてみましょう。

ViewController.swift

```swift
48          switch sender.tag{
49          case 1:
50              print("ワイングラスボタン\(sender.tag)")
51              sound = "1.mp3"
52              //上に移動
53              transform = CGAffineTransformMakeTranslation(0, -20)
54          case 2:
55              print("ワイングラスボタン\(sender.tag)")
56              sound = "2.mp3"
57              //拡大
58              transform = CGAffineTransformMakeScale(1.05, 1.05)
59          case 3:
60              print("ワイングラスボタン\(sender.tag)")
61              sound = "3.mp3"
62              //回転
63              transform = CGAffineTransformMakeRotation
                    (CGFloat(0.25*M_PI))
64          case 4:
65              print("ワイングラスボタン\(sender.tag)")
66              sound = "4.mp3"
67              //縮小
68              transform = CGAffineTransformMakeScale(0.95, 0.95)
69          case 5:
70              print("ワイングラスボタン\(sender.tag)")
71              sound = "5.mp3"
72              //反転
73              transform = CGAffineTransformMakeScale(-1, 1)
74          default:
75              print("どのボタンでもありません")
76          }
```

■ アニメーションの実行処理

duration変数にはアニメーションの所要時間(0.5秒)を、transformには変形状態を指定しています。つまり0.5秒かけてオブジェクトは指定した変形状態へと変形します。また同じ所用時間で、変形してから元の状態に戻しています(sender.transform = CGAffineTransformIdentity)。その命令処理が下記となります。

ViewController.swift

```swift
78    soundManager.sePlay(sound)
79    //アニメーション
80    UIView.animateWithDuration(duration, animations: { () -> Void in
81      sender.transform = transform
82    })
83    { (Bool) -> Void in
84      UIView.animateWithDuration(duration, animations: { () -> Void in
85        sender.transform = CGAffineTransformIdentity
86      })
87      { (Bool) -> Void in
88      }
89    }
```

ここに記述した処理はかなり難しい概念が入っています。この処理についての理解は現時点では必要ありません(クラスメソッドやクロージャなどの理解が必要となります)。ただ、アニメーションの変化を付けること自体はこの処理を行えば出来るので、どのような変化をさせるのかということと変化時間を設定するだけで、面白いインターフェイスを実装できると思います。ぜひ、いろいろ遊んでみてください。

本章では、サウンドの再生方法を学習しました。また、別ファイル、別クラス化によりサウンド再生のためのコードを採用可能な形にしました。このファイルを利用して、楽器アプリの作製を行いました。別クラス化はプログラミング初心者の方にはなかなか難しいですね。プログラミングには慣れとセンスが必要なのですが、一朝一夕にこのセンスを向上させることは難しいです。しかしながら、少しずつ向上させることは可能です。アプリ開発には、粘り強く取り組んでいきましょう。

COLUMUN

フリーの素材を使ってみよう

アプリ制作には画像やサウンドを使う機会が多くあります。こうした素材は自分で作る方法とフリーの画像やサウンドを利用する方法があります。フリーの素材を自分のアプリに利用する場合は、著作権にご注意ください。基本的にサイトの記述に従えば大丈夫です。

フリー素材の使用時に、注意すべきなのは主に以下の点です。

- 商用利用が許可されているかどうか
- 作者のクレジットの表記が必要かどうか
- 元の作品の改変が許可されているかどうか
- 作品改変時に、ライセンスの行方はどうなるか

では無料、著作権フリーで画像・サウンド素材を提供しているWebサイト をいくつか紹介します。

画像

GATAG　http://free-photos.gatag.net/
フリーの画像・写真の素材集です。人物や自然などのかっこいい画像が多数紹介されています。

flickr　https://www.flickr.com/
写真の投稿サイトです。著作権別に検索できるので、フリーの写真を探すのに便利です。

いらすとや　http://www.irasutoya.com/
かわいらしい動物や人物などの素材がフリーで提供されています。使用前に利用規約をご確認ください。

サウンド

魔王魂　http://maoudamashii.jokersounds.com/
クオリティの高いBGMや効果音を多数提供している有名なサイトです。多くのアプリでこちらのサウンドが使用されています。素材の使用時には利用規約をご確認ください。

Music-Note.jp　http://www.music-note.jp/
同じく、多くのアプリで使われているサウンドを提供しているサイトです。素材の使用時には利用規約をご確認ください。

他にもフリーの画像やサウンドを提供しているサイトは多数有りますので、探してみてくださいね。

TEXT：我妻幸長

「シンプル電卓」で
ガッツリコーディング

Chapter 6

ストーリーボードを使わずに開発しよう

POINT
1. プログラムでオブジェクトを配置し、レイアウトをする
2. 配置のための計算式を考える
3. for文を使った効率的なプログラミングを行う

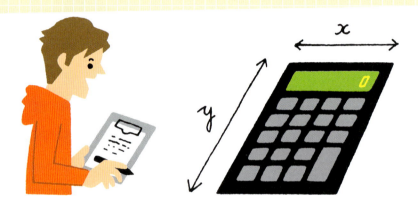

■ ストーリーボードを使わない！

これまで画面レイアウトを構築する場合はストーリーボードをインターフェイスビルダーで開いて、レイアウトをしてきました。しかし、今回のアプリではプログラムコードで画面のレイアウトを構築していきます。なぜ今回はプログラムコードでレイアウトを構築するのでしょうか？

ストーリーボードを使わなくても画面設計は出来るということを知ってもらいたいからです。

もちろんストーリーボードはとてもよく出来ていて、ストーリーボードを使ったほうが効率的な場面はたくさんあります。しかしプログラムコードのみでもストーリーボードを使った場合と同じようにアプリが作れますし、たくさんの要素を配置しなければいけない場合や、色々なイベントで様々な要素を表示させたいという場合には、ストーリーボードで表現するよりもプログラムで要素を作ったほうが効率がいい場合もあります。

また、チーム開発など、複数のメンバーで同じアプリを作る場合にストーリーボードを使ってしまうと、複数の開発者が同じタイミングでストーリーボードを修正してしまう可能性があり、色々と不都合だっ

たりもします。

■ ストーリーボードを使わない意味

ストーリーボードを使わずに画面設計をすることのメリットとしては以下のようなものがあります。

- 画面表示を管理するUIViewクラスについての理解が深まる。
- オブジェクトの管理、コントロールが明示的になる。
- プログラムソースでオブジェクトを配置する方が、効率的で簡潔な場合がある。
- ストーリーボードとプログラムファイルでの連結エラーが起こらない。

実際の開発の現場では、画面レイアウトやオブジェクトの配置はストーリーボードとプログラムソースの両方で行っていたりします。
この章で、プログラムでどのように画面表示を管理するのか理解を深めてください。そのために画面の要素を作り出しiOSシミュレータで表示させながら計算機アプリを作っていきたいと思います。

シンプルな計算機アプリを作ろう

❶ Xcodeを起動し、新規プロジェクトの作成を行います。テンプレートは「Single View Application」を選択します。

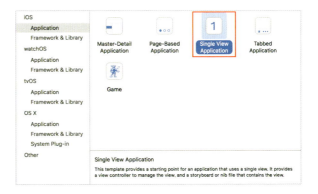

❷ 設定画面で下記の設定を行い、任意の場所にプロジェクトを作成します。

① Product Nameは「Calculator」としてください。
② Organization Name、Organization Identifierは任意で結構です。
③ Languageは「Swift」を選択します。
④ Devicesは「iPhone」を選択します。

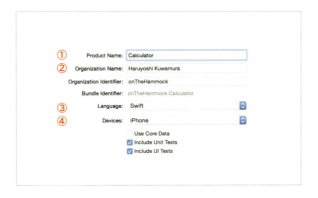

❸ アプリの設定画面の「Deployment Info」
で「Device Orientation」の「Portrait」
のみチェックを入れます。

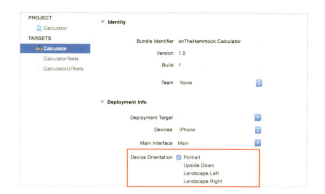

今回の計算機アプリは縦型のポートレイ
トモードで作成します。

■ プログラムでラベルを設置する

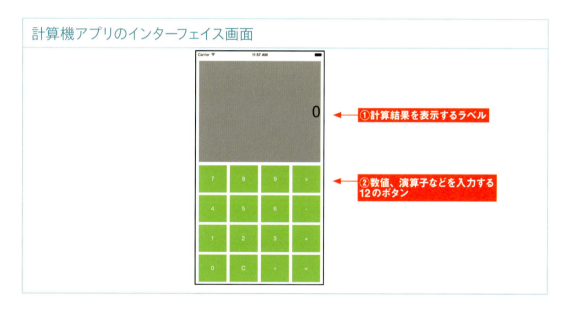

計算機アプリのインターフェイス画面
①計算結果を表示するラベル
②数値、演算子などを入力する12のボタン

まずは計算結果を表示させるラベルを配置します。ViewController.swiftファイルを開いて、計算結果を表示するresultLabelを作りましょう。var resultLabel = UILabel()と記述することで変数resultLabelを宣言し、UILabelのインスタンスにできます。

ViewController.swift

```
11   class ViewController: UIViewController {
12       // 計算結果を表示するラベルを宣言
13       var resultLabel = UILabel()      Coding
```

プログラムで画面に表示するオブジェクトを作成した場合、そのオブジェクトの大きさや位置を規定しなければいけません。この大きさや位置はframeプロパティで設定できます。frameプロパティは画面表示を管理するUIViewクラスのものです(UILabelはUIViewのサブクラスなので、frameが使用できます)。

フレームプロパティの設定

```
変数.frame = CGRect(x: X座標の値, y: Y座標の値, width: 横幅の値, height: 縦幅の値)
```

このようにUIViewのframeプロパティにX座標、Y座標、横幅、縦幅を指定することにより、配置したいオブジェクトの位置とサイズを設定することができます。ただし、位置とサイズを設定するだけでは配置したことにはなりません。UIViewクラスはviewという画面表示のためのプロパティを持っています。このviewに対して、UIViewクラスのaddSubviewメソッドを使ってオブジェクトを配置します。

UIViewの配置

```
配置先のview.addSubView(UIViewのサブクラスになる変数)
```

では、実際にresultLabelを配置してみましょう。配置先はViewControllerクラスに最初から用意されているself.viewを指定します。また、このままだとresultLabelは透明状態なので配置されているのかどうかわかりません。resultLabelに背景色(backgroundColor)も設定します。

ViewController.swift

```
15  override func viewDidLoad() {
16      super.viewDidLoad()
17      //Do any additional setup after loading the view, typically from a nib.
18
19      // 計算結果ラベルのフレームを設定する
20      resultLabel.frame = CGRect(x: 10, y: 30, width: 300, height: 170)
21      // 計算結果ラベルの背景色を灰色にする
22      resultLabel.backgroundColor = UIColor.grayColor()
23      // 計算結果ラベルをViewControllerクラスのviewに設置
24      self.view.addSubview(resultLabel)
25  }
```

それではiOSシミュレータを起動してみましょう(画面を事前に確認できるPreviewはストーリーボードでしか使用できません)。最初はiPhone5で、次にiPhone6 Plusで表示を確認してみてください。

frameプロパティではX座標は10ポイント、Y座標は30ポイントで位置を指定し、横幅は300ポイント、縦幅は170ポイントで設定しました。この場合、iPhone5の画面の横幅は320ポイントなので、左右10ポイントの隙間を空けたラベルを画面中央に配置することができます。しかし、iPhone6 Plusは画面の横幅は414ポイントなので、ラベルは左に寄ってしまいます。こうした画面サイズが異なる端末にもプログラムで動的に対応することができます。UIKitにはUIScreenというスクリーンサイズを管理するクラスがあります。このクラスのmainScreen()メソッドを使用する

iPhone5での表示　　iPhone6 Plusでの表示

とアプリを起動した端末の画面サイズを取得することができます。このメソッドを使用して画面サイズが異なっても左右10ポイントの空きを作って、resultLabelを中央に配置できるようにしてみます。

ViewController.swift

```
19    // 画面の横幅のサイズを格納するメンバ変数
20    let screenWidth:Double = Double(UIScreen.mainScreen().bounds.size.width)
```

```
21    // 計算結果ラベルのフレームを設定。横幅は端末の画面サイズから左右の隙間20ポイントを引く
22    resultLabel.frame = CGRect(x: 10, y: 30, width: screenWidth-20,
            height: 170)
```

画面サイズ(横幅)を取得するscreenWidthを宣言し、resultLabelの横幅をscreenWidthから20ポイントを引いた値に設定しました(画面の横幅サイズを取得するためにDouble型で変換しています)。これで、X座標を10ポイントに設定すればどの端末でも左右に10ポイントの隙間をとった大きさのラベルを配置することができます。

One Point Advice　サイズの単位：ピクセルとポイント

frameプロパティで設定した数値の単位は、ピクセルと混同されることがありますが、ポイントです。iOS開発においてピクセルは、画像素材やアイコン画像で使用する単位です。一方ポイントは、画面上の描画領域の測定単位となります。標準解像度のデバイスの画面では、1ポイントは1ピクセルに対応しますが、それ以外の解像度では対応の割合が異なる場合があります。たとえば、Retinaディスプレイでは1ポイントは2ピクセルに相当します。

ラベルの設定

resultLabelには計算結果を表示させます。だいたい計算機の表示画面には初期値として 0 が表示されています。なので、このresultLabelにも初期値 0 を表示させましょう。さらに、フォントの種類、文字の大きさ、行揃え (アラインメント)、表示行数、文字の内容も設定します。

ViewController.swift

```swift
15  override func viewDidLoad() {
16      super.viewDidLoad()
17      // 画面の横幅のサイズを格納するメンバ変数
18      let screenWidth:Double = Double(UIScreen.mainScreen().bounds.size.width)
19      // 計算結果ラベルのフレームを設定。横幅は端末の画面サイズから左右の隙間 20 ポイントを引く
20      resultLabel.frame = CGRect(x: 10, y: 30, width: screenWidth-20,
            height: 170)
21      // 計算結果ラベルの背景色を灰色にする
22      resultLabel.backgroundColor = UIColor.grayColor()
23      // 計算結果ラベルのフォントと文字サイズを設定
24      resultLabel.font = UIFont(name: "Arial", size: 50)
25      // 計算結果ラベルのアラインメントを右揃えに設定
26      resultLabel.textAlignment = NSTextAlignment.Right
27      // 計算結果ラベルの表示行数を 4 行に設定
28      resultLabel.numberOfLines = 4
29      // 計算結果ラベルの初期値を "0" に設定
30      resultLabel.text = "0"
31      // 計算結果ラベルを ViewController クラスの view に設置
32      self.view.addSubview(resultLabel)
33  }
```

右画面のように数値が表示されていればOKです。
こうしたプロパティの設定はインターフェイスビルダーでも設定できました。しかし、プログラム上での設定方法を知っておくと、さらにオブジェクトをコントロールすることが容易になるでしょう。

■ プログラムで複数ボタンを設置する上での考え方

次に電卓のボタン部分をプログラムコードで作っていきます。電卓アプリのようにたくさんのボタンを規則正しく配置する場合にはプログラム上で操作する方が、ストーリーボードを使って配置するより効率的かつ正確に配置できます。

まずボタンを配置するためのプログラムコードを書く前に、どのようなプログラムコードでボタンを配置するかを整理しましょう。今回の電卓アプリの場合は、まず画面レイアウトを紙やノートなどで描いてみることをおすすめします。

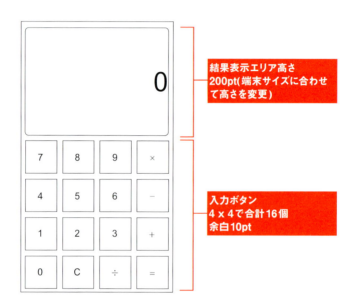

■ 画面サイズに対応したオブジェクトの配置

iPhoneの画面サイズに応じて、ボタンのサイズを変更できるようにしてみたいと思います。 ひとつのボタンの縦幅(Height)、横幅(Width)は次の計算式で算出できます。

ボタンの横幅を求める計算式
(画面全体の横幅 － ボタン間の余白 ×（1行に配置するボタンの数＋ 1））÷ 1行に配置するボタンの数
ボタンの縦幅を求める計算式
(画面全体の縦幅 － 計算結果表エリアの縦幅 － ボタン間の余白 ×（1列に配置するボタンの数＋ 1））÷ 1列に配置するボタンの数

このように画面レイアウトをじっくりみて、配置する要素がどのような計算式で算出できるかを考えるのがポイントです。

この計算式のとおり、ボタンのサイズを画面サイズに応じて変更するためには下記のデータを決めればよいことになります。

- 1行に配置するボタンの数 (xButtonCount)
- 1列に配置するボタンの数 (yButtonCount)
- 画面全体の横幅 (screenWidth)
- 画面全体の縦幅 (screenHeight)
- ボタン間の余白（縦＆横）(buttonMargin)
- 計算結果表示エリアの縦幅 (resultArea)

それでは必要なデータがわかったので、実際にコーディングしていきましょう。コーディングする前にプログラムファイルにコメントを入れておくと、やるべきことが明確になりますよ。

今回は横に4つ、縦に4つの計16個のボタンを下記のように配置します。

```
7 8 9 ×
4 5 6 －
1 2 3 ＋
0 C ÷ ＝
```

ですので下記のようにボタンの数を定数として定義することにします。

ViewController.swift

```swift
14    let xButtonCount = 4      //1行に配置するボタンの数
15    let yButtonCount = 4      //1列に配置するボタンの数
```

やるべきタスクや考えをコメントとして記述する

オリジナルアプリを作る場合は自分の考えやコンセプトをプログラムとして表現する必要があります。しかし、いくらプログラミングの経験をつんだとしても、最初から完璧なプログラムコードを頭に描いて書くことはなかなかできません。そこでおすすめするのは、まず「考えていることをプログラムファイルにコメントとして書く」ことです。自分が開発したいことを文章化して、プログラムファイルにコメントとして記述しておけば、自分の頭のなかが整理され、どこにどのようなプログラムを記述すればよいか明確になります。

```swift
override func viewDidLoad() {
    super.viewDidLoad()
    //計算結果を表示するラベルを宣言
    var resultLabel = UILabel()
    let screenWidth = UIScreen.mainScreen()
    
    //1行に配置するボタンの数
    //1列に配置するボタンの数
    //画面全体の横幅
    //画面全体の縦幅
    //ボタン間の余白（縦）
    //ボタン間の余白（横）
    //計算結果表示エリアの縦幅
}
```

画面全体の横幅のサイズは先ほど取得しました。今度は縦幅のサイズも取得しておきましょう。
また行と列のボタン間の余白はどちらも10ポイントに設定します。

ViewController.swift

```
18      // 画面の横幅のサイズを格納するメンバ変数
19      let screenWidth:Double = Double(UIScreen.mainScreen().bounds.size.width)
20      // 画面の縦幅
21      let screenHeight:Double =
            Double(UIScreen.mainScreen().bounds.size.height)
22      // ボタン間の余白 ( 縦 ) & ( 横 )
23      let buttonMargin = 10.0
```

次に計算結果表示エリアの縦幅を設定します。これは端末の画面サイズに合わせて変更できるようにします。メンバ変数resultAreaを初期値0で宣言し、viewDidLoadメソッドのなかに、switch文を使って画面サイズに応じて縦幅を変更します。frameプロパティで設定する実際のラベルの縦幅は配置したy座標である30ptを引いた値にします。下記の表を参考にしてください。

端末の大きさ	端末の縦幅（ポイント）	端末の横幅（ポイント）	計算結果表示エリアの縦幅
3.5インチ iPhone4s	480pt	320pt	200pt
4.5インチ iPhone5 & 5s	568pt	320pt	250pt
4.7インチ iPhone6	667pt	375pt	300pt
5.5インチ iPhone6 Plus	736pt	414pt	350pt

ViewController.swift

```
24      // 計算結果表示エリアの縦幅
25      var resultArea = 0.0
```

画面のサイズなどはprint文で確認する

画面のサイズなどを取得する場合はprint文を使って、デバッグエリアに表示させることで確認することができます。変数に格納された値を確認するのにprint文を活用しましょう。

```
72          //print文で画面サイズをデバッグエリアで確認する
73          print("縦画面サイズ\(screenHeight)　横画面サイズ\(screenWidth)")
74      }
```

```
Calculator
縦画面サイズ736.0　横画面サイズ414.0
```

ViewController.swift

```swift
22          // ボタン間の余白 ( 縦 ) & ( 横 )
23          let buttonMargin = 10.0
24          // 計算結果表示エリアの縦幅
25          var resultArea = 0.0
26          // 画面全体の縦幅に応じて計算結果表示エリアの縦幅を決定
27          switch screenHeight {
28          case 480:
29              resultArea = 200.0
30          case 568:
31              resultArea = 250.0
32          case 667:
33              resultArea = 300.0
34          case 736:
35              resultArea = 350.0
36          default:
37              resultArea = 0.0
38          }
39          // 計算結果ラベルのフレームを設定
40          resultLabel.frame = CGRect(x: 10, y: 30,
                width: screenWidth-20, height: resultArea - 30)
```

■ ボタンを作成する

続いて計算機のボタンを作成します。ボタンのサイズに関しては先ほど計算式を出しました。それに則ってviewDidLoadメソッドのなかでボタンのサイズを格納する変数を宣言してみましょう。

ViewController.swift

```swift
53          // 計算機のボタンを作成
54          let button = UIButton()
55          // ボタンの横幅サイズ作成
56          let buttonWidth =
                (screenWidth - (buttonMargin * (Double(xButtonCount)+1)))
                 / Double(xButtonCount)
57          // ボタンの縦幅サイズ作成
58          let buttonHeight = (screenHeight - resultArea -
                ((buttonMargin*Double(yButtonCount)+1))) / Double(yButtonCount)
```

今度はボタンの配置場所を決めます。最上段の一番左のボタンの位置に配置したいのでx座標は10ptのbuttonMarginを設定します。y座標はresultArea（ラベルのy座標＋ラベルの縦幅）＋buttonMarginとしましょう。

ボタンの背景色に緑を設定して、シミュレータを起動したときに確認できるようにしておきます。最後にaddSubViewメソッドでボタンを配置しましょう。

ViewController.swift

```swift
59      // ボタンのX座標
60      let buttonPositionX = buttonMargin
61      // ボタンのY座標
62      let buttonPositionY = resultArea + buttonMargin
63      // ボタンの縦幅サイズ作成
64      button.frame = CGRect(x:buttonPositionX,y: buttonPositionY,
            width:buttonWidth,height:buttonHeight)
65      // ボタン背景色設定
66      button.backgroundColor = UIColor.greenColor()
67      // ボタン配置
68      self.view.addSubview(button)
```

iOSシミュレータで起動してください。右のようにラベルの左下に緑のボタンが配置されていればOKです。異なる端末シミュレーションでも起動してみましょう。ボタンのサイズが端末によって動的に変更されているのが確認できると思います。それでは2つめのボタンを配置しましょう。ボタンの横幅と縦幅はbuttonWidthとbuttonHeightの2つの変数を再利用することができます。ポジションに関しては、x座標はbuttonMargin＋buttonWidth＋buttonMarginで算出できます。y座標は最上段のボタンなのでひとつ目のボタンと同じくresultArea＋buttonMarginとなります。さあ、2つ目のボタンを配置……します？

■ for文を使ってボタンを均一に配置する

先ほどボタンを作成したように、ひとつひとつボタンを作成して、x座標とy座標を設定するとなると、16回同じようなコードを記述しなくてはいけません。Chapter5でも言及しましたが、これはあまり美しいコードとは言えませんね。もっとスマートなコードを記述したいものです。
後で修正する時にも大変です。さらにはバグが出やすい状態にもなります。
そこで、for文という繰り替えし処理を行う制御文を使用して16個のボタンを均一に配置したいと思います。コンピュータは人力では手間のかかる繰り返し処理も、軽々と出来てしまいます。そのためプログラムの世界では、効率的な処理の記述にfor文を頻繁に使用します。

for 文の文法

```
for カウンタ変数 = 初期値 ; カウンタ変数 <= 繰り返す数 ; カウンタ変数の方法 {
    // 繰り返し処理
}
```

for 文では、繰り返す回数とその繰り返しを数える変数 (カウンタ変数) を設定することで繰り返し処理を行います。なかなか概念だけでは理解しづらいと思いますので、Playground を使って練習してみましょう。

MyPlayground.playground

5	`let xButtonCount = 4`	4
6	`for var i = 0; i < xButtonCount; i++ {`	
7	`    print("\(i) 回目")`	(4 times)
8	`}`	

for文でカウンタ変数iを初期値0で宣言して、i<xButtonCountという条件式を設定しています。これは「iが4未満なら」という条件式になります。この条件式に適応するなら、{ } のなかに記述されたprint文が繰り返し実行されます。この繰り返し処理が1回繰り返されるごとにi++によってカウンタ変数の値はひとつずつ繰り上がっていきます。iが4までカウントアップされるとi<xButtonCountという条件式が成立しないので、繰り返し処理が終了します。右側の実行結果には (4times) と表示されています。これはprint("\(i) 回目") という処理が4回繰り返されるという意味です。カウンタ変数iの初期値は0なのでデバッグエリアには0〜3回目という文字が表示されます。

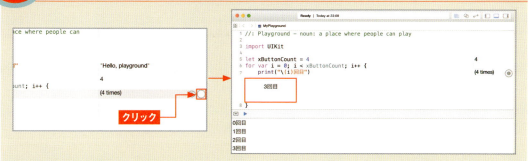

One Point Advice — Playgroundで実行処理の流れを確認する

Playgroundのfor文を記載した実行結果の右横に◯のアイコンがあります。これをクリックするとアシスタントエディタが開かれ、実行結果の内容が表示されます。print文を記述していれば、デバッグエリアのコンソールにアウトプットされる結果が表示されます。

ボタン配置のためにさらにPlaygroundを使ってシミュレーションをしてみます。16個のボタンのX座標とY座標を想定して、今度はfor文のなかにfor文を記述してみます。どのようになるでしょうか。

MyPlayground.playground

```
 3  import UIKit
 4
 5  let yButtonCount = 4
 6  let xButtonCount = 4
 7
 8  for var y = 0; y < yButtonCount; y++ {
 9      for var x = 0; x < xButtonCount; x++ {
10          print("ボタン座標 x\(x):y\(y)")
11      }
12  }
```

ボタン座標 x0:y0
ボタン座標 x1:y0
ボタン座標 x2:y0
ボタン座標 x3:y0
ボタン座標 x0:y1

二重の繰り返し処理ではxが4回カウントアップされる処理が、4回繰り返されています。この二重のfor文からイメージして欲しいのは16個のボタンです。xとyはボタンの配置位置を示しています。

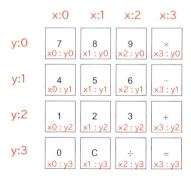

16個のボタンを配置するためにx座標、y座標を一定の間隔でズラしていけばこのように横に4つ、縦に4つのボタンを配置することができます。そのためにfor文のカウント変数を利用してループするごとに配置する座標を変更しましょう。

ボタンの座標を求める計算式

ボタンのX座標 = (画面全体の横幅 − ボタン間の余白) ÷ 1行のボタン数 × 現在のボタンの列数 + ボタン間の余白

ボタンのY座標 = (画面全体の横幅 − ボタン間の余白) ÷ 1列のボタン数 × 現在のボタンの行数 + ボタン間の余白

それではfor文を使って16のボタンを配置してみます。少々長いコードになりますが、先ほどボタンを配置した53〜62行目のコードを修正していきましょう。そうすると理解はより深まるはずです。なにより16個のボタンをひとつひとつ配置するコードよりはるかに短いものです！

ViewController.swift

```swift
53          // 繰り返し処理でボタンを配置
54          for var y = 0; y < yButtonCount; y++ {
55              for var x = 0; x < xButtonCount; x++ {
56                  // 計算機のボタンを作成
57                  let button = UIButton()
58                  // ボタンの横幅サイズ作成
59                  let buttonWidth =
                        ( screenWidth - ( buttonMargin *
                        ( Double(xButtonCount) + 1 ) ) ) / Double(xButtonCount)
60                  // ボタンの縦幅サイズ
61                  let buttonHeight =
                        ( screenHeight - resultArea -
                        ((buttonMargin * Double(yButtonCount) + 1)))/
                        Double(yButtonCount)
62                  // ボタンのX座標
63                  let buttonPositionX =
                        (screenWidth - buttonMargin) / Double(xButtonCount) *
                        Double(x) + buttonMargin
64                  // ボタンのY座標
65                  let buttonPositionY =
                        ( screenHeight - resultArea - buttonMargin ) /
                        Double(yButtonCount) * Double(y) +
                        buttonMargin + resultArea
66                  // ボタンの配置場所、サイズを設定
67                  button.frame = CGRect(x:buttonPositionX,
                        y: buttonPositionY,width:buttonWidth,
                        height:buttonHeight)
68                  // ボタン背景色設定
69                  button.backgroundColor = UIColor.greenColor()
70                  // ボタン配置
71                  self.view.addSubview(button)
72              }
73          }
```

for文を使って、合計16個のボタンを作成して配置するプログラムを記述しました。このプログラムでループするごとにボタンを配置する座標を変更しています。先ほど記述したコードを見てみましょう。

ViewController.swift

```
62   // ボタンのX座標
63   let buttonPositionX =(screenWidth - buttonMargin) / Double(xButtonCount) *
                    Double(x) + buttonMargin
64   // ボタンのY座標
65   let buttonPositionY =( screenHeight - resultArea - buttonMargin ) /
                    Double(yButtonCount) * Double(y) + buttonMargin + resultArea
```

詳しく解説しましょう。ボタンのX座標を算出するためには、まず画面全体の横幅からボタン間の余白ひとつ分を差し引いた状態で1行のボタン数を割ります。そうすると、ひとつのボタンとひとつの余白をセットにした横幅が決まります。これはループ処理するごとにボタンの位置を移動させる距離となります。この距離の分だけボタンの位置を右にずらすことにより、ボタンのX座標が算出されて、ボタンが均等に配置されることになります。Y座標も同じ考えの計算式で算出します。

なお、計算処理を行うには、型が同一である必要があるため注意が必要です。Int型のカウンタ変数をDouble型に変換しています。

では、実行結果を確認してみましょう。緑のボタンが16個配置されていればOKです。

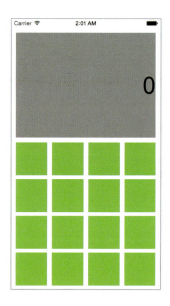

ボタンにラベルタイトルを入れよう

さて、電卓アプリのボタンを配置することができました。次はそのボタンひとつひとつにラベルタイトルを付けていきます。ボタンは繰り返し処理で配置しましたので、ラベルのタイトルも繰り返し処理のなかで設定できるようにします。まず繰り返し処理をする前(for文の前)にボタンのラベルタイトルを格納する配列を用意します。計算機の並びを考えて下記のように文字列を配列に格納しています。

ViewController.swift

```swift
// ボタンのラベルタイトルを配列で用意
let buttonLabels = [
    "7","8","9","×",
    "4","5","6","-",
    "1","2","3","+",
    "0","C","÷","="
]
```

この配列は文字列型の配列で、ボタンの数と同じ16個を用意しています(わかりやすくするために配列の要素を改行して、ボタンの配置と対応させています)。また、配置する順番で文字列を格納しています。この配列に格納された文字を取り出すために繰り返し処理のなかで0〜15のインデックス番号を生成し、UIButtonクラスのsetTitleメソッドを使ってタイトルをセットします。button.backgroundColor = UIColor.greenColor()の後にタイトルを設定するコードを記述します。

ViewController.swift

```swift
        // ボタンのラベルタイトルを取り出すインデックス番号
        let buttonNumber = y * xButtonCount + x
        // ボタンのラベルタイトルを設定
        button.setTitle(buttonLabels[buttonNumber],
            forState: UIControlState.Normal)
        // ボタン配置
        self.view.addSubview(button)
```

さあ、これで計算機に必要なオブジェクトを全て配置することができました。異なる画面サイズのシミュレータでどのようにレイアウトされているか確認しましょう。

iOSシミュレータ起動イメージ

3.5 inch / 4 inch / 4.7 inch / 5.5 inch

ようやくインターフェイス画面を作成することが出来ましたが、まだ計算機としての機能を実装は出来ていません。計算機をプログラムするにはどのようにすればよいのか考えておきましょう！

計算処理をするときは型変換（キャスト）に気をつける

Swiftを記述していてよく起こるのが変数の型の違いによるエラーです。
Chapter3でも紹介しましたが、Double型の変数とInt型の変数は計算することができません。また、メソッドの引数の型がInt型なのに、Double型の値を設定するとエラーが出てしまいます。

今回の計算機アプリのfor文によるボタン配置も、Int型のカウンタ変数を計算処理で使用する場合はDouble型に変換しています。こうした型変換のことをキャストと呼びます。
計算処理やメソッドでエラーが表示された時は正しい型の変数が使われているか確認しましょう。

```
67              // ボタンの横幅サイズ作成
68              let buttonWidth = (screenWidth - (buttonMargin * (Double(xButtonCount)
                    +1))) / xButtonCount
69              //ボタンの縦幅サイズ作成   ❗ Binary operator '/' cannot be applied to operands of type 'Double' and 'Int'
```

for文のなかでカウンタ変数xButtonCountをDoubleにキャストしないと「Binary operator '/' cannot be applied to operands of type 'Double' and 'Int'」(DoubleとIntは演算することができない) とエラーが表示されます。

計算機の機能を プログラミングしよう

POINT
1. ボタンアクションの仕組みを学ぶ
2. 複雑な分岐処理を理解する
3. 数値を扱う型の種類を知る

■ ボタンをタップしたときの処理

計算機アプリに必要なオブジェクトを配置することが出来たので、今度は計算機としての機能を実装していきます。配置したボタンにメソッドを実行するためのアクションを設定します。for文のなかで宣言したbuttonにaddTargetメソッド設定しましょう。addTargetはイベントを設定し、そのイベントが発生した時のターゲットとアクションを指定することができます。

addTarget メソッド

変数.addTarget(ターゲット ,action: メソッド名 ,forControlEvents: イベント)

addTargetメソッド引数	説明
ターゲット	アクションを実行するオブジェクトを指定します。selfと指定した場合はクラス自身となります。
アクション	アクションはイベント発生時に実行するメソッドを指定します。
イベント	イベントは TouchUpInseid や TouchDown など様々な種類を指定することができます。

ViewController.swift

```
83   // ボタンタップ時のアクション設定
84   button.addTarget(self, action: "buttonTapped:",
         forControlEvents: UIControlEvents.TouchUpInside)
```

それではボタンをタップした時のメソッド (action: で指定した buttonTapped:) を作成しましょう。

ViewController.swift

```
91   // ボタンがタップされた時のメソッド
92   func buttonTapped(sender:UIButton){
93       print("ボタンが押されました！")
94   }
```

UIButton型の引数を持つbuttonTappedメソッドを作成しました。print文により、ボタンをタップするとデバッグエリアにコメントが表示されます。iOSシミュレータで確認してみましょう。

```
95   // ボタンがタップされた時のメソッド
96   func buttonTapped(sender:UIButton){
97       print("ボタンが押されました！")
98   }
```

Calculator
縦画面サイズ480.0　横画面サイズ320.0
ボタンが押されました！

■ どのボタンがタップされたのか判別する

ボタンをタップするとメソッドが実行されるようになりましたが、どのボタンをタップしてもbuttonTappedメソッドが実行されます。これではどのボタンがタップされたのか判別できません。どのようにユーザーがタップしたボタンを検知すればよいでしょうか。Chapter5では、どのボタンがタップされたのかを判別するのにtagを使用しました。今回はタップされたボタンのタイトルでボタンの違いを判別します。そのためにUIButtonクラスのcurrentTitleプロパティを利用します。

ViewController.swift

```
91   // ボタンがタップされた時のメソッド
92   func buttonTapped(sender:UIButton){
93       let tappedButtonTitle:String = sender.currentTitle!
94       print("\(tappedButtonTitle)ボタンが押されました！")
95   }
```

```
96      func buttonTapped(sender:UIButton){
97          let tappedButtonTitle:String = sender.currentTitle!
98          print("\(tappedButtonTitle)ボタンが押されました!")
```

```
縦画面サイズ480.0   横画面サイズ320.0
4ボタンが押されました!
5ボタンが押されました!
2ボタンが押されました!
```

buttonTappedメソッドの引数senderには、タップされたUIButtonの情報が入っています。これを利用してタップされたボタンのタイトルをcurrentTitleプロパティで取得し、String型の変数に代入しました。このボタンのタイトルをprintで出力しています。

iOSシュミレータで動作確認してみましょう。クリックしたボタンのタイトルがデバッグエリアに表示されていればOKです。

■ タップされたボタンの種類によって処理を分ける

それでは、電卓の機能を実装するために、各ボタンがタップされた場合の具体的な処理を記述していきます。まず必要なのは、計算する対象を一時的に保存するための変数です。そこで計算対象の数字を管理する変数number1とnumber2、計算結果を格納する変数resultを使います。この計算機は割り算も出来るので、3つの変数は少数が扱えるDouble型にします。また、どのような演算子のボタンがタップされたのかを判別するための変数として、String型のoperatorIdも用意します。それではプログラムファイルに記述しましょう。

数値を扱う型の種類

Swiftでは下記の種類の整数型、浮動小数点型のデータ型が存在します。よく使用するデータ型はIntとDoubleですが、値にマイナスを付けたくない場合などはUIntなども使用されます。

データ型	説明
Int8	符号付き整数型。-128〜127の整数。
Int16	符号付き整数型。-32,768〜32,767の整数。
Int32	符号付き整数型。-2,147,483,648〜2,147,483,647の整数。
Int64	符号付き整数型。-9,223,372,036,854,775,808〜9,223,372,036,854,775,807の整数。
Int	符号付き整数型。32ビット環境ではInt32、64ビット環境ではInt64と同じ範囲の整数値をとる。
UInt8	符号なし整数型。0〜255の整数。
UInt16	符号なし整数型。0〜65,535の整数。
UInt32	符号なし整数型。0〜4,294,967,295の整数。
UIn64	符号なし整数型。0〜18,446,744,073,709,551,615の整数。
UInt	符号なし整数型。32ビット環境ではInt32、64ビット環境ではInt64と同じ範囲の整数値をとる。
Float	浮動小数点型。32ビット浮動小数点。Doubleほどの精度を必要としない場合に使用する。
Double	浮動小数点型。64ビット浮動小数点。小数点を扱う場合は主にこちらを使用する。

ViewController.swift

```swift
16      var number1:Double = 0.0        // 入力数値を格納する変数 1
17      var number2:Double = 0.0        // 入力数値を格納する変数 2
18      var result:Double = 0.0         // 計算結果を格納する変数
19      var operatorId:String = ""      // 演算子を格納する変数
```

次にbuttonTappedメソッドのなかにタップされたボタンの種類によって、異なるメソッドを実行する条件分岐をswitch文で記述します。また、この条件分岐で実行されるメソッドも作りましょう。

ViewController.swift

```swift
96   // ボタンがタップされた時のメソッド
97   func buttonTapped(sender:UIButton){
98       let tappedButtonTitle:String = sender.currentTitle!
99       print("\(tappedButtonTitle) ボタンが押されました !")
100      // ボタンのタイトルで条件分岐
101      switch tappedButtonTitle {
102      case "0","1","2","3","4","5","6","7","8","9":    // 数字ボタン
103          numberButtonTapped(tappedButtonTitle)
104      case "×","-","+","÷":                            // 演算子ボタン
105          operatorButtonTapped(tappedButtonTitle)
106      case "=":                                        // 等号ボタン
107          equalButtonTapped(tappedButtonTitle)
108      default:                                         // クリアボタン
109          clearButtonTapped(tappedButtonTitle)
110      }
111  }
112  func numberButtonTapped(tappedButtonTitle:String){
113      print("数字ボタンタップ：\(tappedButtonTitle)")
114  }
115  func operatorButtonTapped(tappedButtonTitle:String){
116      print("演算子ボタンタップ：\(tappedButtonTitle)")
117  }
118  func equalButtonTapped(tappedButtonTitle:String){
119      print("等号ボタンタップ：\(tappedButtonTitle)")
120  }
121  func clearButtonTapped(tappedButtonTitle:String){
122      print("クリアボタンタップ：\(tappedButtonTitle)")
123  }
```

■ 各ボタンをタップしたときのメソッドの内容

今回の電卓アプリでは各ボタンがタップされたら下記の処理を実行して電卓機能を実装していきます。

条件	説明
数字ボタン（1〜9）をタップした場合 numberButtonTappedメソッド	・number1変数に10を掛けて、入力された数字を加算する ・計算結果表示ラベルにボタンの値を表示
演算子ボタン（＋、ー、÷、×）をタップした場合 operatorButtonTappedメソッド	・operatorId変数にタップされた演算子のタイトルを代入、またnumber2変数にnumber1変数の値を代入 ・number1変数の値は0にリセット
等号（=）ボタンをタップした場合 equalButtonTappedメソッド	・number1変数とnumber2変数とをoperatorId変数の演算子をもとに計算し、結果をresult変数に代入 ・計算結果表示ラベルに表示
クリア（C）ボタンをタップした場合 clearButtonTappedメソッド	・number1、number2、result変数は0にリセット ・計算結果表示ラベルの値に0を表示

■ 数字ボタンをタップしたときの処理

numberButtonTappedメソッドではタップされた数字のボタンタイトルがString型で引数にセットされます。そのタイトルを計算で使用するためにDouble型に変換します。ただし引数tappedButtonTitleはString型なので、as演算子という型変換のための演算子を使ってNSStringという文字列を管理するクラスのインスタンスに変換します。そして、NSStringクラスのdoubleValueというメソッドを使ってDouble型に変換します。

さて、計算機で二桁、三桁の数字の入力を表示するにはどうすればよいでしょうか。画面上にはユーザーが数字ボタン「1」をタップした後に数字ボタン「2」をタップしたら、「12」と表示しなければいけません。この場合変数number1に最初に入力した数字を格納し、その次に数字ボタンをタップした場合はnumber1に10を掛けて桁をひとつ上げて、次の入力値の数字を足すことによって行うことができます。また、ラベルに表示する数字はDouble型だと小数点が表示されてしまいます。入力した値の表示は小数点を切り捨てたいので、NSStringクラスのformatメソッドを使って小数点を表示しないようにします。

> **数字ボタンをタップした時の計算式**
>
> 変数 number1 = 変数 number1 × 10 + 入力数値
>
> ※ユーザーが最初に数字ボタンをタップした時、number1変数には0が入ってるので、ボタンの数字がnumber1に格納される。
> それ以降はnumber1に格納された数字は一桁繰り上がり、入力数字が足される。

ViewController.swift

```swift
112  func numberButtonTapped(tappedButtonTitle:String){
113      print("数字ボタンタップ:\(tappedButtonTitle)")
114      // タップされた数字タイトルを計算できるようにDouble型に変換
115      let tappedButtonNum:Double =
             (tappedButtonTitle as NSString).doubleValue
116      // 入力されていた値を10倍にして1桁大きくして、その変換した数値を加算
117      number1 = number1 * 10 + tappedButtonNum
118      // 計算結果ラベルに表示
119      resultLabel.text = String(format:"%.0f",number1)
120  }
```

Stringではフォーマット指定子(%)を使用して変数を文字列に置き換えることができます。オブジェクトを文字列に置き換える場合は"%@"、Int型変数を置き換える場合は"%d"を使用します。Double型変数を置き換える場合は"%f"というフォーマット指定子を使用しますが、そのままだと小数点6桁まで文字列として置き換えられます(0.000000)。小数点の桁数を指定する場合、"%.1f"とすると小数点一桁(0.0)まで文字列に置き換えします。小数点以下を切り捨てる場合は"%.0f"とします。

■ 演算子ボタンをタップしたときの処理

演算子(「+」「−」「÷」「×」)のボタンをタップした場合は、operatorId変数にタップされた演算子情報を格納します。また、number1に入力された数値をnumber2の変数に代入します。演算子ボタンをタップした後に、新たに数値を受け取るためにnumber1は0にリセットします。

ViewController.swift

```swift
121  func operatorButtonTapped(tappedButtonTitle:String){
122      print("演算子ボタンタップ:\(tappedButtonTitle)")
123      operatorId = tappedButtonTitle
124      number2 = number1
125      number1 = 0
126  }
```

StringとNSStringをas演算子でキャストする

StringもNSStringも同じ文字を扱う型ですが、NSStringクラスでは文字をDouble型に変換したり、小数点付きの数字の表示管理がしやすかったりと便利なメソッドが多くあります。このNSStringの機能を使いたい場合は、String変数をas演算子を使ってNSString型にキャストすることができます。

■ 等号ボタンをタップしたときの処理

等号ボタンをタップした場合はswitch文を使い、operatorIdに格納されている演算子によって処理を分けます。それぞれの演算子に合わせて四則演算して、計算結果ラベルに計算結果を表示しましょう。

ViewController.swift

```swift
func equalButtonTapped(tappedButtonTitle:String){
    print("等号ボタンタップ:\(tappedButtonTitle)")
    switch operatorId {
    case "+":
        result = number2 + number1
    case "−":
        result = number2 - number1
    case "×":
        result = number2 * number1
    case "÷":
        result = number2 / number1
    default:
        print("その他")
    }
    number1 = result
    resultLabel.text = String("\(result)")
}
```

■ クリアボタンをタップしたときの処理

クリアボタンをタップした場合は入力値、計算結果及び演算子格納用の変数をリセットします。

ViewController.swift

```swift
func clearButtonTapped(tappedButtonTitle:String){
    print("クリアボタンタップ:\(tappedButtonTitle)")
        number1 = 0
        number2 = 0
        result = 0
        operatorId = ""
        resultLabel.text = "0"
}
```

iOSシミュレータ起動イメージ

| 起動画面 | 「1」「0」「0」をタップ | 「×」「5」をタップ | 「=」をタップ |

■ 計算結果の誤差を解消するには

実は今までDouble型で数値の計算をしましたが、Double型では大きな値や小数の計算をすると計算結果に誤差が生じます。試しに100000……と延々と数字をクリックしてみてください。急に変な数字が出力されてしまいます。これはDouble型では扱える範囲を超えているからです。このように大きな数値を扱うためには特別なクラスを使用する必要があります。

ひたすら数字を入力していると……　　突如、変な数字が表示されてしまいます。

正確に計算するにはDouble型のデータで計算するのではなく、NSDecimalNumberクラスを使えば正確に計算できます。修正してみましょう。

まずはメンバ変数のnumberとresultをDouble型からNSDecimalNumber型に変更します。

ViewController.swift

```swift
16      var number1:NSDecimalNumber = 0    // 入力数値を格納する変数1
17      var number2:NSDecimalNumber = 0    // 入力数値を格納する変数2
18      var result:NSDecimalNumber = 0     // 計算結果を格納する変数
19      var operatorId:String = ""         // 演算子を格納する変数
```

次に数字タップ時の処理も次のように変更します。

ViewController.swift

```swift
112     func numberButtonTapped(tappedButtonTitle:String){
113         print("数字ボタンタップ:\(tappedButtonTitle)")
114         // タップされた数字タイトルを計算できるようにNSDecimalNumber型に変換
115         let tappedButtonNum:NSDecimalNumber =
                    NSDecimalNumber(string: tappedButtonTitle)
116         // 入力されていた値を10倍にして1桁大きくして、その変換した数値を加算
117         number1 = number1.decimalNumberByMultiplyingBy
                    (NSDecimalNumber(string: "10")).
                    decimalNumberByAdding(tappedButtonNum)
118         // 計算結果ラベルに表示
119         resultLabel.text = number1.stringValue
120     }
```

演算子タップ時の処理も変更します。number1を0にリセットしている処理をNSDecimalNumber型に変更しています。

ViewController.swift

```swift
121     func operatorButtonTapped(tappedButtonTitle:String){
122         print("演算子ボタンタップ:\(tappedButtonTitle)")
123         operatorId = tappedButtonTitle
124         number2 = number1
125         number1 = NSDecimalNumber(string: "0")
126     }
```

NSDecimalNumberは「-」「+」「*」「/」といった演算子が残念ながら使えません。なので等号ボタンタップ時の処理もNSDecimalNumberクラスで用意されている四則演算のメソッドを使用します。

ViewController.swift

```swift
func equalButtonTapped(tappedButtonTitle:String){
    print("等号ボタンタップ:\(tappedButtonTitle)")
    switch operatorId {
    case "+":
        result = number2.decimalNumberByAdding(number1)
    case "-":
        result = number2.decimalNumberBySubtracting(number1)
    case "×":
        result = number2.decimalNumberByMultiplyingBy(number1)
    case "÷":
        if(number1.isEqualToNumber(0)){
            number1 = 0
            resultLabel.text = "無限大"
            return
        } else {
            result = number2.decimalNumberByDividingBy(number1)
        }
    default:
        print("その他")
    }
    number1 = result
    resultLabel.text = String("\(result)")
}
```

最後にクリアボタンタップ時の処理も変更してください。

ViewController.swift

```swift
func clearButtonTapped(tappedButtonTitle:String){
    print("クリアボタンタップ:\(tappedButtonTitle)")
        number1 = NSDecimalNumber(string: "0")
        number2 = NSDecimalNumber(string: "0")
        result = NSDecimalNumber(string: "0")
        operatorId = ""
        resultLabel.text = "0"
}
```

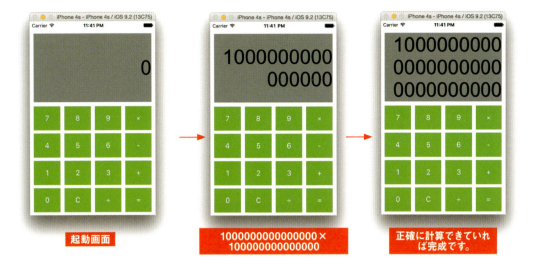

起動画面	1000000000000000 × 100000000000000	正確に計算できていれば完成です。

型をチェックする演算子 is

プログラミングで変数をチェックしたい場合にはis演算子というものが使えます。例えば、配列に入っている変数などはそれがInt型なのかString型なのかDouble型なのか見えません。そういう場合にis演算子を使うと型を確認できます。

is 演算子の文法

> 変数 is チェックしたい型

is演算子を使用する場合はif文などの制御文を利用します。

MyPlayground.playground

	コード	出力
5	`var array:Array<Any> = [100,0.1,"TEXT"]`	`[100,0.1,"TEXT]"`
6	`//for文で配列を取り出し、if文で型チェック`	
7	`for variable in array {`	
8	`    if variable is Int{`	
9	`        print("\(variable)はInt型")`	`"100はInt型 \n"`
10	`    }`	
11	`    if variable is Double{`	
12	`        print("\(variable)はDouble型")`	`"0.1はDouble型 \n"`
13	`    }`	
14	`    if variable is String{`	
15	`        print("\(variable)はString型")`	`"TEXTはString型 \n"`
16	`    }`	
17	`}`	

計算機のデザインを改善しよう

POINT
1. HEX値での色の設定を学ぶ
2. グラデーションや背景色を設定する
3. 特殊なフォントの使用法を知る

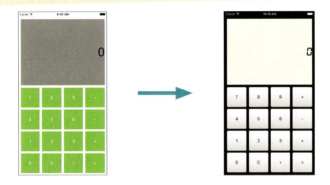

高度な色の設定をしよう！

計算機の機能を実装することは出来ましたが、見た目がいかにもラフデザインな感じです。機能としてはシンプルな計算機ですが、見た目はもうちょっとカッコよくしたいものです。
iPhoneアプリ開発では、とくに画像素材などを使わなくても見た目をリッチにすることは可能です。ここでは高度な色の設定や、特殊なフォントの使用などを紹介したいと思います。

■ 色をHEX値で指定できるようにする

デジタルの世界では色はHEX値で表現されることが多くあります。HEX値とは16進数のことを意味し、数字とAからFまでの6個のアルファベットを使って値を表現する方法です。HEX値はWebでの色指定にも使われています。「色」という単語でGoogle検索をすると、色見本を紹介しているWebサイトが見つかりますが、これらは色をHEX値で紹介しています。このアプリ開発でもボタンや計算結果エリアのカラー指定はHEX値を指定したいのですが、デフォルトではHEX値で色を指定できません。なので、HEX値を使用するためのメソッド (colorWithRGBHex) を作ります。

ViewController.swift

```
158        // HEX 値で設定メソッド
159        func colorWithRGBHex(hex: Int, alpha: Float = 1.0) -> UIColor {
160            let r = Float((hex >> 16) & 0xFF)
161            let g = Float((hex >> 8) & 0xFF)
162            let b = Float((hex) & 0xFF)
163            return UIColor(red: CGFloat(r / 255.0),
                   green: CGFloat(g / 255.0),
                   blue:CGFloat(b / 255.0), alpha: CGFloat(alpha))
164        }
```

ボタンにグラデーションをかける

さらにボタンの色を緑色からグラデーションをかけた立体的なものに変更します。まず、グラデーションをかけるのには、QuartzCore.frameworkが必要です。QuartzCore.frameworkとは高度なグラフィックスやアニメーションを実装するためのフレームワークです。これをインポートしましょう。

ViewController.swift

```
9    import UIKit
10   import QuartzCore
```

そして、for文のなかで.backgroundColorで緑色に設定しているボタンの背景色を削除して、グラデーションのかかった背景色に設定しなおします。またボタンの角を丸くし、文字の色も変更します。

ViewController.swift

```
83        //ボタン背景色設定
84        //button.backgroundColor = UIColor.greenColor()
85        //ボタン背景をグラデーション色設定
86        let gradient = CAGradientLayer()
87        gradient.frame = button.bounds
88        let arrayColors = [
              colorWithRGBHex(0xFFFFFF, alpha: 1.0).CGColor as AnyObject,
              colorWithRGBHex(0xCCCCCC, alpha: 1.0).CGColor as AnyObject]
89        gradient.colors = arrayColors
90        button.layer.insertSublayer(gradient, atIndex: 0)
```

ボタンの角が丸く見えるように表現した処理ではボタンの上に階層(レイヤー)を作り、角が丸く見えるようにしています。
また、文字の色も変更しました。UIControlState.Normalはボタンの通常の状態であり、このときの文字色は黒色に設定します。UIControlState.Highlightedはボタンがタップされた時の状態です。この時の文字色はグレー色に設定しています。

ViewController.swift

```
91    // ボタンを角丸にする
92    button.layer.masksToBounds = true
93    button.layer.cornerRadius = 5.0
94    // ボタンのテキストカラーを設定
95    button.setTitleColor(UIColor.blackColor(),
          forState: UIControlState.Normal)
96    button.setTitleColor(UIColor.grayColor(),
          forState:UIControlState.Highlighted)
```

■ 画面全体の背景色を変更する

画面の背景色を白から黒に変更します。画面全体の背景色を変更するにはself.viewに対してbackgroundColorプロパティで変更します(selfは省略することもできます)。

ViewController.swift

```
22    override func viewDidLoad() {
23        super.viewDidLoad()
24        // Do any additional setup after loading the view, typically from a nib.
25    
26        // 画面の背景色を設定
27        self.view.backgroundColor = UIColor.blackColor()
```

Swiftの省略記法

Swiftではコードを省略して記述することができます。例えば、self.メソッド()、self.view.backgroundColorといった記述をしますが、この場合の自クラスを表わす「self」は省略することができます。また、ボタンの状態を設定する時に使用するUIControlState.Normalの「UIControlState」や、色を設定する時のUIColor.blackColor()の「UIColor」も省略可能です。例えば「self.view.backgroundColor = UIColor.blackColor()」は「view.backgroundColor = .blackColor」といった表記が可能です。慣れてきたら、自分が書きやすい記述を選びましょう。

■ 結果表示エリアの背景色を変更する

今度は結果表示ラベルの背景色を変更します。最初は灰色に設定しましたが、これだとちょっと暗いので明るい色に変更しています。ここでは先ほど定義したHEX値による色指定をしています。

ViewController.swift

```
51      // 計算結果ラベルの背景色を灰色にする
52      //resultLabel.backgroundColor = UIColor.grayColor()
53      resultLabel.backgroundColor =
            self.colorWithRGBHex(0xF5F5DC, alpha: 1.0)
```
Coding

■ ステータスバーの文字を白くする

アプリの背景色を黒くしてしまったので、ステータスバーの文字(黒色)が見えなくなってしまいました。この文字を白色に設定しましょう。

❶ **プロジェクトアイコンをクリックし、設定画面を表示します。上のタブから「Info」を表示してください。**

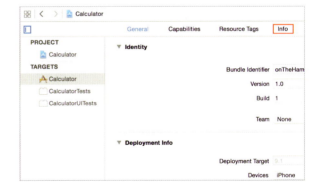

❷ **Custom iOS Target Propertiesの最後のリストの「＋」をクリックして、「View controller-based status bar appearance」を追加します。**

これはステータスバーの表示に関する設定です。「View」と入力すると候補が表示されます。

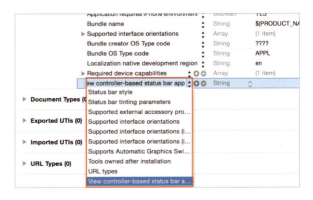

❸View controller-based status bar appearanceの値を「NO」とします。

「NO」に設定することでプログラムで変更することができます。

❹AppDelegate.swiftファイルを表示します。

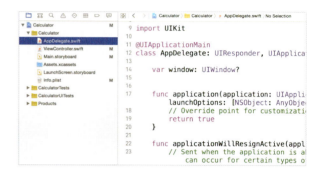

AppDelegateファイルにステータスバーに関する設定を記述します。

AppDelegateファイルにはアプリの起動や終了時、またバックグラウンドになったときや、フォアグラウンドになった時などに実行されるデリゲートメソッドが用意されています。このなかのapplication～didFinishLaunchingWithOptionsメソッドはアプリの起動時に呼び出されるメソッドです。このなかにステータスバーの文字色を白色にする設定を記述しましょう。

AppDelegate.swift

```
17      func application(application: UIApplication,
            didFinishLaunchingWithOptions launchOptions:
            [NSObject: AnyObject]?) -> Bool {
18          // Override point for customization after application launch.
19          // ステータスバーのテキストカラー
20          UIApplication.sharedApplication().statusBarStyle =
                UIStatusBarStyle.LightContent
21          return true
22      }
```

UIApplicationクラスはアプリケーション全体を管理するクラスです。sharedApplication()メソッドでステータスバーのプロパティであるstatusBarStyleの設定をすることができます。ここではステータスバーのスタイルをLightContent（白色）に設定しています。

特殊なフォントを使用する

iPhoneアプリは標準フォント以外のフォントを追加して使用することが出来ます。今回は計算結果を表示するラベルのフォントをデジタル風に変更します。フォントファイルは様々なサイトで配布されています。今回は商用フリーで利用できるフォントを使用させていただきました。サポートサイトからダウンロードしたChapter6の素材からフォントをプロジェクトに取り込んで使用します。

❶サポートサイトからダウンロードしたChapter6の「素材」フォルダに入っている「Fonts」フォルダをプロジェクトに取り込みます。

素材を取り込む時に「Copy items if needed」にチェックし、Added foldersは「Create groups」を選択しましょう。

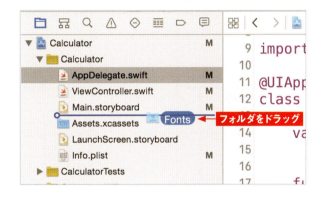

❷設定画面のInfoを開き、最後のリストの＋をクリックして、「Fonts provided by application」の項目を追加します。

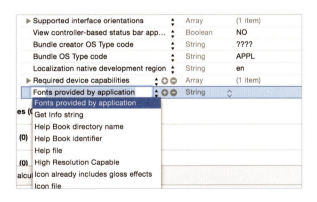

❸Fonts provided by applicationの▼を展開し、Item0にフォント名「Let's go Digital Regular.ttf」を入力します。

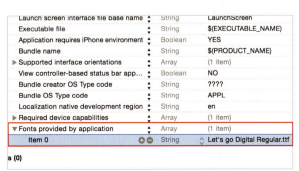

これでフォントを利用できる準備が整いました。プログラムでUIFontクラスのメソッドを使ってフォントを指定します。引数nameで指定しているフォント名は使用するフォントのPostScript名と呼ばれるものです。計算結果を表示するresultLabelにフォントを指定しましょう。

ViewController.swift

```
62    // 計算結果ラベルのフォントと文字サイズを設定
63    resultLabel.font = UIFont(name:"LetsgoDigital-Regular",size:50)
```
`Coding`

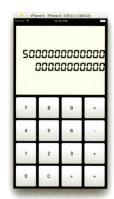
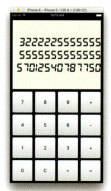

これでシンプル電卓アプリは完成です。このシンプル電卓アプリは最低限のボタンしかありませんので、色々ボタンを追加して高機能な電卓アプリにしてみてください。

One Point Advice フォントのPostScript名の確認方法

Macでフォントの情報を調べたいときには、Font Bookアプリケーションを利用します(Font Bookはアプリケーションフォルダのなかにあります)。
フォントをインストールする時は任意のフォントをダブルクリックするとFont Bookが起動するので上記の画面の「フォントのインストール」をクリックします。そうするとMacにフォントがインストールされます。インストールが終了するとFont Book画面が表示され、インストールしたフォントの「フォント情報」を表示するとPostScript名が表示されています。

四択検定アプリで画面遷移を理解する

Chapter 7

アプリに合った画面遷移の方法

POINT

① 画面遷移には3つの方法がある

② 画面遷移はストーリーボードで設定できる

これから作るアプリにはどのような画面が必要？

これまで作成してきたアプリは1画面のシンプルなものでした。ひとつの機能だけを提供するのなら1画面のアプリでも良いでしょう。しかし、アプリの機能が複雑になると1画面だけで構成するのは逆に難しくなります。アプリ開発において、複数の画面を扱うことは必須です。画面の切り替えを行うことによって、アプリの表現はより広がります。

アプリの企画段階ではワイヤーフレームを作成し、どの画面にどのような機能が必要なのかを検討します。自分がこれから作ろうとするアプリの内容や機能を考えて、どのような画面が必要なのかを考えましょう。

また画面遷移の方法もユーザーインターフェイスを考える上で重要な要素です。アプリの使いやすさにも関わってきますので、自分が開発するアプリに最適な画面遷移の方法を選択しましょう。画面遷移の方法は基本的に3つあります。

■ 画面がシンプルに切り替わるモーダル型

モーダル型は画面が丸ごと切り替わります。別の画面に切り替えるには、遷移するためのボタンを配置したり、画面が切り替わるための条件を設定します。モーダル型の画面遷移で多いのはゲームアプリでしょう。スタート画面→ゲーム画面→結果画面というように遷移します。

■ 前の画面に戻ることが出来るナビゲーション型

ナビゲーション型の多くは画面上部にナビゲーションバーが設置され、表示画面が横にスライドして次の画面に遷移します。イメージ的には画面が遷移するごとに階層が深くなる感じです。画面が遷移するとナビゲーションバーには、前の画面に戻るボタンが配置されます。ナビゲーション型の画面遷移を使ったもので多いのは情報メディア系のアプリです。

■ 遷移先ボタンが常に表示されているタブバー型

タブバー型は画面下にタブバーボタンが配置されます。ボタンをタップすると画面が切り替わりますが、基本的にタブバーはどの画面に遷移しても表示され続けます。スイッチングして画面を切り替えるようなイメージです。タブバー型の画面遷移で多いのはツール系のアプリでしょう。また、タブバーとナビゲーションを組み合わせたアプリも多くあります。

モーダル型の画面遷移の作り方

SingleViewApplicationをテンプレートに「Modal」という名前で新規プロジェクトを作成します。

❶ Main.storyboardを表示し、View Controllerにボタンを設置します。

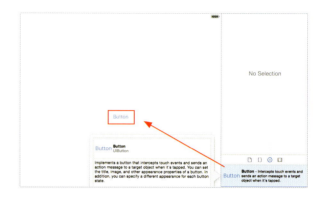

❷ キャンバス上にObjectLibrary（ ）からView Controllerを配置します。

配置したView ControllerのサイズはAttributes Inspector（ ）のSimulated Metricsのサイズで扱いやすいように設定してください。

❸ 最初に配置したボタンを選択して control キーを押しながら、新しく設置したView Controllerにドラッグ＆ドロップします。

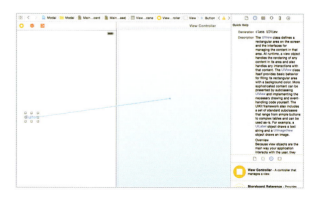

❹Segueパレットが表示されるので「present modally」を選択します。

シミュレータを起動してみてください。ボタンをクリックすると、新しく設置したView Controllerに遷移します。

ナビゲーション型の画面遷移の作り方

SingleViewApplicationをテンプレートに「Navigation」という名前で新規プロジェクトを作成します。

❶Main.storyboardを表示し、View Controllerを選択します。Editorメニューから「Embed In ▶ Navigation Controller」を選択します。

キャンバスにNavigation Controllerが設置されます。

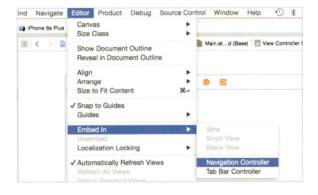

❷View Controllerにボタンを配置します。そして、ObjectLibrary（ ▢ ）から新たにView Controllerを配置します。

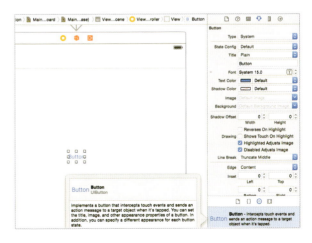

❸ 最初に配置したボタンを選択してcontrolキーを押しながら、新しく設置したView Controllerにドラッグ＆ドロップします。

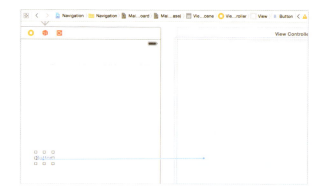

❹ Segueパレットが表示されるのでAction Segueの「show」を選択します。

シミュレータを起動してみてください。ナビゲーションバーが設置された画面が表示されます。

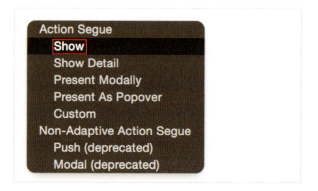

タブバー型の画面遷移の作り方

SingleViewApplicationをテンプレートに「TabBar」という名前で新規プロジェクトを作成します。

❶ Main.storyboardを表示して、View Controllerを選択します。Editorメニューから「Embed In ▶ Tab Bar Controller」を選択します。

キャンバスにTab Bar Controllerが設置されます。

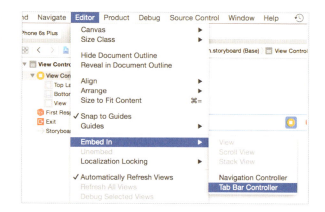

❷ObjectLibrary(◎)から新たにView Controllerを配置します。

❸Tab Bar Controller上で control キーを押しながら、新しく設置したView Controllerにドラッグ&ドロップします。

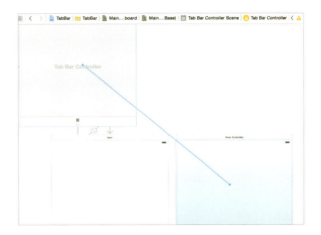

❹Segueパレットが表示されるのでRelationship Segueの「view controllers」を選択します。

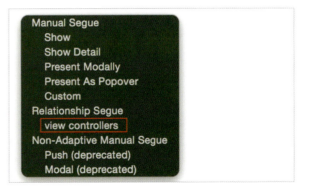

シミュレータを起動してみてください。タブバーが設置された画面が表示されます。

四択検定アプリを作ろう！

POINT

① 独立したデータ (CSV) ファイルの読み込みを理解する

② 配列の効率的な使い方を学ぼう

③ クラス間での値の受け渡しを行う

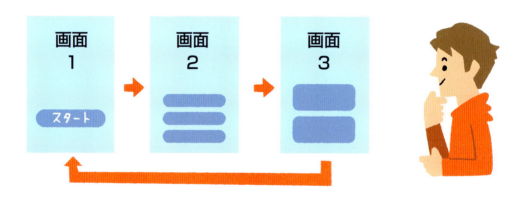

3つの画面を持ったアプリ

それでは複数の画面を持ったアプリを作っていきたいと思います。今回、制作するのは四択で答える検定アプリです。実際にApp Storeでリリースされている「三浦のおやさい」というアプリに実装されている検定クイズを作っていきます。

最初に表示されるのはスタート画面です。スタートボタンをタップすると出題画面に遷移します。10問の問題が出題され、四択で正解を選びます。問題に答えると正解か不正解かの正誤判定が表示され、正しい答えと解説が表示されます。10問全ての問題に答えると得点画面に遷移して正解数を表示します。

このアプリでは、クイズの問題内容は誰でも作ることができるようにCSV (Comma Separated Values) ファイルを読み込んで使用します。CSVファイルは、データをカンマで区切ったテキストファイルであり、アプリ開発者でなくても作成することができます。このように外部ファイルを利用する仕組みを作っておくと、ひとつのアプリをベースにたくさんの検定アプリを開発することが可能です。

新規プロジェクトを作成し、ストーリーボードで3つの画面を作成する

❶ Xcodeを起動し、新規プロジェクトの作成を行います。テンプレートは「Single View Application」を選択します。

❷ 設定画面で下記の設定を行い、任意の場所にプロジェクトを作成します。

①Product Nameは「VeseKentei」と入力します。
②Organization Name、Organization Identifierは任意で結構です。
③Languageは「Swift」を選択します。
④Devicesは「iPhone」を選択します。

❸アプリの設定画面のDeployment InfoでDevice Orientationの「Portrait」のみチェックを入れます。

❹サポートサイトからダウンロードしたChapter7「素材」フォルダの「images」「se」「csv」をプロジェクトにドラッグします。

素材を取り込む時に「Copy items if needed」にチェックを入れるのを忘れないようにしましょう。

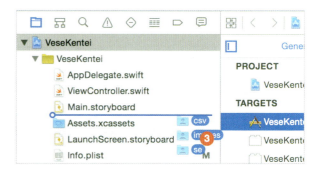

❺扱いやすいようにView ControllerのサイズをAttributes Inspector(　)で「iPhone3.5-inch」に設定します。

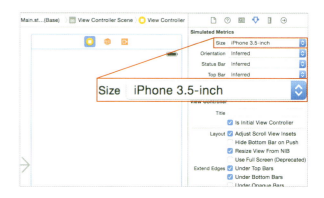

❻Main.storyboardを表示し、キャンバス上にObjectLibrary(　)からView Controllerを2つ配置します。

追加したView Controllerのサイズも「iPhone3.5-inch」に設定しましょう。

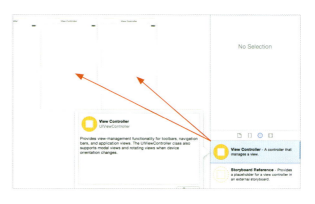

■ Swiftファイルをストーリーボードで配置したView Controllerに設定する

ストーリーボードで配置したView Controllerをプログラムで管理するためには、対応するプログラムファイルが必要です。新規ファイルを作成して、各View Controllerで設定をしましょう。

❶ Fileメニューから「New ▶ File...」を選択します。テンプレートメニューのiOSのSourceから「Cocoa Touch Class」を選択します。

❷ Classに「KenteiViewController」と入力し、Subclass ofは「UIViewController」を選択します。「Next」ボタンをクリックして、プロジェクト内に作成します。

同様に「ScoreViewController」というClass名でもうひとつ「Cocoa Touch Class」のファイルを作成してください。

❸ Main.storyboardを開き、先ほど追加したView Controllerを選択します。Identity Inspector（▣）を表示して、Custom ClassのClassから「KenteiViewController」を選択します。もうひとつのView Controllerには「ScoreViewController」を設定します。

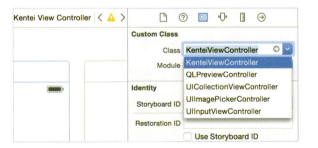

❹ Custom Classを設定するとView Controllerの名前がそれぞれ設定したクラス名に変わります。

Identity Inspectorはオブジェクトの IDやクラスなどを設定します。

スタート画面を作成する

プロジェクト作成時にデフォルトで作られるView Controllerを今回のアプリのスタート画面として使います。まずはこのスタート画面に画像、ラベル2つ、テキストビュー、スタートボタンを設置します。

❶ **Object Library (◉) から画像表示のためのImage Viewを選択し、View Controllerにドラッグ&ドロップします。**

①オートレイアウトのAlign (吕) で「Horizontally in Container」にチェックを入れます。Vertically in Containerは「-90」に設定して「Add 2 Constraints」ボタンをクリックします。

②Pin (⊢⊣) でWidthを「300」、Heightを「250」に設定して「Add 2 Constraints」ボタンをクリックします。

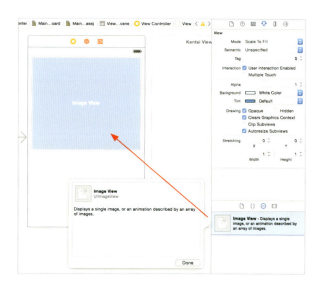

❷ **ラベルを選択し、View Controllerにドラッグ&ドロップします。**

①Attributes Inspector (▽) を表示して、Alignmentを中央揃え (≡) に、Fontを「System 23.0」に設定します。

②オートレイアウトのPin (⊢⊣) でWidthを「320」、Heightを「30」に設定して「Add 2 Constraints」ボタンをクリックします。

③Align (吕) で「Horizontally in Container」にチェックを入れます。Vertically in Containerは「60」に設定して「Add 2 Constraints」ボタンをクリックします。

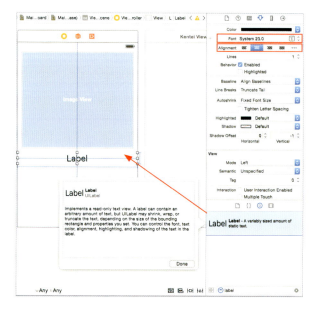

❸ラベルを選択し、View Controllerにドラッグ＆ドロップします。

①Attributes Inspector（🔌）でAlignmentを中央揃え（≡）に、Fontを「System 13.0」に設定します。

②オートレイアウトのPin（⊢□⊣）でBottom Spaceの数値を「10」に設定、Widthを「320」、Heightを「20」に設定して、「Add 3 Constraints」ボタンをクリックします。

③Align（┠）で「Horizontally in Container」にチェックして「Add 1 Constraint」ボタンをクリックします。

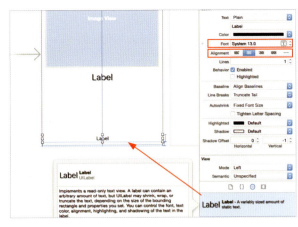

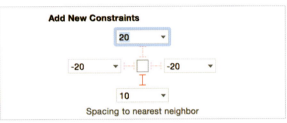

❹ボタンをView Controllerにドラッグ＆ドロップします。

①Attributes Inspector（🔌）で、Fontを「System 22.0」に設定します。またTitleを「スタート」とします。
StateConfigのDefaultでbackgroundを「btn_off.png」に、Highlightedで「btn_on.png」に設定します。

②オートレイアウトのPin（⊢□⊣）でBottom Spaceの数値を下のラベルから「20」に設定、Widthを「300」、Heightを「40」に設定して、チェックを入れて「Add 3 Constraints」ボタンをクリックします。

③Align（┠）で「Horizontally in Container」にチェックして「Add 1 Constraint」ボタンをクリックします。

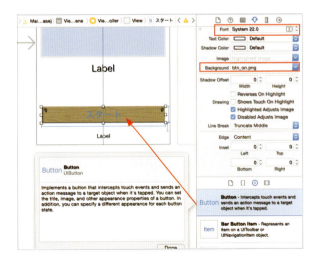

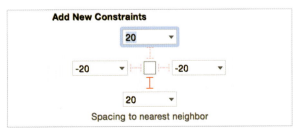

❺Object Library(◉)からText View
を選択し、ボタンの上あたりにドラッグ
&ドロップします。

①オートレイアウトのPin(|◨|)でTop
Spaceの数値を上のラベルから「10」に
設定、Widthを「250」、Heightを「60」
に設定して、「Add 3 Constraints」ボタ
ンをクリックします。

②Align(吕)で「Horizontally in
Container」にチェックして「Add 1
Constraint」ボタンをクリックします。

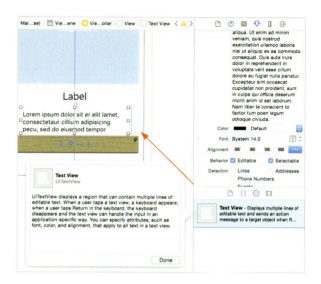

③Attributes Inspector(⇩)を表示して、
Text Viewのbehaviorの「Editable」の
チェックを外します。これはText View
のテキストを編集可能にする機能です。
チェックが入っていると、ユーザーが
Text Viewにタッチしたときにキーボー
ドが表示されます。また「Selectable」に
チェックが入っているとテキストを選択
することができます。

■ スタートボタンからKenteiViewControllerへの画面遷移の設定

View Controllerに配置したスタートボタンをタップすると、KenteiViewControllerに画面が切り替わ
るように設定します。このアプリの画面遷移はモーダル型で行います。

❶View Controllerのスタートボタンを
選択して、`control`キーを押しながら、
KenteiViewControllerにドラッグし
ます。

❷Segueパレットが表示されるので
「present modally」を選択します。

Segueとは画面と画面のつながりを付けるオブジェクトです。

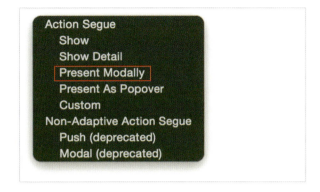

■ View Controllerにメンバ変数を作成する

このアプリでは、プログラム上でImage Viewに画像を設定します。また、上のラベルにはタイトルを、下のラベルにはクレジット、TextViewには説明文を設定します。ここで配置した全てのオブジェクトがプログラムで扱えるように変数を作成しましょう。

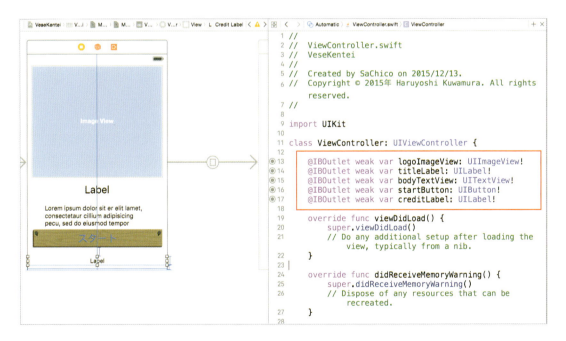

エディタエリアをアシスタントエディタ(◎)にして、それぞれのオブジェクトを選択して、 control キーを押しながらViewController.swiftにドラッグ＆ドロップして変数を作成してください。各変数の名前はImage Viewは「logoImageView」、上のラベルは「titleLabel」、TextViewは「bodyTextView」、ボタンは「startButton」、下のラベルは「creditLabel」としました。

CSVファイルの読み込み

このアプリは、検定アプリとして様々な内容の検定問題に対応できるようします。そのためにアプリ名やクレジットやメインイメージをCSVファイルで設定できるようにします。これによりプログラムに詳しくなくても、コンテンツさえあれば検定アプリを作成することができます。

CSVファイルは基本的にはテキストファイルですが、Excelでも作成できます。Excelでは行と列でフィールドが作られますが、CSVでは行は改行によって、列はカンマで表現されます。

View Controllerで読み込むCSVファイルにはImageViewに表示する画像ファイル名、ラベルに設定するアプリ名、TextFieldに設定するアプリの紹介文、ラベルに設定するクレジット名が1行ごとに記述されています。

Xcodeのナビゲータエリアで CSVファイルを選択するとCSVファイルの中身を表示することができます。このCSVファイルを読み込むコードをViewController.swiftに記述しましょう。

start.csv

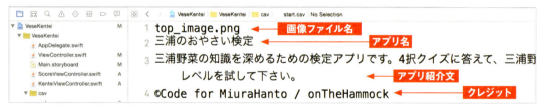

■ CSVファイルを読み込むためのコード

ViewController.swift

```
19  override func viewDidLoad() {
20      super.viewDidLoad()
21      //CSVファイルのデータを格納するためのString型配列を宣言
22      var csvArray:[String] = []    Coding
```

ViewController.swift

```swift
23      //CSVファイルのパスを設定
24      let csvBundle = NSBundle.mainBundle().
            pathForResource("start", ofType: "csv")!
25      do {
26          //csvBundleパスを読み込み、UTF8に文字コードを変換してcsvDataに格納
27          let csvData = try String(contentsOfFile: csvBundle,
              encoding: NSUTF8StringEncoding)
28          // 改行コードが"\r"の場合は"\n"に置換する
29          let lineChange = csvData.
              stringByReplacingOccurrencesOfString("\r", withString: "\n")
30          //"\n"の改行コードで要素を切り分け、配列csvArrayに格納する
31          csvArray = lineChange.componentsSeparatedByString("\n")
32      }catch{
33          print("エラー")
34      }
35      print(csvArray)
36  }
```

[Coding]

viewDidLoadメソッドにCSVファイルを読み込むコードを記述しました。まず、NSBundleでcsvファイルを読み込んでパスを付けています。これはChapter5でも記述した音楽ファイルの読み込みと同じです。次にdo-catch文、try文を使ってパス先のCSVファイルを読み込んで、UTF8という文字コードに変換して、String型の変数にします（もし読み込みが出来なければcatch文が実行されます）。UTF8とはUnicodeなどの文字コードの文字列をバイト列(数値の列)に変換(エンコード)する方式のひとつです。iOSでは外部ファイルから受けとった文字を扱うためにはこの変換が必要となります。さらに改行コードの置換処理をしています。改行コードとはプログラム上で認識される改行の印です。ワープロソフトによっては改行コードに"\r"が使われる場合もあるので、stringByReplacingOccurrencesOfStringというメソッドを使って、Swiftに対応した改行コード"\n"に置換処理します。そして、この改行コード"\n"を要素の区切りとして、componentsSeparatedByString("\n")メソッドで切り分けて、配列にしています。この配列をprint文で出力しました。

ViewController.swift

```
["top_image.png", "三浦のおやさい検定", "三浦野菜の知識を深めるための検定アプリです。4択クイズに答えて、三浦野菜モノ知りレベルを試して下さい。", "©Code for MiuraHanto / onTheHammock"]
```

print文で出力した配列csvArrayのデータ。

CSVから読み込んだ情報で各オブジェクトの設定を行う

それでは配列csvArrayに格納した情報を取り出し、それぞれのオブジェクトに設定をしましょう。先ほどviewDidLoadメソッドのなかに記述したprint文の下に記述してください。

ViewController.swift

```
35      print(csvArray)
36      //logoImageView に画像を設定
37      logoImageView.image = UIImage(named: csvArray[0])
38      //titleLabel にアプリ名を設定
39      titleLabel.text = csvArray[1]
40      //bodyTextView にアプリ説明文を設定
41      bodyTextView.text = csvArray[2]
42      // ボタンの文字を白色に変更
43      startButton.setTitleColor(UIColor.whiteColor(),
            forState: UIControlState.Normal)
44      //creditLabel にクレジットを設定
45      creditLabel.text = csvArray[3]
```

まず、最初にストーリーボードで設置したImage Viewに画像を設定しています。csvArrayから画像ファイル名を取り出し、画像管理クラスUIImageで設定して、logoImageViewで表示しました。アプリ名を表示するラベル、説明文、クレジットもcsvArrayから取り出し.textプロパティで文字を設定しています。
またボタンの文字はデフォルトの青色だと目立たないので白色に変更しました。

iPhone4S

iPhone5

iPhone6

iPhone6s Plus

出題画面（KenteiViewController）の作成

スタートボタンをタップして遷移するKenteiViewController画面を作成します。この画面には出題数を表示するラベル、問題文を表示するTextView、問題文のバックグラウンド画像を表示するImage View、4つのボタン、正解か不正解を表示するImage Viewを設置します。

❶ MediaLibrary（ ）で「mondai_back_ground.png」を選択し、KenteiViewControllerに配置します。

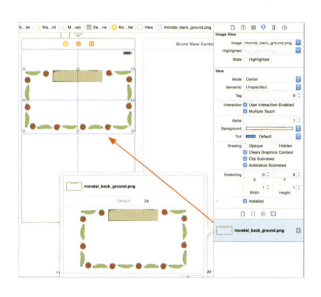

①オートレイアウトのPin（ ）でWidthを「310」、Heightを「173」に設定して「Add 2 Constraints」ボタンをクリックします。

②Align（ ）で「Horizontally in Container」にチェックします。
Vertically in Containerの値を「-100」に設定して「Add 2 Constraints」ボタンをクリックします。

❷ ラベルを配置します。

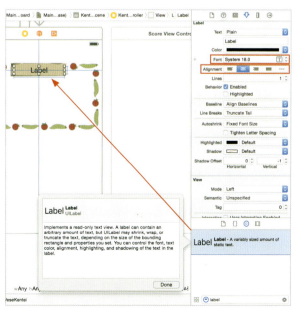

①Attributes Inspector（ ）で、Alignmentを中央揃え（ ）に、Fontを「System Bold 18.0」に設定します。

②オートレイアウトのPin（ ）でWidthを「130」、Heightを「20」に設定して、「Add 2 Constraints」ボタンをクリックします。

③Align（ ）で「Horizontally in Container」にチェックします。
Vertically in Containerの数値を「-165」に設定して「Add 2 Constraints」ボタンをクリックします。

❸画像の上にText Viewを配置します。

①「Editable」のチェックを外します。Fontを「System 18.0」に設定します。

②オートレイアウトのPin(🔲)でWidthを「240」、Heightを「100」に設定して「Add 2 Constraints」ボタンをクリックします。

③Align(🔲)で「Horizontally in Container」にチェックします。
Vertically in Containerの数値を「100」に設定して「Add 2 Constraints」ボタンをクリックします。

❹ボタンを配置します。

①Fontを「System Bold 15.0」に、Text Colorを白に設定します。StateConfigのDefaultでbackgroundを「btn_off.png」に、Highlightedで「btn_on.png」にします。

②オートレイアウトのPin(🔲)でWidthを「300」、Heightを「40」に設定して「Add 2 Constraints」をクリックします。

③Align(🔲)で「Horizontally in Container」にチェックし、Vertically in Containerの数値を「50」に設定して「Add 2 Constraints」をクリックします。

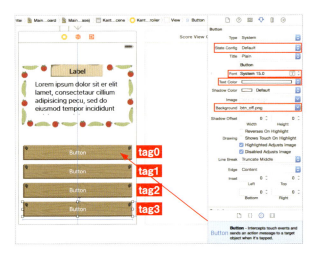

④ボタンを3つ複製し並べます。2つめ以降のボタンはPin(🔲)で上のボタンを対象にTop Spaceを「10」に設定。Align(🔲)で「Horizontally in Container」にチェックします。また4つのボタンに0〜3のtagを設定します。

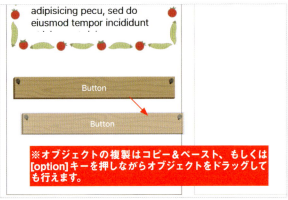

※オブジェクトの複製はコピー&ペースト、もしくは[option]キーを押しながらオブジェクトをドラッグしても行えます。

❺Image ViewをText Viewの上に配置します。

①オートレイアウトのPin(|中|)でWidthを「140」、Heightを「140」に設定して「Add 2 Constraints」ボタンをクリックします。

②Align(⊟)で「Horizontally in Container」にチェックします。
Vertically in Containerの数値を「-100」に設定して「Add 2 Constraints」ボタンをクリックします。

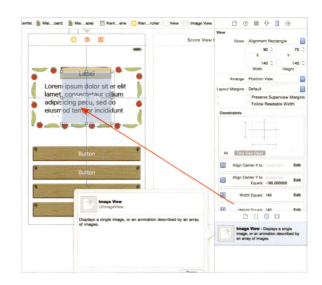

検定問題の出題と正誤判定をプログラムする

CSVファイルで検定問題を読み込んで、問題を表示するプログラミングを行います。また、ユーザーが問題に答えると正解か不正解かを判定します。

KenteiViewControllerにメンバ変数を作成する

エディタエリアをアシスタントエディタ(⊘)にして、ストーリーボードのオブジェクトに関連づけられた変数を作成します。名前はラベルは「mondaiNumberLabel」、TextViewは「mondaiTextView」、各ボタンは「answerBtn1～4」、正誤判定を表示するImageViewは「judgeImageView」としました。キャンバス上のオブジェクトが重なって選択しにくい場合は、Document　Outline上でオブジェクトを選択して、`control`キーを押しながらswiftファイルへドラッグすれば変数の作成が行えます。

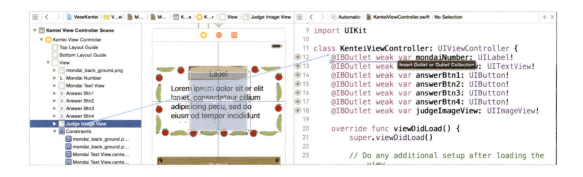

同じくメンバ変数として検定問題全てが記述されたCSVファイルを格納する配列csvArrayと、csvArrayのなかから問題を一つ取り出して格納する配列mondaiArrayを宣言します。
さらに問題をカウントする変数、正解をカウントする変数、そしてこの検定クイズの出題数を決める定数を宣言します。

KenteiViewController.swift

```
20      //kentei.csv ファイルを格納する配列 csvArray
21      var csvArray:[String] = []
22      //csvArray から取り出した問題を格納する配列 mondaiArray
23      var mondaiArray:[String] = []
24      var mondaiCount = 0         // 問題をカウントする変数
25      var correctCount = 0        // 正解をカウントする変数
26      let total = 10              // 出題数を管理する定数
```

ここでkentei.csvファイルがどのようになっているかXcodeで見てみましょう。ナビゲータエリアでkentei.csvを選択してください。下記のようにカンマ区切りの問題が1行ごとに格納されています。

kentei.csv

1. 冬瓜は夏野菜ですが、「冬」という名前が付いてるのは何故でしょうか?,0,冬まで保存できるから,昔は冬に収穫できたから,栽培時期が冬だから,冬に花が咲くから,正解：冬まで保存できるから,冬瓜は水分が失われにくく冷暗所などでは2～3ヶ月は保存できる言われています。
2. 枝豆(200g)のゆで時間は,1,1～2分,4～5分,10分,15分,正解：4～5分,両端を切り落として塩を加えてゆでると塩がよくしみます。
3. 三浦で生産されている最も多い大根は？,1,三浦大根,青首大根,聖護院大根,練馬大根,正解：青首大根,三浦で生産されている大根の9割は青首大根であり、三浦大根は稀少となっています。

このCSVファイルには、ひとつの問題に必要な問題文や正解、選択肢などが1行に記述され、各要素はカンマで区切られています。1行目の問題を表にすると下のようになります。mondaiArrayにはこのカンマで区切られた要素を配列として格納します。

配列番号	種類	内容
0	問題文 (mondaiTextViewにセット)	冬瓜は夏野菜ですが、「冬」という名前が付いてるのは何故でしょうか?
1	正解番号 (ボタンに設定したtagで判定)	0
2	選択肢1(answerBtn1にセット。tag=0)	冬まで保存できるから
3	選択肢2(answerBtn2にセット。tag=1)	昔は冬に収穫できたから
4	選択肢3(answerBtn3にセット。tag=2)	栽培時期が冬だから
5	選択肢4(answerBtn4にセット。tag=3)	冬に花が咲くから
6	正解 (seikaiLabelにセット)	正解：冬まで保存できるから
7	解説 (kaisetsuTextViewにセット)	冬瓜は水分が失われにくく冷暗所などでは2～3ヶ月は保存できる言われています。

■ CSVファイルを読み込むメソッドを作成する

さてKenteiViewControllerでもCSVファイルを読み込みます。そこでView Controllerで記述したCSVファイルを読み込むコードをKenteiViewControllerでも使えるようにしましょう。まずはView ControllerのviewDidLoadで記述した21～35行目のCSVを読み込むコードをカットして32行目にコピーし、loadCSVというメソッドを作成します。

ViewController.swift

```swift
32    //CSVファイル読み込みメソッド。引数でファイル名を取得。戻り値はString型の配列。
33    func loadCSV(fileName :String) -> [String]{
34        //CSVファイルのデータを格納するStrig型配列
35        var csvArray:[String] = []
36        // 引数filnameからCSVファイルのパスを設定
37        let csvBundle = NSBundle.mainBundle().
                pathForResource(fileName, ofType: "csv")!
38        do {
39          //csvBundleからファイルを読み込み、エンコーディングしてcsvDataに格納
40          let csvData = try String(contentsOfFile: csvBundle,
                encoding: NSUTF8StringEncoding)
41          // 改行コードが"\r"の場合は"\n"に置換する
42          let lineChange = csvData.stringByReplacingOccurrencesOfString
                ("\r", withString: "\n")
43          //"\n"の改行コードで要素を切り分け、配列csvArrayに格納する
44          csvArray = lineChange.componentsSeparatedByString("\n")
45        }catch{
46          print(" エラー ")
47        }
48        return csvArray       // 戻り値の配列csvArray
49    }
```

loadCSVメソッドは引数にファイル名、戻り値に配列を返します。このメソッドを実行するコードをViewController.swiftのviewDidLoadに記述しましょう。引数にはファイル名を指定します。

ViewController.swift

```swift
20        super.viewDidLoad()
21        //CSVファイル名を引数にしてloadCSVメソッドを使用し、CSVファイルを読み込む
22        let csvArray = loadCSV("start")
```

それでは、ViewController.swiftに記述したloadCSVメソッドをKenteiViewControllerでも使用しましょう。変数viewControllerを宣言し、ViewControllerクラスでインスタンス化します。これでloadCSVメソッドを呼び出せます。引数はkentei.csvのファイル名である"kentei"を設定します。

KenteiViewController.swift

```
28      override func viewDidLoad() {
29          super.viewDidLoad()
30          // 変数viewControllerを作成
31          let viewController = ViewController()
32          //loadCSVメソッドを使用し、csvArrayに検定問題を格納
33          csvArray = viewController.loadCSV("kentei")   Coding
```

■ 問題文と選択肢を表示する

CSVファイルをcsvArrayに読み込むことが出来たので、viewDidLoadメソッドのなかで、ラベル、TextView、ボタンに文字を設定します。コードを入力したらiOSシミュレータで確認しましょう。

KenteiViewController.swift

```
28      override func viewDidLoad() {
29          super.viewDidLoad()
30          //ViewControllerのインスタンスを作成
31          let viewController = ViewController()
32          //loadCSVメソッドを使用し、csvArrayに検定問題を格納
33          csvArray = viewController.loadCSV("kentei")
34          //csvArrayの0行目を取り出し、カンマを区切りとしてmondaiArrayに格納
35          mondaiArray = csvArray[mondaiCount].
                componentsSeparatedByString(",")
36          // 変数mondaiCountに1を足してラベルに出題数を設定。
37          mondaiNumberLabel.text = " 第 \(mondaiCount+1) 問 "
38          //TextViewに問題を設定
39          mondaiTextView.text = mondaiArray[0]                    Coding
40          // 選択肢ボタンのタイトルに選択肢を設定
41          answerBtn1.setTitle(mondaiArray[2], forState: .Normal)
42          answerBtn2.setTitle(mondaiArray[3], forState: .Normal)
43          answerBtn3.setTitle(mondaiArray[4], forState: .Normal)
44          answerBtn4.setTitle(mondaiArray[5], forState: .Normal)
45      }
```

選択肢ボタンをタップしたときの正誤判定を行う

ストーリーボードで配置した4つのボタンはそれぞれ0～3のtagを設定しました。これはCSVファイルに記述されている正解番号に対応します。ユーザーがタップしたボタンのtagと正解番号が等しければ、選択肢は正解です。この場合は正解カウントを増やします。そしてjudgeImageViewに○の画像を表示しましょう。もちろん、間違っていれば×の画像を表示します。

KenteiViewController.swift

```swift
46      // 四択ボタンを押したときのメソッド
47      @IBAction func btnAction(sender: UIButton){
48          // 正解番号(Int型にキャスト)とボタンのtagが同じなら正解
49          if sender.tag == Int(mondaiArray[1]){
50              //○を表示
51              judgeImageView.image = UIImage(named: "maru.png")
52              // 正解カウントを増やす
53              correctCount++
54          }else {
55              // 間違っていたら×を表示
56              judgeImageView.image = UIImage(named: "batsu.png")
57          }
58      }
```

btnActionメソッドをストーリーボードのオブジェクトに接続します。Main.storyboardを開き、それぞれのボタンを選択してConnection Inspector(➡)のSent EventsからTouch Up InsideでbtnActionメソッドに接続をしましょう。4つのボタン、全てに接続してください。

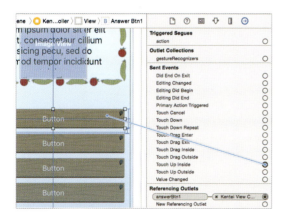
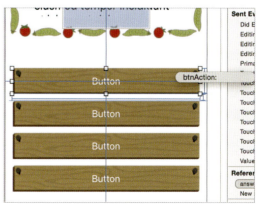

ユーザーがボタンをタップしたら次の問題を表示する

ユーザーが選択肢ボタンをタップしたら、次の問題を表示するメソッドを記述しましょう。まず初期値を 0 に設定していた mondaiCount をカウントアップします。そして mondaiArray に格納された 1 問目の問題配列を削除して、csvArray から 2 つめの問題を取り出して mondaiArray に格納します。最後に mondaiTextView に問題文と answerBtn1 〜 4 のタイトルに選択肢テキストをセットします。

KenteiViewController.swift

```swift
60      // 次の問題を表示するメソッド
61      func nextProblem(){
62          // 問題カウント変数をカウントアップ
63          mondaiCount++
64          //mondaiArray に格納されている問題配列を削除
65          mondaiArray.removeAll()
66          //csvArray から次の問題配列を mondaiArray に格納
67          mondaiArray = csvArray[mondaiCount].
                componentsSeparatedByString(",")
68          // 問題数ラベル、問題表示 TextView、選択肢ボタンに文字をセット
69          mondaiNumberLabel.text = "第\(mondaiCount+1)問"
70          mondaiTextView.text = mondaiArray[0]
71          answerBtn1.setTitle(mondaiArray[2], forState: .Normal)
72          answerBtn2.setTitle(mondaiArray[3], forState: .Normal)
73          answerBtn3.setTitle(mondaiArray[4], forState: .Normal)
74          answerBtn4.setTitle(mondaiArray[5], forState: .Normal)
75      }
```

このメソッドのポイントは問題カウント変数がカウントアップされて、csvArray[mondaiCount].componentsSeparatedByString(",") で次の問題配列を取り出しているところです。では、nextProblem メソッドを btnAction メソッドのなかで呼び出しましょう。記述したら iOS シミュレータで問題が表示されるか確認して下さい。これで正誤判定と次の問題の表示ができるようになりました。

KenteiViewController.swift

```swift
56              judgeImageView.image = UIImage(named: "batsu.png")
57          }
58          // 次の問題を呼び出すメソッド
59          nextProblem()
60      }
```

■ 正解と解説を表示するためのバックグラウンド画像の設定

ここまではユーザーが選択肢ボタンをタップして、すぐに次の問題を呼び出していましたが、ユーザーが選択肢ボタンをタップしたら、正解と解説を表示するようにします。Chapter6 でストーリーボードを使わないオブジェクトの配置を紹介しましたが、ここでもコードでオブジェクトを配置します。まずは、正解と解説を表示するバックグラウンド画像を配置します。UIImageView をインスタンス化したメンバ変数 kaisetsuBGImageView とその x 座標を格納するメンバ変数 kaisetsuBGX 作成して、viewDidLoad メソッドで設定、配置します。

KenteiViewController.swift

```swift
// 解説バックグラウンド画像
var kaisetsuBGImageView = UIImageView()
// 解説バックグラウンド画像の X 座標
var kaisetsuBGX = 0.0
override func viewDidLoad() {
    super.viewDidLoad()
    // バックグラウンド画像をセット
    kaisetsuBGImageView.image = UIImage(named: "kaisetsuBG.png")
    // 画面サイズを取得
    let screenSize:CGSize = (UIScreen.mainScreen().bounds.size
    // 解説バックグラウンド画像の x 座標 ( 画面の中央になるように設定 )
    kaisetsuBGX = Double(screenSize.width/2) - 320/2
    // 解説画像の位置を設定。Y 座標に画面の縦サイズを設定して、画面の外に設置
    kaisetsuBGImageView.frame = CGRect(x: kaisetsuBGX,
            y:Double(screenSize.height), width: 320, height: 210)
    // 画像上のタッチ操作を可能にする
    kaisetsuBGImageView.userInteractionEnabled = true
    // 画像を view に配置
    self.view.addSubview(kaisetsuBGImageView)
```

このコードのポイントは画像のフレーム設定と userInteractionEnabled プロパティの設定です。バックグラウンド画像の垂直位置の y 座標は画面サイズの高さ (screenHeight) に設定しています。つまりこのバックグラウンド画像は、アプリ起動時は画面サイズの枠外の下に配置されることになり、画像は見えません。ユーザーが選択肢ボタンをタップしたら、このバックグラウンド画像を画面内に移動します。また画像の水平位置の x 座標は画面の中央に配置されるように「(画面サイズ ÷ 2) − (画像サイズ ÷ 2)」という計算式で算出しています。

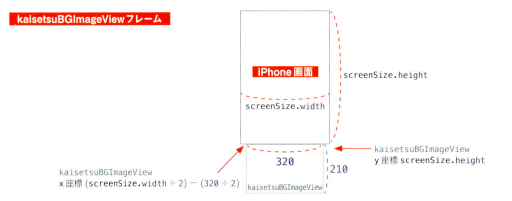

userInteractionEnabled はタッチ操作を設定するプロパティです。kaisetsuBGImageView にはボタンを配置するので、タッチ操作ができなくてはいけません。UIImageView クラスから作成した変数はデフォルトでは、userInteractionEnabled は false になっています。この設定を true に変更しました。

■ 正解を表示するラベルと解説を表示するTextView、問題を再開するボタンの設定

kaisetsuBGImageView は ViewController クラスの view に配置しました。この場合、self.view が親 view で、kaisetsuBGImageView が子 view と言えます。

オブジェクトは UIView のサブクラスである UIImageView にも配置することができます。そこで今度は kaisetsuBGImageView を親 view にして、ラベル、TextView、ボタンを配置します。この3つのオブジェクトを kaisetsuBGImageView に配置することで、親 view が移動した場合、子 view も付随して移動します。なお、kaisetsuBGImageView 上にオブジェクトを配置した場合、座標は親 view が基準となります。
まずは、ラベル、TextView、ボタンをメンバ変数として宣言しましょう。

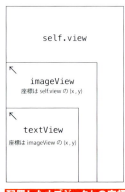

KenteiViewController.swift

```
29        // 解説バックグラウンド画像のX座標
30        var kaisetsuBGX = 0.0
31        // 正解表示ラベル
32        var seikaiLabel = UILabel()
33        // 解説テキストビュー
34        var kaisetsuTextView = UITextView()
35        // バックボタン
36        var backBtn = UIButton()
```

viewDidLoad メソッドのなかで seikaiLabel、kaisetsuTextView、backBtn の設定を行います。それぞれのオブジェクトは kaisetsuBGImageView に addSubView します。

KenteiViewController.swift

```swift
50          // 画像を view に配置
51          self.view.addSubview(kaisetsuBGImageView)
52          // 正解表示ラベルのフレームを設定
53          seikaiLabel.frame = CGRect(x: 10, y: 5,
                width: 300, height: 30)
54          // 正解表示ラベルのアラインメントをセンターに設定
55          seikaiLabel.textAlignment = .Center
56          // 正解表示ラベルのフォントサイズを 15 ポイント設定
57          seikaiLabel.font = UIFont.systemFontOfSize(15)
58          // 正解ラベルを解説バックグラウンド画像に配置
59          kaisetsuBGImageView.addSubview(seikaiLabel)
60          // 解説テキストビューのフレームを設定
61          kaisetsuTextView.frame = CGRect(x: 10, y: 40,
                width: 300, height: 140)
62          // 解説テキストビューの背景色を透明に設定
63          kaisetsuTextView.backgroundColor = UIColor.clearColor()
64          // 解説テキストビューのフォントサイズを 17 ポイントに設定
65          kaisetsuTextView.font = UIFont.systemFontOfSize(17)
66          // 解説テキストビューの編集を不可に設定
67          kaisetsuTextView.editable = false
68          // 解説テキストビューを解説バックグラウンド画像に配置
69          kaisetsuBGImageView.addSubview(kaisetsuTextView)
70          // バックボタンのフレームを設定
71          backBtn.frame = CGRect(x: 10, y: 180,
                width: 300, height: 30)
72          // バックボタンに通常時と押下時の画像を設定
73          backBtn.setImage(UIImage(named: "kenteiBack.png"),
                forState: .Normal)
74          backBtn.setImage(UIImage(named: "kenteiBackOn.png"),
                forState: .Highlighted)
75          // バックボタンにアクション設定
76          backBtn.addTarget(self, action: "backBtnTapped",
                forControlEvents: UIControlEvents.TouchUpInside)
77          // バックボタンを解説バックグラウンド画像に配置
78          kaisetsuBGImageView.addSubview(backBtn)
```

■ 解説表示メソッドの設定

解説文を表示させるメソッドを作りましょう。ユーザーが選択肢ボタンをタップしたら、解説バックグラウンド画像が上に移動します。この画像は 4 つ並んだ選択肢ボタンの上にちょうど重なるようなサイズとなっています。なので一番上の選択肢ボタンの y 座標まで画像を移動させます。

KenteiViewController.swift

```swift
128        // 解説表示メソッド
129        func kaisetsu(){
130            // 正解表示ラベルのテキストを mondaiArray から取得
131            seikaiLabel.text = mondaiArray[6]
132            // 解説テキストビューのテキストを mondaiArray から取得
133            kaisetsuTextView.text = mondaiArray[7]
134            //answerBtn1 の y 座標を取得
135            let answerBtnY = answerBtn1.frame.origin.y
136            // 解説バックグラウンド画像を表示させるアニメーション
137            UIView.animateWithDuration(0.5, animations: {() -> Void in
                   self.kaisetsuBGImageView.frame = CGRect(x:
                       self.kaisetsuBGX, y:Double(answerBtnY), width:320, height: 210)
138            })
139            // 選択肢ボタンの使用停止
140            answerBtn1.enabled = false
141            answerBtn2.enabled = false
142            answerBtn3.enabled = false
143            answerBtn4.enabled = false
144        }
```

kaisetsu メソッドではまず seikaiLabel と kaisetsuTextview に mondaiArray から取り出した正解文と解説文をセットします。その次に、一番上の選択肢ボタンの Y 座標を answerBtn1 の frame 情報から取得しています。animateWithDuration は UIView オブジェクトをアニメーションさせることができるメソッドです。このメソッドのなかで、kaisetsuBGImageView の位置を移動させたい座標に frame プロパティを使って設定しています。0.5 はアニメーションの時間であり、画面の枠外下にあったバックグラウンド画像が 0.5 秒で answerBtn1 の y 座標まで移動します。
しかしボタンの上に画像が表示されていても、下にあるボタンをタップすることが出来てしまいます。この解説を表示している時は、ユーザーにボタンをタップさせたくありません。そこで answerBtn1 〜 4 のボタンが使えないように enabled プロパティの設定を行いました。このプロパティはボタン操作の可否を設定できます。これで解説が画面内に表示されているときはボタンを使えません。

では、ユーザーが選択肢ボタンをタップしたら、解説を表示するように btnAction メソッドのなかで kaisetsu メソッドを呼び出しましょう (その前に記述していた nextProblem の呼び出しは削除します)。

KenteiViewController.swift

```
105            judgeImageView.image = UIImage(named: "batsu.png")
106        }
107        // 解説を呼び出すメソッド
108        kaisetsu()    Coding
109    }
```

■ 問題を再開するためのバックボタンメソッド

解説バックグラウンド画像に配置したバックボタンをタップしたら、問題を再開できるようにします。kaisetsuBGImageView の userInteractionEnabled を設定したのは、このボタンを使えるようにするためです。ボタンをタップしたら、解説が画面の枠外へと移動します。そして次の問題を呼び出す、nextProblem() メソッドを実行します。

KenteiViewController.swift

```
145        // バックボタンメソッド
146        func backBtnTapped(){
147            // 画面の縦サイズを取得
148            let screenHeight = Double(UIScreen.mainScreen().
                   bounds.size.height)
149            // 解説バックグラウンド画像を枠外に移動させるアニメーション
150            UIView.animateWithDuration(0.5, animations: {() -> Void in
                   self.kaisetsuBGImageView.frame = CGRect(x:
                       self.kaisetsuBGX, y: screenHeight, width: 320, height: 210)
151            })
152            // 選択肢ボタンの使用を再開
153            answerBtn1.enabled = true
154            answerBtn2.enabled = true
155            answerBtn3.enabled = true
156            answerBtn4.enabled = true
157            // 正誤表示画像を隠す
158            judgeImageView.hidden = true
159            //nextProblem メソッドを呼び出す
160            nextProblem()
161        }
```

backBtnTapped メソッドでは、解説を再度画面の枠外に移動させています。そしてボタンを使えるように enabled の設定を true にしています。また、正誤判定画像 judgeImageView が表示されていると問題文が読めないので、hidden 設定で隠しました。hidden プロパティはオブジェクトを非表示にできます。しかし、ユーザーがまた選択肢ボタンをタップしたときは正誤判定しなくてはいけません。なので btnAction メソッドのなかで judgeImageView の hidden 設定を false にしましょう。

KenteiViewController.swift

```
105              judgeImageView.image = UIImage(named: "batsu.png")
106         }
107         //judgeImageView を表示
108         judgeImageView.hidden = false     Coding
109         //kaisetsu メソッドを呼び出し
110         kaisetsu()
111     }
```

■ 得点画面への遷移

問題出題、解説表示の仕組みが出来たので、得点画面へ遷移する設定を Main.storyboard で行います。

❶ KenteiViewController のアイコン ▢ を選択し、control キーを押しながら ScoreViewController にドラッグします。

Manual Segue は「present modally」を選択してください。

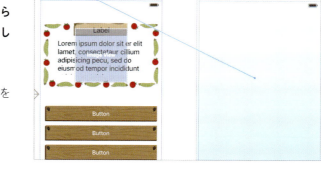

❷ KenteiViewController と ScoreViewController を繋げた Segue アイコン (▢) を選択し、Attributes Inspector (⊕) を表示します。

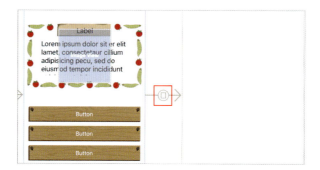

❸ Storyboard SegueのIdentifierに
「score」と入力します。

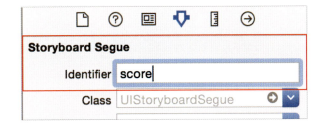

これはSegueを識別する識別子です。プログラムで画面遷移をする時にどのSegueが対象なのかを識別します。

次にKenteiViewController.swiftで画面遷移のためのコードを記述します。得点画面へは、変数totalの値(格納されている値は10)に達したときに遷移します。なのでnextProblemメソッドにif文で条件分岐をさせましょう。ストーリーボードのSegueを使って画面遷移をする場合はperformSegueWithIdentifierメソッドを使用します。引数はStoryboard SegueのIdentifierで設定した識別子「score」を使用します。

KenteiViewController.swift

```swift
113    // 次の問題を表示するメソッド
114    func nextProblem(){
115        // 問題カウント変数をカウントアップ
116        mondaiCount++
117        //mondaiArrayに格納されている問題配列を削除
118        mondaiArray.removeAll()
119        //if-else文を追加。mondaiCountがtotalに達したら画面遷移
120        if mondaiCount < total{
121            //csvArrayから次の問題配列をmondaiArrayに格納
122            mondaiArray = csvArray[mondaiCount].
                componentsSeparatedByString(",")
123            // 問題数ラベル、問題表示テキストビュー、選択肢ボタンに情報をセット
124            mondaiNumberLabel.text = "第 \(mondaiCount+1)問"
125            mondaiTextView.text = mondaiArray[0]
126            answerBtn1.setTitle(mondaiArray[2], forState: .Normal)
127            answerBtn2.setTitle(mondaiArray[3], forState: .Normal)
128            answerBtn3.setTitle(mondaiArray[4], forState: .Normal)
129            answerBtn4.setTitle(mondaiArray[5], forState: .Normal)
130        }else{
131            //Storyboard SegueのIdentifierを引数に設定して画面遷移
132            performSegueWithIdentifier("score", sender: nil)
133        }
134    }
```

得点画面（ScoreViewController）の作成

Main.storyboardで得点画面を作成しましょう。ScoreViewControllerにはロゴ画像、合格画像、成績背景画像、成績ラベル、スタート画面へもどるボタンを配置します。

❶ MediaLibrary（ ）で「logo.png」を配置します。

①オートレイアウトのAlign（ ）で「Horizontally in Container」にチェックします。Vertically in Containerの数値を「-180」に設定して「Add 2 Constraints」ボタンをクリックします。

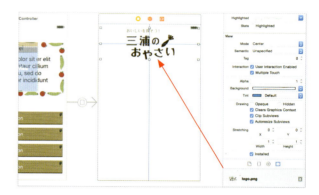

❷ MediaLibrary（ ）で「Goukaku.png」を配置します。

①オートレイアウトのAlign（ ）で「Horizontally in Container」にチェックします。Vertically in Containerの数値を「-40」に設定して「Add 2 Constraints」ボタンをクリックします。

❸ MediaLibrary（ ）で「scoreBG.png」を配置します。

①オートレイアウトのAlign（ ）で「Horizontally in Container」にチェックします。Vertically in Containerの数値を「120」に設定して「Add 2 Constraints」ボタンをクリックします。

❹ラベルを配置します。

①Attributes Inspector（ ）で、Alignmentを中央揃え（ ）に、Fontを「System 18.0」に設定します。

②オートレイアウトのAlign（ ）で「Horizontally in Container」にチェックします。Vertically in Containerを「95」に設定して「Add 2 Constraints」ボタンをクリックします。

③Pin（ ）でWidthを「235」、Heightを「20」に設定して、「Add 2 Constraints」ボタンをクリックします。

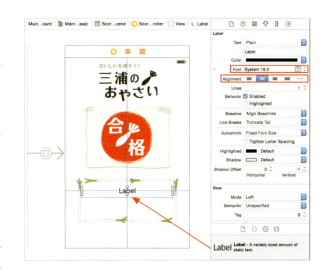

❺ボタンを配置します。

①StateConfigのDefaultでimageを「kenteiBack.png」に、Highlightedで「kenteiBackOn.png」に設定します。またTitleの文字は消します。

②Align（ ）で「Horizontally in Container」にチェックして「Add 1 Constraint」ボタンをクリックします。

③Pin（ ）でBottom Spaceを「15」に設定して、チェックを入れて「Add 1 Constraint」ボタンをクリックします。

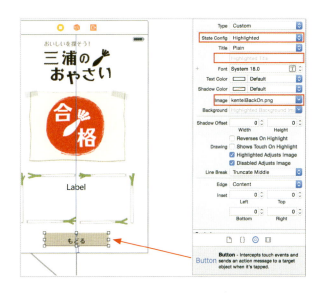

❻ボタンをタップしたら、View Controllerに遷移する設定をします。ボタンを選択し、 control キーを押しながらView Controllerにドラッグします。

①遷移方法は「present modally」を選択します。

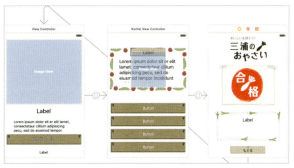

検定結果をScoreViewControllerに表示する

ScoreViewControllerでは検定問題の正解数と合格/不合格を表示します。このためにはKenteiViewControllerで正解数を格納したcorrectCountの値をScoreViewControllerで受け取る必要があります。

KenteiViewControllerの値をScoreViewControllerに受け渡す

まず、KenteiViewControllerから値を受け取るメンバ変数をScoreViewControllerで宣言します。

ScoreViewController.swift

```
9    import UIKit
10
11   class ScoreViewController: UIViewController {
12       //KenteiViewControllerの正解数を受け取るメンバ変数
13       var correct = 0    Coding
```

今度はKenteiViewControllerからScoreViewControllerに正解数を渡すメソッドを記述します。Segueを使って画面遷移をした場合は、値を渡すためのprepareForSegueというメソッドがUIViewControllerクラスに用意されています。このメソッドを上書きして使用するので、funcのキーワードの前にoverrideを付けます。

KenteiViewController.swift

```
170   // 得点画面へ値を渡す
171   override func prepareForSegue(segue: UIStoryboardSegue,
          sender: AnyObject?) {
172       let sVC = segue.destinationViewController as! ScoreViewController
173       sVC.correct = correctCount
174   }
```
Coding

prepareForSegueメソッドではdestinationViewControllerプロパティで遷移先のオブジェクトを指定できる定数sVCを作成しています。このsVCのプロパティでScoreViewControllerで作成した変数correctを指定することができます。この変数に正解数を格納しているcorrectCountを代入します。これでScoreViewControllerの変数correctに値を格納することが出来ました。

■ 得点画面に正解数を表示する

正解数を格納した変数 correct をラベルにセットして正解数を表示します。IBOutlet 修飾子を付けた変数 scoreLabel を作成し、UILabel のインスタンスにします。また、正解数が 7 問以上だと合格画像「Goukaku.png」を表示し、7 問に達しなければ不合格画像「Fugoukaku.png」を表示させましょう。IBOutlet 修飾子を付けた変数 judgeImageView を作成し、UIImageView のインスタンスにします。

ScoreViewController.swift

```swift
    var correct = 0
    // 正解数を表示するラベル
    @IBOutlet var scoreLabel: UILabel!
    // 合格 or 不合格画像を表示する画像
    @IBOutlet var judgeImageView: UIImageView!

    override func viewDidLoad() {
        super.viewDidLoad()
        // 正解数を表示
        scoreLabel.text = "正解数は \(correct) 問です。"
        // 合格・不合格を判定
        if correct >= 7{
            judgeImageView.image = UIImage(named: "Goukaku.png")
        }else{
            judgeImageView.image = UIImage(named: "Fugoukaku.png")
        }
    }
```

❶ Main.soryboard で ScoreViewController のアイコン を選択して、Connections Inspector ( ) を開きます。

❷ Outlets から右の (○) をドラッグして judgeImageView を合格画像に、scoreLabel をラベルに接続します。

これでアプリは完成です。シミュレータで起動してみましょう！

何度も遊んでもらえる アプリにする工夫

POINT

1. 問題をシャッフルして出題する
2. アプリにユーザー情報を保存する
3. 成績結果をFacebook、Twitterで投稿する

何度も遊んでもらえるアプリにするには

　四択検定アプリは完成しましたが、現状では問題が同じ順番で出題されます。このままだとユーザーは同じ問題を繰り返し行うことになるので、すぐに飽きてしまうでしょう。この検定問題は57問も用意しています。ユーザーにはいろんな問題を繰り返し行ってもらって、知識を深めてもらいたいものです。そこで検定をスタートさせるたびに問題の順番を変えましょう。

　ユーザーに何度も遊んでもらう工夫はまだまだあります。この検定アプリでは10問中7問正解すれば合格になります。でも、それは1回チャレンジしただけの結果です。何度もやってもらうのであれば、これまで何回合格したのかを記録し、その合格回数に応じて称号がランクアップすれば、ユーザーのモチベーションも上がるのではないでしょうか。

　また、高成績を記録したら人に知らせたり、自慢したりしたいものです。FacebookやTwitterで検定結果を投稿できれば、さらにモチベーションが上がり、宣伝にもなるかもしれません。

　このように基本的な開発が終わっても、機能を付加することでアプリを高度にすることができます。

ランダムに問題を出題する

検定の問題はCSVファイルの順番のまま配列に格納して出題していました。出題の順番を並べ替えるのは、配列の中身を並べ替えることで出来ます。そこで配列の要素数の回数だけ、配列内で要素を入れ替える処理をwhile文という繰り返し文を使って行います。この要素を入れ替えるメソッドはNSMutableArrayという中身を変更できる配列のexchangeObjectAtIndexを使って行います。それではmondaiShuffleメソッドを見てみましょう。

KenteiViewController.swift

```swift
// 配列シャッフルメソッド
func mondaiShuffle()->[String]{
    var array = [String]()   //String型の配列を宣言
    //csvArrayをNSMutableArrayに変換してsortedArrayに格納
    let sortedArray = NSMutableArray(array: csvArray)
    //sortedArrayの配列数を取得
    var arrayCount = sortedArray.count
    //while文で配列の要素数だけ繰り返し処理をする
    while(arrayCount > 0){
        // ランダムなインデックス番号を取得するため配列数の範囲で乱数を作る
        let randomIndex = arc4random() % UInt32(arrayCount)
        //sortedArrayのarrayCount番号とランダム番号を入れ替える
        sortedArray.exchangeObjectAtIndex((arrayCount-1),
            withObjectAtIndex: Int(randomIndex))
        //arrayCountを1減らす
        arrayCount = arrayCount-1
        //sortedArrayのarrayCount番号の要素をarrayに追加
        array.append(sortedArray[arrayCount] as! String)
    }
    //arrayを戻り値にする
    return array
}
```

検定問題が格納されたcsvArrayはString型の配列です。なので、このメソッドもString型の配列を戻り値としました。最初に宣言したarrayは最終的にString型の配列を格納するためのものです。次にcsvArrayをNSMutableArrayへと変換して、新しいsortedArrayという配列を作っています。そして配列の要素数だけ処理を繰り返すwhile文を作りました。

while 文の文法

```
while ( 条件式 ) {
    // 繰り返し処理
}
```

while文では条件が成立している間、繰り返し処理が行われます。そのためfor文で使っていたカウント変数はwhile文では繰り返し処理のなかで設定します。

mondaiShuffleメソッドでは、配列の要素数をカウント変数としています。そして処理が繰り返されるごとにカウント変数はカウントダウンします。さらにカウントダウンされる数値の範囲で乱数を作り、乱数値をインデックスとした要素と、カウントダウンする値をインデックスとした要素を入れ替えます。最後にNSMutableArrayはString型の配列ではないので、sortedArrayの要素をString型に変換して、arrayに追加します。この入れ替え処理によって、問題の並べ替えが行われます。

配列の要素を入れ替える仕組み

シャッフルメソッドが出来たら、KenteiViewControllerのviewDidLoadメソッドのなかで呼び出しましょう。しかし、呼び出す場所に注意が必要です。viewDidLoadではCSVファイルを読み込むために、loadCSVメソッドを実行しています。なのでCSVファイルを読み込んだ後にmondaiShuffle()メソッドを使って、配列の順番をシャッフルしてcsvArrayに代入しましょう。

KenteiViewController.swift

81	//loadCSV メソッドを使用し、csvArray に検定問題を格納
82	csvArray = viewController.loadCSV("kentei")
83	// シャッフルメソッドを使用し、検定問題を並び替えて csvArray に格納
84	csvArray = mondaiShuffle() `Coding`

合格回数をアプリに保存する

アプリが終了すると変数に格納していた値などは消えてしまいます。しかしNSUserDefaultsというクラスを使用するとアプリにデータを保存することが出来ます。

NSUserDefaultsの設定

NSUserDefaultsは変数を宣言し、standardUserDefaults()で初期化します。この変数を使い、キー値を設定してデータの保存と呼び出しを行います。NSUserDefaultsでユーザーが合格した回数を保存しましょう。そして合格回数によって称号がランクアップするようにしましょう。今度はScoreViewControllerでメンバ変数を4つ作り、viewDidLoadにコードを追加します。

NSUserDefaults の使い方

```
//NSUserDefaults を使うための変数を作成
変数 = NSUserDefaults.standardUserDefaults()
//NSUserDefaults の保存方法
変数.setInteger(保存する Int 型変数, forKey:"キー値")    //Int 型変数の保存
変数.setDouble(保存する Double 型変数, forKey:"キー値") //Double 型変数の保存
変数.setBool(保存する Bool 型変数, forKey:"キー値")      //Bool 型変数の保存
変数.setObject(保存するオブジェクト, forKey:"キー値")   // オブジェクトの保存
//NSUserDefaults で保存したデータの呼び出し
Int 型変数 = 変数.integerForKey("キー値")            //Int 型の値の呼び出し
Double 型変数 = 変数.doubleForKey("キー値")          //Double 型の値の呼び出し
Bool 型変数 = 変数.boolForKey("キー値")              //Bool 型の値の呼び出し
String 型変数 = 変数.objectForKey("キー値")!         // オブジェクトの呼び出し
```

ScoreViewController.swift

```swift
19      @IBOutlet var goukakuTimesLabel: UILabel!   // 合格数を表示する変数
20      @IBOutlet var rankLabel: UILabel!           // ランクを表示する変数
21      var goukakuTimes = 0                        // 合格回数を格納する変数
22      var rankString = " ビギナー "                // 称号変数。初期値はビギナー
23
24      override func viewDidLoad() {
25          super.viewDidLoad()
26          // 合格回数を保存するNSUserDefaults
27          let goukakuUd = NSUserDefaults.standardUserDefaults()
28          // 合格回数を goukaku というキー値で変数 goukakuTimes に格納
29          goukakuTimes = goukakuUd.integerForKey("goukaku")
30          // 正解数を表示
31          scoreLabel.text = " 正解数は \(correct) 問です。"
32          // 合格・不合格を判定
33          if correct >= 7{
34              judgeImageView.image = UIImage(named: "Goukaku.png")
35              goukakuTimes++              // 合格回数をカウントアップ
36              //goukaku キー値を使って合格回数 (goukakuTimes) を保存
37              goukakuUd.setInteger(goukakuTimes, forKey: "goukaku")
38          }else{
39              judgeImageView.image = UIImage(named: "Fugoukaku.png")
40          }
41          // 合格回数を表示
42          goukakuTimesLabel.text = " 合格回数は \(goukakuTimes) 回です。"
```

ストーリーボードでScore View Controllerで配置した正解数を表示するラベルを2つ複製しましょう。

❶ ラベルをコピー＆ペースト、もしくは option キーをを押しながらドラッグして2つ複製します。

❷ Align（ 吕 ）で「Horizontally in Container」にチェックし、「Vertically in Container」の値を中央のラベルは「125」、下のラベルを「155」に設定して「Add 2 Constraints」ボタンをクリックします。

称号の表示はif文を使ってgoukakuTimesの回数で条件分岐を行い、String変数rankStringに称号を格納します。そして最後にrankStringをラベルにセットします。viewDidLoadに記述しましょう。

ScoreViewController.swift

```
43          // 合格回数によってランクを決定
44          if goukakuTimes >= 50{
45              rankString = "達人"
46          }else if goukakuTimes >= 40{
47              rankString = "師匠"
48          }else if goukakuTimes >= 30{
49              rankString = "師範代"
50          }else if goukakuTimes >= 20{
51              rankString = "上級者"
52          }else if goukakuTimes >= 10{
53              rankString = "ファン"
54          }else if goukakuTimes >= 0{
55              rankString = "ビギナー"
56          }
57          // ランクラベルに称号を設定
58          rankLabel.text = "ランクは \(rankString) ！"
59      }
```

ScoreViewControllerで宣言したgoukakuTimesLabelとrankLabelをストーリーボードのオブジェクトに接続しましょう。

❶ Main.soryboardでScoreViewControllerのアイコン を選択して、Connections Inspector( )を開きます。

❷ OutletsにScoreViewController.SwiftでS作成したgoukakuTimesLabelとrankLabelが表示されているので、右の(○)をドラッグして接続します。

検定のランクと成績をSNSに投稿する

iOSではTwitterやFacebookへの投稿を簡単に行うことができます。予め投稿に使用するテキストや画像、URLなどをプログラムで設定することができるので、アプリのプロモーションや情報拡散に使用することが可能です。このTwitter、Facebook連携はSocialフレームワークによって行うことができます。Socialフレームワークをインポートし、このフレームワークのSLComposeViewControllerクラスを使用します。

まずは、ScoreViewControllerにFacebook投稿ボタン、Twitter投稿ボタンを配置しましょう。

❶ Object Library( )からボタンを配置します。

① StateConfigのDefaultでimageを「fbOff.png」に、Highlightedで「fbOn.png」に設定。Titleの文字は削除します。

② Pin(┣━┫)でBottom Spaceを「20」、ボタンから右を「30」に設定して、「Add 2 Constraints」をクリックします。

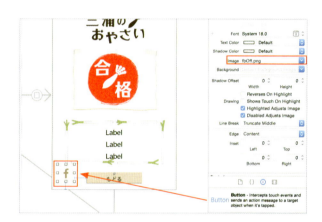

❷ もうひとつボタンを配置します。

① StateConfigのDefaultでImageを「twOff.png」に、Highlightedで「twOn.png」に設定。Titleの文字は削除します。

② Pin(┣━┫)でBottom Spaceを「20」、ボタンから左を「30」に設定して、「Add 2 Constraints」をクリックします。

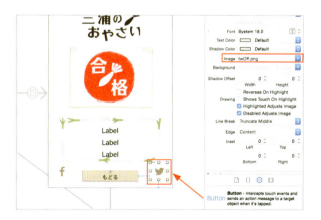

それではScoreViewController.swiftでSocialフレームワークをインポートします。また、Facebook投稿用ボタン、Twitter投稿用ボタンに対応したIBActionのメソッドを記述します。各ボタンをタップしたらSocialフレームワークのSLComposeViewControllerクラスを使用して、投稿内容を設定します。

ScoreViewController.swift

```
10  //Social フレームワークをインポート
11  import Social
```

```
62      //Facebook 投稿メソッド
63      @IBAction func postFacebook(sender: AnyObject) {
63          //Facebook 投稿用インスタンスを作成
65          let fbVC:SLComposeViewController = SLComposeViewController
                    (forServiceType: SLServiceTypeFacebook)!
66          // 投稿テキストを設定
67          fbVC.setInitialText(" 三浦のおやさい検定：
                    私は \(rankString)。合格回数は \(goukakuTimes) 回です。")
68          // 投稿画像を設定
69          fbVC.addImage(UIImage(named: "icon.png"))
70          // 投稿用 URL を設定
71          fbVC.addURL(NSURL(string: "http://onthehammock.com/app/5783"))
72          // 投稿コントローラーを起動
73          self.presentViewController(fbVC, animated: true,
                    completion: nil)
74      }
75      //Twitter 投稿メソッド
76      @IBAction func postTwitter(sender: AnyObject) {
77          //Twitter 投稿用インスタンスを作成
78          let twVC:SLComposeViewController = SLComposeViewController
                    (forServiceType: SLServiceTypeTwitter)!
79          // 投稿テキストを設定
80          twVC.setInitialText(" 三浦のおやさい検定：
                    私は \(rankString)。合格回数は \(goukakuTimes) 回です。")
81          // 投稿画像を設定
82          twVC.addImage(UIImage(named: "icon.png"))
83          // 投稿用 URL を設定
84          twVC.addURL(NSURL(string: "http://onthehammock.com/app/5783"))
85          // 投稿コントローラーを起動
86          self.presentViewController(twVC, animated: true,
                    completion: nil)
87      }
```

Facebook投稿メソッド、Twitter投稿メソッドでは、setInitialTextで投稿テキストを設定、addImageで投稿添付画像を設定、addURLでNSURLクラスにキャストしたWebアドレスを設定しています。presentViewControllerは投稿用の画面を表示させるメソッドです。
では、ストーリーボードの各ボタンにメソッドを繋げましょう。

❶ScoreViewControllerのアイコン■を選択して、Connections Inspector（→）を開きます。Received ActionsにSwiftで宣言したpostFacebook:とpostTwitter:のメソッドが表示されているので、右の（○）をドラッグして各ボタンにそれぞれ接続します。

ドロップするとイベント選択パネルが表示されるので「TouchUpInside」を選択します。

効果音を設定する

Chapter5のWinePianoアプリで作った効果音クラス（SEManager）を使って、ユーザーが検定問題に答えたときの正解音/不正解音の設定をしましょう。

❶Chapter5で作成したWinePianoプロジェクトから「SEManager.swift」ファイルをドラッグします。「Copy items if needed」にチェックを入れるのを忘れないようにしましょう。

KenteiViewControllerのメンバー変数として、SEManagerクラスのインスタンスsoundManagerを作成します。

KenteiViewController.swift

```
37  //SEManagerクラスのインスタンスを作成
38  var soundManager = SEManager()
```

KenteiViewControllerのbtnActionメソッドに、SEManagerクラスのsePlayメソッドを使って、正解音と不正解音を鳴らすコードを記述します。

KenteiViewController.swift

```
98       // 四択ボタンを押したときのメソッド
99       @IBAction func btnAction(sender: UIButton){
100          // 正解番号とボタンのtagが同じなら正解（.toInt()を使ってキャスト）。
101          if sender.tag == mondaiArray[1].toInt(){
102             //○を表示
103             judgeImageView.image = UIImage(named: "maru.png")
104             //SEManagerクラスのsePlayメソッドで正解音を鳴らす
105             soundManager.sePlay("right.mp3")    Coding
106             // 正解カウントを増やす
107             correctCount++
108          }else {
109             // 間違っていたら×を表示
110             judgeImageView.image = UIImage(named: "batsu.png")
111             //SEManagerクラスのsePlayメソッドで不正解音を鳴らす
112             soundManager.sePlay("mistake.mp3")   Coding
113          }
```

これで検定アプリの完成です。ベースとなる仕組みを作ってしまえば、そこからアプリを洗練させていくことができます。iOSアプリ開発ではフレームワークやライブラリを使えば、リッチな表現もできますよ。これを元にさらに高度な検定アプリの開発にチャレンジしてみて下さい！

スタート画面　　出題画面　　得点画面　　SNS投稿画面

COLUMN

アプリのマネタイズ

iPhoneアプリには無料アプリと有料アプリがあるのはみなさんもご存知でしょう。アプリを有料にするか、無料にするかを決めるのはディベロッパー自身です。

アプリの価格には基本レートがあり、App Storeで販売するアプリを管理するWebツール「iTunes Connect」で設定を行います（設定方法はChapter10を参照ください）。アプリの価格は基本的にTier0〜87まで88段階の設定を行うことができます。Tier0（Free）という価格は0円。つまり無料です。Tier1は、2015年3月の時点では100円です。Tier2は200円、Tier3は300円というようにTier1を基本レートとしてアプリの価格を設定します。最高価格であるTier87は98,800円です。さて、Tier87に設定したアプリがひとつ売れたとしましょう。しかし、あなたの銀行口座に98,800円が入金されるわけではありません。ディストリビューションを行っているアップル社がアプリの売上の30％を手数料として徴収します。つまり、98,800円のアプリが売れたら、入ってくるのは、69,160円となります。100円のアプリがひとつ売れたら、ディベロッパーに入るのは70円です。

アプリの価格はリリース後でも変更することもできます。なので有料アプリとしてリリースしたものを、期間限定で無料にしたり、安く販売したりすることもできます。

アプリをマネタイズする方法は有料アプリの販売だけではありません。無料アプリでもアプリ内課金という方法でコンテンツを販売することができます。

アプリ内課金では様々なコンテンツが販売できます。ゲームアプリでは、追加ゲームやゲーム内のツールなどが販売されています。また、情報系アプリなら有料の情報の販売を行えます。アプリ内で掲載されている広告をアプリ内課金で表示させなくするというものもあります。ユニークなものでは、一定期間コンテンツを読むことができるという仕組みで、"時間"を販売するものもありました。こうした様々なコンテンツの販売のために、iPhoneアプリで行えるアプリ内課金には4つの方法が用意されています。

- 消耗型：購入すると一度だけ有効になるもの。消費型アイテムの購入などに使用されます。
- 非消耗型：購入するとずっと使用できるもの。
- 非更新購読：期間が設定できる販売方法。購読期間が終了したら、再購入することが可能です。
- 自動更新購読：期間を設定して定期購読を行う販売方法。時期が満期になると自動更新されます。

アプリのマネタイズには様々な方法があり、アイディア次第で面白い試みもできます。自分が開発したアプリにどのような価値があり、その価値をどうやってマネタイズできるのか考えてみましょう。

TEXT：桑村治良

Webから情報を取得する「ニュースリーダー」アプリ

Chapter 8

JSONデータを取得し、解析する

POINT

1. プログラミング方針を整理する
2. インターネットで情報を取得する
3. JSONデータを解析する

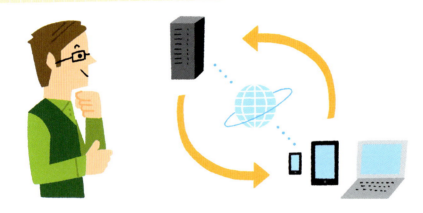

Webで配信されている情報を取得するには

情報メディア系のアプリを制作する上で、Webとの連携は必須です。また、情報系アプリではなくてもアプリのサポートサイトなどはアプリ内で閲覧できた方が良いでしょう。Chapter7ではFacebookやTwitterへの投稿を紹介しましたが、現在ではWebサイトを使ったサポートやプロモーションは必須となっています。

Chapter8では、インターネットで配信されているニュース記事のWebページを取得して、閲覧できるようニュースリーダーアプリを作成します。

開発を始める前にまずはインターネットの基本的な仕組みを理解しておきましょう。

インターネットで配信されている情報を取得するにはHTTPを利用します。

インターネットはWebページとして情報を配信するサーバがあり、そのサーバに対して閲覧したいコンピューター（クライアントともいいます）からリクエストを発行し、取得して、コンピューター内に

インストールされているアプリケーション（通常はSafariやChromeといったWebブラウザ）で情報を閲覧します。このサーバとクライアントでやりとりをするときに、HTTPという通信ルール（通信規約といいます）を使います。

HTTP（Hyper Text Transfer Protocol）とはサーバからWebページを取得するときに使われる通信ルールです。

これから作るニュースリーダーアプリも、このHTTPを使ってサーバに対してリクエストを出し、情報を取得して画面上に表示させます。

■ NewsReaderプロジェクトの作成

❶Xcodeを起動し、新規プロジェクトの作成を行います。テンプレートは「Single View Application」を選択します。

❷設定画面で下記の設定を行い、任意の場所にプロジェクトを作成します。

①Product Nameは「NewsReader」と入力します。
②Organization Name、Organization Identifierは任意で結構です。
③Languageは「Swift」を選択します。
④Devicesは「iPhone」を選択します。

❸アプリの設定画面のDeployment InfoでDevice Orientationの「Portrait」のみチェックを入れます。

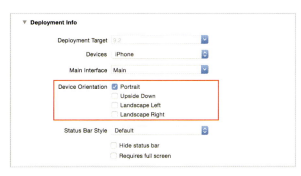

プログラミング方針を整理する

このアプリではインターネットからニュース記事を取得し、一覧として表示します。ニュース記事を取得するということは、正確に言うと下記のことを意味します。

ニュース記事を取得したいWebサーバに対してHTTP通信を使ってリクエストを出し、データを取得する。

では、これを行うためには何をすればよいのでしょうか。プログラミングする前にコードをどのように記述していくか整理してみましょう。

効率よく、かつ品質のよいプログラムを記述するためには、これからどのようにプログラミングしていくのか方針を整理してから取りかかるのがとても大事です。これをしないで闇雲にプログラミングをしてしまうと、完成までに必要以上に時間がかかりますし、完成したプログラムもグチャグチャになりがちです。こうなると、いざ機能を追加したいときも、手を加えるのが難しいプログラムになってしまいます。どのような手順でプログラムを組むか整理しましょう。

■ プログラムが処理される手順を整理しよう

先にいったように、今回のプログラムで実現したいのは、「ニュース記事を取得したいWebサーバに対してHTTP通信を使ってリクエストを出してデータを取得し、それをTable Viewに表示させる」ということです。これを実現するための手順を整理しましょう。

画面が表示された瞬間に何をするか？（viewDidLoadメソッドが実行されたとき）
1. ニュース記事一覧画面の表示

そのタイミングで何をしたい？
1. ニュース記事を取得したいWebサーバに対してHTTP通信を使ってリクエストを出してデータを取得
2. 取得したデータをテーブルビューにセットして表示

このようにこれからプログラムする内容をメモ書きレベルでも構わないので「文章化」して、整理してプログラミングの全体像を意識してから取りかかるのが大事です。

■ コメントでプログラム手順を記述

ニュース記事一覧画面を表示させるのはView Controllerになります。ViewController.swiftを開き、先ほど整理した内容をもとに、これからプログラミングする箇所にコメントを入れてください。

ViewController.swift

```
13      override func viewDidLoad() {
14          super.viewDidLoad()
15          //Webサーバに対してHTTP通信のリクエストを出してデータを取得
16
17          //ニュース記事データをテーブルビューに表示
18      }
```
Coding

プログラム処理をしたいタイミングは「ニュース記事一覧画面が表示されたタイミング」ですので、画面が表示されるタイミングで処理されるviewDidLoadのメソッドのなかに記述していきます。

HTTP通信でサーバにリクエストを出す

それではコメントで記した通りに開発を進めましょう。まずは「WebサーバからHTTP通信のリクエストを出してデータを取得」でしたね。このWebサーバからHTTP通信のリクエストを出してデータを取得するプログラムをイチから作るのは相当に大変です。そこで、今回は先駆者が開発したHTTP通信を実現させるライブラリ「Alamofire」をプロジェクトに取り込み、これを利用してデータを取得します。

AlamofireライブラリはSwiftでHTTP通信を簡単に実装できるようにしたライブラリです。

ライブラリとは、汎用性の高いプログラムを、再利用可能な形でまとめたものです。Alamofireの開発者マット・トンプソンは、Objective-CでもHTTP通信のライブラリ「AFNetworking」を開発したエンジニアです。AlamofireはSwiftが発表されてから早い段階でGitHubで公開され、利用しているユーザーも増えています。このAlamofireライブラリをNewsReaderプロジェクトに取り込みましょう。

Alamofireライブラリのインストール

❶ Alamofireライブラリが公開されているGitHubのページにアクセスします。「Download ZIP」をクリックしてライブラリをダウンロードしてください。

GitHubはソフトウェア開発プロジェクトのための共有ウェブサービスです。「Alamofire」はサポートサイトからダウンロードしたChapter8の「素材」フォルダにもあります。

Alamofire GitHubページ
https://github.com/Alamofire/Alamofire

❷ダウンロードしたAlamofire-masterフォルダをプロジェクトフォルダのなかに移動します。

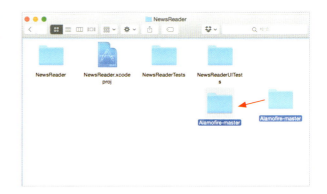

❸移動したAlamofire-masterフォルダにAlamofire.xcodeprojというプロジェクトファイルがあるので、Xcodeのナビゲーションエリアにドラッグしてプロジェクトにインポートします。

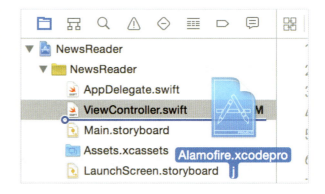

❹ナビゲーションエリアの「NewsReader」のプロジェクトアイコンを選択します。
①Build Phasesを選択します。

②Target Dependenciesを開いて「＋」ボタンをクリックします。

❺Alamofire iOSを選択して、「Add」ボタンをクリックします。追加したら「Product」メニューの「Build」を実行します。これにより、Alamofireを使用することができます。

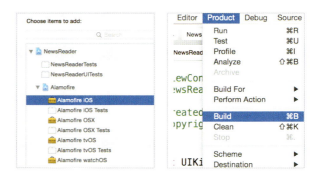

HTTP通信を行うための設定

HTTP通信を行うためにはinfo.plistで、アプリとWebの接続を設定するApp Transport Securityの項目を追加しなくてはいけません。

❶ ナビゲーションエリアから「News-Reader」のプロジェクトアイコンをクリックして、設定画面の「Info」を開きます。

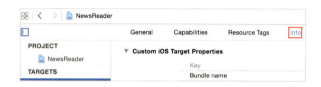

❷ Custom iOS Target Propetiesの一番下の項目の「＋」をクリックします。

❸ 新しい項目欄ができるので、Keyに「App Transport Security Setting」を選択します。TypeはDictionaryになります。

❹ 「App Transport Security Setting」の左の三角を展開し、「＋」をクリックします。新しい項目ができるので、「Allow Arbitrary Loads」を選択し、Valueを「YES」にします。

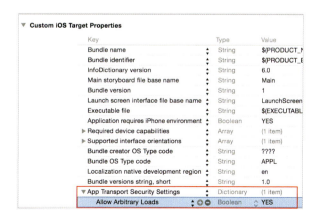

■ HTTPリクエストのプログラミング

これでAlamofireライブラリをプログラムで利用できるようになりました。まずはViewController.swiftにAlamofireをインポートしましょう。

ViewController.swift

```
9   import UIKit
10  //Alamofire ライブラリをインポート
11  import Alamofire
```

続いて、HTTPリクエストのコードを記述します。まず、ニュース情報を配信しているYahooニュースのURLを定義し、このURLにAlamofireのメソッドを使ってリクエストを出してデータを取得します。

ViewController.swift

```
15      override func viewDidLoad() {
16          super.viewDidLoad()
17          //ニュース情報の取得先
18          let requestUrl = "http://appcre.net/rss.php"
19          //Webサーバに対してHTTP通信のリクエストを出してデータを取得
20          Alamofire.request(.GET, requestUrl).responseJSON { response in
21              switch response.result {
22              case .Success(let json):
23                  print(json)
24              case .Failure(let error):
25                  print(" 通信エラー :\(error)")
26              }
27          }
28      }
```

Yahooニュースの情報を取得するために定義したURL（http://appcre.net/rss.php）を、Webブラウザで開いてみましょう。

通常のWebページではなく、たくさんの文字列が表示されていると思います。このデータはJSONデータと言います。

JSONとはJavaScriptのデータを扱う目的で策定されたデータ形式です。当初はJavaScriptでの利用のみ想定していましたが、データ構造がシンプルであり、他のプログラム言語でも利用されるようになりました。

現在、JSONデータは多くのWebアプリケーションのデータ送受信時に利用されるデータになっています。

JSONデータ形式がどのようになっているかを確認してもらうため、先ほどのYahooニュースの記事のJSONデータを整形して見やすくしましょう。

JSONLintProというWebサービスは、JSONデータを人間が見やすいようにインデントを付けてくれたり、日本語などのマルチバイトのデータがエンコードされている場合に、読めるようにデコードしてくれる便利なサイトです。YahooニュースのJSONデータをコピーし、JSONLintProにペーストして情報を整形してみましょう。

JSONLintPro (http://pro.jsonlint.com)

上記のように整形されたデータをみるとわかりやすいですが、JSONデータ形式は{}で囲み、そのなかにキー値とバリュー値のペアを:で区切ってデータを構成しています。また[]は配列を表していて、カンマ区切りで要素を区切っています。Swiftでも使っている辞書や配列と似ていますね。このJSONデータをAlamofire.requestメソッドを使ってHTTPリクエストを発行し、取得しました。

メソッドのなかではprint()を使って取得したJSONデータをアウトプットしています。取得データがXcodeのデバッグエリアに出力されていたら、HTTP通信が正常に処理されたということになります。

■ iOSでのJSONデータの解析(パース)方法

ここまでのプログラムで、HTTP通信によりiOSアプリでニュース記事データを取得するところまでできました。しかし取得したデータを表示させるためにはデータを解析(パース)する必要があります。

例えば今回のアプリでは、一覧画面でニュース記事の「タイトル」と「公開日時」を表示させたいと思います。この「タイトル」と「公開日時」のデータは、JSONデータではresultsの配列のなかの「title」と「publishedDate」で定義されています。

JSONデータにどのように情報が入っているのか確認してみましょう。

取得したYahooニュースのJSONデータ構造

```
"responseData": {
    "results": [
        {
            "title": "おまけ付き食品 8％の線引き案",
            "unescapedUrl": "http://news.yahoo.co.jp/pickup/6184221",
            "publishedDate": "Tue, 15 Dec 2015 20:13:24 +0900",
            "enclosure": "\n",
```

上記のJSONデータの構造を見ると、「responseData」という辞書型のデータのなかに「results」という配列のデータが入っており、その配列のなかに辞書型で「title」と「publishedDate」が格納されているのがわかると思います。NewsReaderアプリではこの「title」と「publishedDate」を抽出します。この処理をパース（解析）といいます。

まず取り出したいのは記事の一覧データが格納された「results」という配列なので、この配列データを取り出し、NSArrayクラスの配列newsDataArrayに格納しましょう。

ViewController.swift

```swift
14    // ニュース一覧データを格納する配列
15    var newsDataArray = NSArray()
```

```swift
21        Alamofire.request(.GET, requestUrl).responseJSON { response in
22            switch response.result {
23            case .Success(let json):
24            //JSONデータをNSDictionaryに
25            let jsonDic = json as! NSDictionary
26            // 辞書化したjsonDicからキー値 "responseData" を取り出す
27            let responseData = jsonDic["responseData"] as! NSDictionary
28            //responseDataからキー値 "results" を取り出す
29            self.newsDataArray = responseData["results"] as! NSArray
30            print("\(self.newsDataArray)")
```

まず、最初にnewsDataArrayというNSArrayクラスの配列を作成しました。そしてAlamofireのrequestメソッドのなかで、as演算子を使って取得したJSONデータをNSDictionaryクラスに変換してjsonDicに格納しています。このjsonDicからキー値 "responseData" を取り出し、responseDataから "results" を取り出して、newsDataArrayに格納しました。

最後にprintでnewsDataArrayに格納された配列をデバッグエリアにアウトプットしています。プロジェクトを実行して、出力結果を見てみましょう。冒頭に "responseData""results" というキー値がなくなりました。

テーブルビューで情報を表示する

POINT
1. テーブルビューを使うための準備
2. データソースとデリゲート
3. 配列、辞書を使ってセルに情報を表示する

ニュースリーダーアプリのイメージ

ニュース記事一覧画面 → Safari

ニュース記事一覧画面の作成

ニュースリーダーアプリではテーブルビューを使って、ニュース情報一覧を表示します。テーブルビューは複数の情報を行（Row）で表示するビューであり、情報メディア系のアプリによく使われているものです。ひとつの行はセル（Cell）と呼ばれていて、このなかにタイトルや画像を表示できます。また、セルをタップしたときのイベントを設定することもできます。

UITableViewクラスを使用するにはイベントが発生したときの処理を設定するUITableViewDelegateとテーブルビューの内容を設定するUITableViewDataSourceをプロトコルに指定しなければいけません。また、この設定はストーリーボードに配置したテーブルビューにも必要となります。

■ テーブルビューの配置

❶ Object Library（◎）からTable View を選択し、View Controllerにドラッグ＆ドロップします。

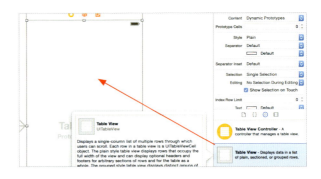

扱いやすいようにView Controllerの画面サイズを「iPhone 4-inch」に設定しておきましょう。

❷ オートレイアウトでTable Viewの設定をします。Pin（|□|）で「Constrain to margins」のチェックを外し、Trailing SpaceとLeading Spaceの数値を「0」、Top SpaceとBottom Spaceの数値を「0」に設定して、「Add 4 Constraints」ボタンをクリックします。

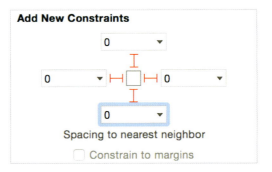

❸ Attributes Inspector（▽）でPrototype Cellsを「0」から「1」に変更してください。

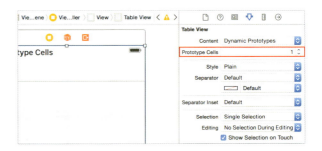

Table ViewにPrototype Cells（Table View Cell）が追加されます。このセルがリスト表示されるセルとなります。

❹ Cell（Table View Cell）を選択し、Attributes Inspector（▽）のIdentifierに「Cell」と名前を付けます。

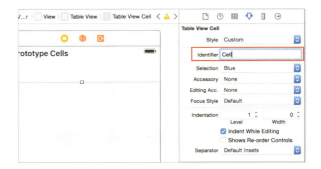

❺ Table Viewを選択し、Size Inspector（􀘴）で、Row Heightを80ポイントに設定します。

Size inspectorでは配置したオブジェクトの位置やサイズなどを設定できます。また、オートレイアウトの設定もできます。

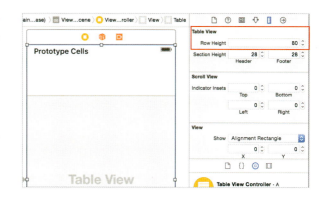

❻ Table Viewを選択し、Connections Inspector（􀄫）のOutletsでdatasourceとdelegateをView Controllerのアイコン􀪏に接続します。

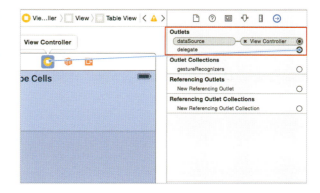

UITableViewの実装

ストーリーボードでテーブルビューの配置ができましたので、プログラムで実装しましょう。UITableViewを使用するには、いくつかの準備が必要です。

UITableViewを使用するための準備

UITableViewを使用するにはプログラム上でUITableViewDataSourceとUITableViewDelegateのプロトコルの指定をしなくてはいけません。さらにUITableViewを使うための変数でDataSourceとDelegateの参照先の設定もする必要があります。また、JSONデータの取得・パースが完了したタイミングでTable Viewで読み込む処理が必要です。それでは、まずはプロトコルの指定をしましょう。

ViewController.swift

```
13  class ViewController: UIViewController,
          UITableViewDataSource, UITableViewDelegate {   Coding
```

ViewController.swift

```
16        // テーブルビュー
17        @IBOutlet var table :UITableView!      Coding
18
19        override func viewDidLoad() {
20            super.viewDidLoad()
21            // Table View の DataSource 参照先指定
22            table.dataSource = self
23            // Table View のタップ時の delegate 先を指定         Coding
24            table.delegate = self
```

メンバ変数としてUITableViewを使うためのtableを作成し、viewDidLoadメソッドのなかでtableのdataSource参照先を指定しました。dataSourceはViewControllerに定義しますので、参照先はselfにします。selfとはこのコードが記述されているクラス自身のことです。セルをタップしたときの処理はUITableViewのデリゲートメソッドで記述します。このdelegateの参照先もselfにします。

ViewController.swift

```
37            print("\(self.newsDataArray)")
38            // ニュース記事を取得したらテーブルビューに表示
39            self.table.reloadData()        Coding
```

Alamofire.requestメソッドでJSONデータを取得・パースが完了したタイミングでtableのデータを読み込むreloadData()を追加しました。この処理により、HTTP通信で取得したデータをTable Viewに反映させ表示できます。ここまで準備できたら、ストーリーボードで配置したテーブルビューに接続しましょう。

❶ Main.storyboardで View Controller のアイコン を選択して、Connections Inspector ( ) を開きます。

❷ ViewController.swiftで宣言したtableが表示されているので、Table Viewに接続します。

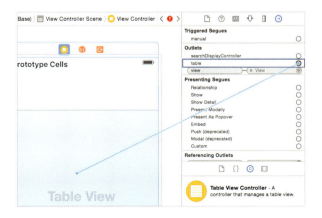

さて、UITableViewDataSourceのプロトコルを追加した時点でエラーが出たことに気づいたでしょうか。エラーのメッセージにはType 'ViewController' does not conform to protocol 'UITableViewDataSource'とあります。これはUITableViewDataSourceを使う上で必要な設定が行われていないことに対するエラーです。

ViewController.swift

```
13  class ViewController: UIViewController ,UITableViewDataSource,UITableViewDelegate{
14      //ニュース一覧データを格納する配列        Type 'ViewController' does not conform to protocol 'UITableViewDataSource'
```

UITableViewDataSourceのプロトコルを追加した場合、テーブルビューに表示するセルの数と、セルの内容を設定するデータソースメソッドを記述しなければいけません。

■ テーブルビューのセルの数を設定

ViewController.swift

```
46      // テーブルビューのセルの数を newsDataArray に格納しているデータの数で設定
47      func tableView(tableView: UITableView,
            numberOfRowsInSection section: Int) -> Int {
48          return newsDataArray.count
49      }
```

テーブルビューのセルの数を決めるメソッドは、戻り値がInt型になっています。このメソッドではセルの数を戻り値に設定しなくてはいけません。アプリではJSONデータで取得したnewsDataArrayデータの配列の要素数を取得してセットしています。これによりHTTP通信でGoogleニュースより取得できた記事の数だけセルが用意されます。

■ テーブルビューのセルの表示内容を設定

ViewController.swift

```
50      // セルに表示する内容を設定
51      func tableView(tableView: UITableView, cellForRowAtIndexPath
            indexPath: NSIndexPath) -> UITableViewCell {
52          // StoryBoard で取得した Cell を取得
53          let cell = UITableViewCell(style:
                UITableViewCellStyle.Subtitle, reuseIdentifier: "Cell")
54          // ニュース記事データを取得（配列の "indexPath.row" 番目の要素を取得）
55          let newsDic = newsDataArray[indexPath.row] as! NSDictionary
```

```
56              // タイトルとタイトルの行数、公開日時をCellにセット
57              cell.textLabel!.text = newsDic["title"] as? String
58              cell.textLabel!.numberOfLines = 3
59              cell.detailTextLabel!.text = newsDic["publishedDate"]
                        as? String
60              return cell
61          }
```
— Coding

テーブルビューのセルの内容を設定するメソッドは戻り値がUITableViewCellになっています。そこで、このメソッドのなかでUITableViewCellを使うための変数を作成しています(セルのreuseIdentifierにストーリーボードで設定した"Cell"を設定しています)。

newsDataArrayから情報を取り出すのはインデックスパス(indexPath)を利用しています。インデックスパスとはテーブルビューの配列番号です。この番号を利用して、newsDataArrayからセルに掲載する辞書型の記事情報を取り出し、"title"と"publishedDate"をキー値にもつデータを取得し、セルのラベル要素にセットしています。

データが表示されているかiOSシミュレータで確認してみましょう。

主なUITableViewDataSourceメソッド	内容
tableView(tableView:UITableView, numberOfRowsInSection section:Int)	Table ViewのCellの数を決定
tableView(tableView: UITableView, cellForRowAtIndexPath indexPath: NSIndexPath)	セルに対して何を表示させるかを決定
numberOfSectionsInTableView(tableView: UITableView)	Table Viewのセクションの数を決定
tableView(tableView: UITableView, heightForRowAtIndexPath indexPath: NSIndexPath)	セルの高さを決定
tableView(tableView: UITableView, titleForHeaderInSection section: Int)	Table Viewのヘッダー部分のタイトルを決定
tableView(tableView: UITableView, heightForHeaderInSection section: Int)	Table Viewのヘッダー部分の高さを決定
tableView(tableView: UITableView, titleForFooterInSection section: Int)	Table Viewのフッター部分のタイトルを決定
tableView(tableView: UITableView, heightForFooterInSection section: Int)	Table Viewのフッター部分の高さを決定

■ テーブルビューのセルがタップされた処理

ViewController.swift

```
62        // テーブルビューのセルがタップされた処理
63        func tableView(tableView: UITableView,
              didSelectRowAtIndexPath indexPath: NSIndexPath) {
64            // セルのインデックスパス番号を出力
65            print(" タップされたセルのインデックスパス :\(indexPath.row)")
66        }
```

UITableViewのデリゲートメソッドでセルがタップされたときの処理を追加しました。
動作確認のためにセルをクリックしたらデバッグエリアにを出力するようにしています。

デリゲート(Delegate)は直訳すると「委譲する」という意味です。簡単にいうと「任せる」ということになります。テーブルビューではTable Viewのオブジェクトが「セルをタップされたタイミング」でView Controllerに処理を委譲し(任せ)、View Controllerはそのときに「何番目のセルがタップされたのか」という情報を取得しています。

Master-Detail Applicationテンプレートを使う

これまでプロジェクトの作成はSingle View Applicationのテンプレートを使ってきました。これは最もシンプルなテンプレートであり、勉強するには最適なものです。しかし、今回のようなテーブルビューを使い、ナビゲーションコントローラーで画面を遷移するようなアプリではMaster-Detail Applicationを使うと便利です。このテンプレートでは最初からテーブルビューを使うのに必要なコードが記述されており、ナビゲーション型の画面遷移を行うことができます。

Master 画面　　Detail 画面　　セルの追加　　セルの削除

テーブルビューのデリゲートメソッドを利用して、newsDataArrayに格納されている記事のURL情報を取得し、iPhoneのWebブラウザSafariで記事サイトが掲載されたサイトを表示させます。

ViewController.swift

```swift
62      // テーブルビューのセルがタップされた処理を追加
63      func tableView(tableView: UITableView,
            didSelectRowAtIndexPath indexPath: NSIndexPath) {
64          // セルのインデックスパス番号を出力
65          print(" タップされたセルのインデックスパス :\(indexPath.row)")
66          // ニュース記事データを取得（配列の要素で"indexPath.row"番目の要素を取得）
67          let newsDic = newsDataArray[indexPath.row] as! NSDictionary
68          // ニュース記事のURLを取得
69          let newsUrl = newsDic["unescapedUrl"] as! String
70          // StringをNSURLに変換
71          let url = NSURL(string:newsUrl)!
72          //UIApplicationインスタンスを作成
73          let app = UIApplication.sharedApplication()
74          //openURLメソッドでURLを引数にWEBブラウザSafariを起動
75          app.openURL(url)
76      }
```

セルの内容を取得したときと同じようにnewsDataArrayからセルに掲載する辞書型の記事情報を取り出し、記事のURL情報に関連付けられた"unescapedUrl"をキー値にもつデータを取得しています。このURL情報をNSURLに変換し、UIApplicationのインスタンスを作成しています。最後に.openURLメソッドの引数にURLを持たせています。このメソッドが実行されると、WebブラウザSafariが起動し、引数のURLのWebページが表示されます。

Webブラウザを作成し、記事を表示する

POINT
1. ストーリーボードでWebブラウザを作る
2. ナビゲーションコントローラでWebブラウザに遷移する
3. Webページ表示のために必要な機能を実装する

Webブラウザをアプリ内に設置する

UIApplicationのopenURLメソッドを使って、Safariを起動し、ニュース記事のWebページを表示することが出来ました。これでアプリとしての機能は果たしているように思えますが、この仕様だとユーザーは満足しないかもしれません。なぜなら、Safariを起動してニュース記事を表示してしまったら、またニュースの一覧を見たいときに、SafariからNewsReaderアプリに移動しなくてはいけないからです。ユーザー視点で考えると出来るだけひとつのアプリのなかで処理を完結させた方がいいでしょう。なによりiOS開発でWebページの表示はそれほど難しくありません。Webビュー(Web View) というオブジェクトを使えば、ストーリーボードの構築だけである程度のWebブラウザの機能は作れてしまいます。

■ Webブラウザ画面の作成

❶ Object Library（⊙）からView Controllerを選択し、キャンバス上に配置します。

扱いやすいようにView Controllerの画面サイズを「iPhone 4-inch」に設定しておきましょう。

❷ Object Library（⊙）からツールバー（Toolbar）を選択し、設置したView Controllerの画面下に配置します。

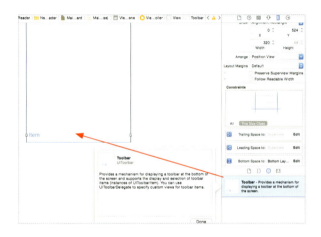

Toolbarは専用のボタンを配置できるオブジェクトです。
オートレイアウトのPin（├┤）でConstrain to Margins のチェックを外しBottom Spaceの数値を「0」に、Trailing SpaceとLeading Spaceを「0」に設定して、「Add 3 Constraints」ボタンをクリックします。

❸ Object Library（⊙）からWebビューを選択し、設置したツールバーの上に配置します。

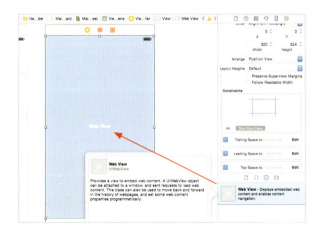

オートレイアウトのPin（├┤）でConstrain to Margins のチェックを外しTop Spaceの数値を「0」に、Trailing SpaceとLeading Spaceを「-16」に設定して、「Add 3 Constraints」ボタンをクリックします。

❹ Object Library（ ）から Bar Button Item を選択し、設置したツールバー内に4つ配置します。

ツールバーに Bar Button Item はデフォルトでひとつ設置されているので3つ追加します。

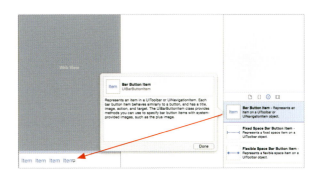

❺ 各 Bar Button Item の Attributes Inspector（ ）で Title と Identifier で設定します。

一番左の Bar Button Item の title を「戻る」、2つ目の title を「進む」に設定。3つ目の System Item を「Reflesh」、4つ目を「Stop」に設定します。

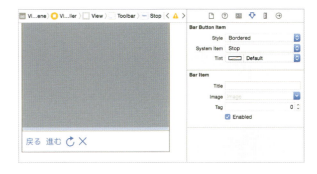

❼ Object Library（ ）から Flexible Space Bar Button Item を選択し、Bar Button Item の間に挿入します。

Flexible Space Bar Button Item はスペースを与えるオブジェクトです。これにより Bar Button Item の位置が均等に配置されます。

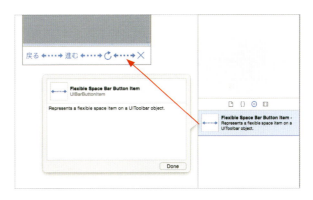

❽ Web ビューを選択して、Connections Inspector（ ）を表示します。Received Actions で一番左の Bar Button Item に「goBack」を接続します。2つ目に「goFoward」、3つ目に「reload」、4つ目に「stopLoading」を接続します。

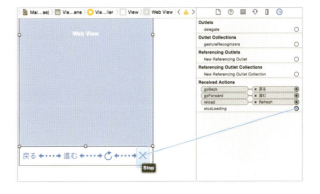

■ Webブラウザに対応するWebViewControllerの作成

❶ Fileメニューから「New ▶ File...」を選択します。テンプレートメニューのiOSのSourceから「Cocoa Touch Class」を選択します。

❷ Classに「WebiViewController」と入力し、Subclass ofは「UIViewController」を選択します。「Next」ボタンをクリックして、プロジェクト内に作成します。

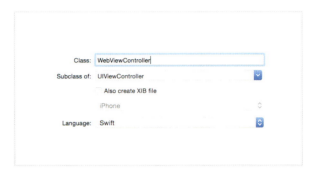

❸ Main.storyboardを開き、先ほど追加したView Controllerを選択します。Identity Inspector（📋）を表示して、Custom ClassのClassから「WebViewController」を選択します。

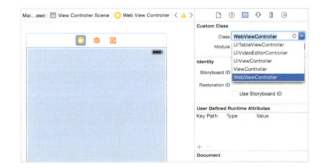

■ UIWebViewの実装

ストーリーボードで配置したWebビューにWebページを表示させるために、WebViewControllerでUIWebViewを実装しましょう。

まず、UIWebViewクラスを使うための変数を作成します。また、Webページを表示するためにURLを格納するString型のメンバ変数も宣言します。

Webサイトの表示処理はviewDidLoadに記述しましょう。URLを格納した文字列をNSURLに変換し、NSURLRequestにURLの情報を格納します。この変数から、UIWebViewのloadRequestメソッドを使って、Webページの読み込みをします。

WebViewController.swift

```swift
11  class WebViewController: UIViewController {
12      //UIWebViewを使うための変数を作成
13      @IBOutlet var webview :UIWebView!
14      //URLを格納するString変数を作成
15      var newsUrl = "https://google.com"
16
17      override func viewDidLoad() {
18          super.viewDidLoad()
19          //String変数newsUrlをNSURLに変換
20          let url = NSURL(string :newsUrl)!
21          //NSURLRequestにURL情報を渡す
22          let urlRequest = NSURLRequest(URL: url)
23          //URL情報を引数にUIWebViewクラスのロードメソッド実行
24          webview.loadRequest(urlRequest)
25      }
```

表示するWebサイトのURLはとりあえず検索サイトGoogleに設定しました。
確認のためにアプリ起動画面をWebViewControllerに設定します。その後にストーリーボードで配置したWebビューに変数webViewを接続しましょう。

❶ Main.storyboardでView Controllerの左に表示されている矢印をドラッグしてWebViewControllerに移動します。

❷ WebViewController を選択して、Connections Inspector ( ) を開きます。Outletsに表示されているWebViewを、配置したWebビューに接続しましょう。

iOSシミュレータを起動し、Webページの表示、ツールバーのボタンが正しく機能しているか確認してください。

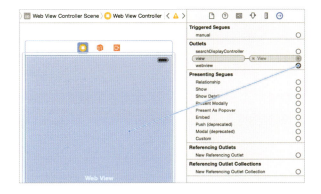

■ ニュース一覧画面からニュース画面への遷移

Webビューの実装が確認できたら、起動画面の設定（矢印）をView Controllerに戻しましょう。今度はView ControllerからWebViewControllerへの画面遷移の設定を行います。ニュースを読み終わったら一覧画面にすぐに戻れるように、ナビゲーション型の画面遷移にしましょう。

❶ View Controllerのアイコン ⬜ を選択し、Editorメニューから「Embed In ▶ Navigation Controller」を選択します。

キャンバスにNavigation Controllerが設置されます。

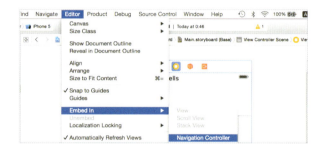

❷ View Controllerのアイコン ⬜ を選択し、 control キーを押しながらWebViewControllerにドラッグします。

Segueパレットが表示されるのでManual Segueの「Show」を選択します。

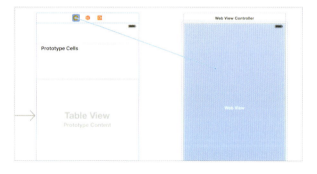

❸ Segueのアイコンを選択し、Attributes Inspector(🛡) を表示します。

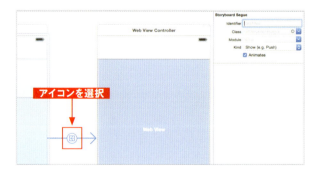

❹ Identifierを「toWebView」とします。

テーブルビューのデータの受け渡し

ユーザーがニュース一覧画面から読みたいニュースのセルをタップしたら、アプリ内のWebブラウザでニュースのWebページを表示します。この時にWebブラウザ側で必要となるのはニュース記事のURLデータです。セルがタップされたら、WebViewControllerに遷移し、URLデータを受け渡すようにしましょう。

まずUITableViewのデリゲートメソッドのなかで、ニュース記事のURLを取得していたnewsUrlという変数をメンバ変数として宣言しましょう。

ViewController.swift

```
18      // ニュース記事のURLを格納するString変数
19      var newsUrl = ""          Coding
```

次にUITableViewのデリゲートメソッドを変更し、performSegueWithIdentifierメソッドでWebViewControllerへ遷移するコードを記述します。

ViewController.swift

```
64      // テーブルビューのセルがタップされた処理を追加
65      func tableView(tableView: UITableView,
            didSelectRowAtIndexPath indexPath: NSIndexPath) {
66          // ニュース記事データを取得（配列の要素で"indexPath.row"番目の要素を取得）
67          let newsDic = newsDataArray[indexPath.row] as! NSDictionary
68          // ニュース記事のURLを取得
69          newsUrl = newsDic["unescapedUrl"] as! String
70          //WebViewController画面へ遷移
71          performSegueWithIdentifier("toWebView", sender: self)
72      }
```

Safariを起動するためのUIApplicationの作成やopenURLメソッドなど不必要なコードをカットして、performSegueWithIdentifierメソッドの引数にMain.storyboardで設定したSegueのIdentifier "toWebView"を設定します。また、セルをタップした時にそのニュース記事のURLデータを取得し、newsUrlに格納しています。

次はprepareForSegueメソッドを使って、WebViewControllerにnewsUrlに格納されたデータを渡します。

ViewController.swift

```
73      //WebViewController へ URL データを渡す
74      override func prepareForSegue(segue: UIStoryboardSegue,
            sender: AnyObject?) {
75          // セグエ用にダウンキャストした WebViewController のインスタンス
76          let wvc = segue.destinationViewController as! WebViewController
77          // 変数 newsUrl の値を WebViewController の変数 newsUrl に代入
78          wvc.newsUrl = newsUrl
79      }
```

performSegueWithIdentifierが実行されると、画面遷移が完了する前にprepareForSegueメソッドが呼ばれます。そこでWebViewControllerに遷移する前にニュース記事のURL情報を渡しています。それではちゃんとURL情報を渡すことができて、WebViewController画面でタップした記事のWebページが表示されるか確認してみましょう。ビルドしてみてください。

アプリの仕上げをしよう

これでNewsReaderアプリに必要な機能を実装することが出来ました。それでは最後の仕上げをおこなっていきましょう。

ナビゲーションバーのタイトルの設定

現状ではナビゲーションバーに何も表示されていません。このナビゲーションバーにタイトルを設定しましょう。View Controllerには「News Reader」というタイトルを、WebViewControllerには表示するニュースの配信元(publisher)の名前を表示させます。

View Controllerのタイトルは viewDidLoad メソッドのなかで title プロパティを使って設定できます。

ViewController.swift

```swift
22          super.viewDidLoad()
23          //ViewControllerのタイトルを設定
24          self.title = "News Reader"      Coding
```

WebViewControllerのタイトルの設定のために、ユーザーがセルをタップした時に、ニュースの配信元を取得する String 型のメンバ変数 publisher を作成します。

ViewController.swift

```swift
20          // ニュース記事の配信元を格納する String 変数
21          var publisher = ""     Coding
```

タップされた情報を取得するためにUITableViewのデリゲートメソッドでニュースの配信元のデータを取得し、変数 publisher に格納します。

ViewController.swift

```swift
71          let newsDic = newsDataArray[indexPath.row] as! NSDictionary
72          // ニュース記事の URL を取得
73          newsUrl = newsDic["unescapedUrl"] as! String
74          //ニュースの配信元名を取得
75          publisher = newsDic["publisher"] as! String     Coding
```

prepareForSegue メソッドで作った WebViewController のインスタンスに title プロパティを使って、publisher のデータを代入します。

ViewController.swift

```swift
80      override func prepareForSegue(segue: UIStoryboardSegue,
            sender: AnyObject?) {
81          // 遷移先にアクセスする変数
82          var wvc = segue.destinationViewController as! WebViewController
83          // 変数 newsUrl の値を WebViewController の変数 newsUrl に代入
84          wvc.newsUrl = newsUrl
85          //title プロパティで WebViewController のタイトルに publisher を代入
86          wvc.title = publisher     Coding
```

■ Webページの読み込みインディケータを表示する

通信環境によって異なりますが、ニュース記事一覧画面からWebブラウザ画面に遷移した後に、ナビゲーションバーの下の画面が白色の状態になってしまいます。これはWebページの読み込みで生じるタイムラグです。すぐにWebページが表示されれば問題はありませんが、なかなか情報が表示されないと、ちゃんとWebページの読み込みが行われているのか、ユーザーにストレスを与えることになります。そこでWebページを読み込んでいる間はインディケータを表示しましょう。

Webページの読み込みと終了のタイミングはUIWebViewのデリゲートメソッドで取得することができます。WebViewControllerにUIWebViewDelegateのプロトコルを追加しましょう。また、インディケータを表示するためにUIActivityIndicatorViewを使うための変数も作成します。

WebViewController.swift

```swift
10  //UIWebViewDelegate のプロトコルを指定
11  class WebViewController: UIViewController, UIWebViewDelegate {
12      // インディケータを使うための変数を作成
13      var indicator = UIActivityIndicatorView()
```

ViewDidLoadでUIWebViewDelegateの設定、indicatorの設定を行います。indicatorはcenterプロパティを使って画面の中央に配置します。また色はデフォルトが白なのでグレーにしました。

WebViewController.swift

```swift
19      override func viewDidLoad() {
20          super.viewDidLoad()
21          //UIWebViewDelegate の参照先を設定
22          webview.delegate = self
23          // インディケータを画面中央に設定
24          indicator.center = self.view.center
25          // インディケータのスタイルをグレーに設定
26          indicator.activityIndicatorViewStyle =
                  UIActivityIndicatorViewStyle.Gray
27          // インディケータを webview に設置
28          webview.addSubview(indicator)
```

Webページの読み込みが開始されるタイミングはUIWebViewのデリゲートメソッドwebViewDidStartLoadで取得することができます。また、読み込みが終了したタイミングはwebViewDidFinishLoadで取得することができます。このメソッドのなかでindicatorを設定します。

WebViewController.swift

```
37      //Webページの読み込み開始を通知
38      func webViewDidStartLoad(webView: UIWebView) {
39          // インディケータの表示アニメを開始
40          indicator.startAnimating()
41      }
42
43      //Webページの読み込み終了を通知
44      func webViewDidFinishLoad(webView: UIWebView) {
45          // インディケータを停止
46          indicator.stopAnimating()
47      }
```

webViewDidStartLoadメソッドのなかで、indicatorにstartAnimatingを設定し、インディケータがクルクルと回るアニメーションを表示しています。そしてwebViewDidFinishLoadメソッドのなかでindicatorのアニメーションを停止しています。このstopAnimatingによってインディケータは非表示になります。

これでNewsReaderアプリは完成です。テーブルビューの使用は設定しなくてはいけない要素も多く、iPhoneアプリ開発を始めたばかりの方は挫折される方も多いです。しかし、iPhoneアプリではよく使われるビューなので、ぜひマスターしましょう。またWebビューを使い、Webと連携するアプリは非常に大きな可能性を秘めています。このNewsReaderアプリを参考にWebと連携したアプリ開発にチャレンジしてください。

COLUMN

アプリに広告を掲載するには

無料アプリのマネタイズ方法で最も行われているのは広告の掲載と言えるでしょう。アプリに広告を掲載する代表的な手段は広告を配信するアドネットワークの利用です。

アドネットワークは多数あります。アップル社のiAD、Google社のAdMob、InMobiなどは世界的に展開しているアドネットワークです。一方、日本で大きなアドネットワークを展開するi-mobileやnendなどもあります。リリースするアプリが日本をターゲットにしているのか、世界をターゲットにするかで使用するアドネットワークも変わってくるでしょう。また複数の広告サービスを利用できるSSP（Supply-Side Platform）というものもあります。これは広告を表示する時に最適な広告を自動的に選択する仕組みであり、使用したいアドネットワークを複数設定することができます。

アプリに掲載される広告で代表的なものはバナー広告です。バナー広告は、広告表示を設定している画面内に常に表示されるものとなります。なのでバナー広告を掲載する予定のアプリは、それを考慮した画面設計をする必要があります。

また、バナー広告とは異なり全画面に表示する広告もあります。このタイプの広告は、表示するタイミングを設定しなくてはいけません。アプリ起動時に表示させたり、画面が切り替わるタイミングで表示させたりなどの設定を行います。

こうした広告はプログラムに組み込むことになりますが、基本的に各アドネットワークは広告を組み込むためのSDK（ソフトウェア開発キット）を提供しています。このSDKをプロジェクトに組み込み、掲載する広告サービスが必要とするフレームワークをインポートし、プログラム内で表示設定や広告を識別するIDを設定することで広告を表示することができます。

アドネットワークではバナー広告や全画面広告以外にもさまざまなタイプの広告を提供しています。しかし、広告のタイプによってはApp Storeでのリリースがリジェクト（却下）される場合があります。まず、広告内容はアプリ申請時に設定するレーティングに準ずるものでなくてはいけません（レーティングに関しては319ページ参照してください）。また、アプリ申請の手続きのなかにはIDFA（Advertising Identifier）の使用に関するチェック項目があります。IDFAとは広告識別子と言われるもので、広告を掲載している場合は基本的にIDFAを使用していると申請した方がよいでしょう（ただし、IDFAを広告用に使用していると申請して、審査時に広告が表示されない場合は申請を却下されることもあります）。またアイコン型の広告やリワード広告（成功報酬型の広告の一種）を使用しているアプリもリジェクトされるケースがあります。アプリに広告を組み込む場合は、iPhoneアプリにはどのような広告が掲載できるかを事前に調べておいた方がよいでしょう。

TEXT：桑村治良

スマホならではの
スタンプカメラを作ろう

Chapter 9

カメラ機能をアプリに取り込もう

POINT

① Autoresizing を使う

② 様々なデリゲートメソッドの使い方を学ぶ

③ UIImagePickerController で画像を取得する

 スタンプカメラアプリの概要

iPhoneアプリのなかでも特に人気が高いのはカメラ機能を使ったアプリです。FacebookやLINEなどのSNSでは、写真を使ったコミュニケーションが一般化しています。また多くの写真フィルタを搭載した画像共有SNS・インスタグラムはApp Storeに登場してから、瞬く間に世界を席巻しました。今後も様々な写真を使ったコミュニケーションが、iPhoneを使って行われていくでしょう。

この章ではカメラアプリのなかでも人気の高いスタンプカメラを制作します。スタンプカメラは、アプリ内で保有しているスタンプ画像を写真の上で好きなところに配置し、合成画像が作れるアプリです。このアプリでは以下の機能を実装します。

- iPhoneやiPadのカメラで撮影した写真、もしくは端末内の写真をアプリ内に取り込む機能
- コレクションビューを使った、スタンプ一覧の表示。
- 選択したスタンプ画像を写真上の好きな位置に、一本指でドラッグアンドドロップできる機能

このスタンプカメラは、これまでの章のアプリと比べて難易度はやや高めになります。独自クラスの作り方、プロトコルの指定、デリゲートメソッドの使用などを行います。もし分からない箇所があれば、これまでの章を復習してみてください。

なお、写真を撮影する機能は実機のiPhoneがないとシミュレーションすることは出来ませんが、スタンプカメラならカメラロールに保存されている写真でシミュレートをすることが出来ます。

このスタンプカメラの開発をマスターすれば、スタンプ画像を好みのスタンプに入れ替えることで、オリジナルのカメラアプリを作ることができます。ぜひ、トライしてみてくださいね。

ユーザーインターフェイスの作成

スタンプカメラアプリの完成イメージ

■ StampCameraプロジェクトの作成

❶ Xcodeを起動し、新規プロジェクトの作成を行います。テンプレートは「Single View Application」を選択します。

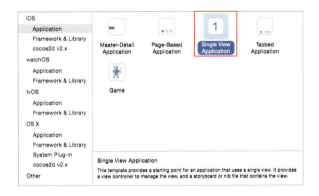

❷設定画面で下記の設定を行い、任意の場所にプロジェクトを作成します。

①Product Nameは「StampCamera」と入力します。
②Organization Name、Organization Identifierは任意で結構です。
③Languageは「Swift」を選択。
④Devicesは「iPhone」を選択。

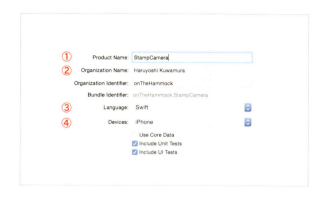

❸アプリの設定画面のDeployment InfoでDevice Orientationの「Portrait」のみチェックを入れます。

❹サポートサイトからダウンロードしたChapter9「素材」フォルダの「images」をプロジェクトにドラッグします。

素材を取り込む時に「Copy items if needed」にチェックし、Added foldersは「Create groups」を選択しましょう。

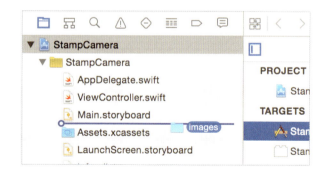

■ インターフェイス画面の作成

今回のアプリの開発では、インターフェイス画面を作るためにストーリーボードを使いますが、オートレイアウトは使いません。スタンプカメラは配置したスタンプ画像を画面上で自由に動かします。このように動的に画面の構成要素を動かす必要があるアプリの場合は、オートレイアウトを使わない方が効率的に開発ができるからです。
オートレイアウトを使わない場合は、ストーリーボードで設定をする必要があります。

❶ Main.storyboardで、View Controllerを選択してFile Inspector（ ）で、「Use Auto Layout」のチェックを外します。

File Inspectorでは選択しているファイルの情報や設定を行うことができます。

❷ アラートが表示されるので「Disable Size Classes」ボタンをクリックします。

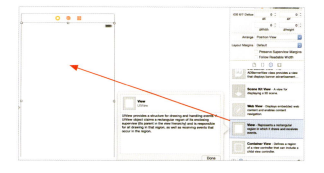

❸ Object Library（ ）からViewを選択し、View Controllerにドラッグ＆ドロップします。

このViewは画像やスタンプを表示するための下地になります。

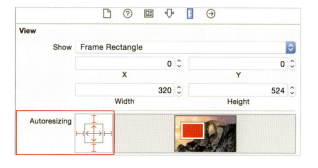

❹ ViewのサイズをSize Inspector（ ）でShowを「Frame Rectangle」に設定してフレームを下記のように設定します。またAutoresizingを右の画像のように設定します。

Viewのフレーム設定	
X：0	Width：320
Y：0	Height：524

❺Image ViewをViewに配置します。X、Y、Width、Height、Autoresizingは下地のViewと同じです。またAttributes Inspector（ ）でViewのModeを「Aspect Fill」にします。

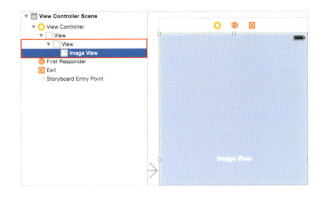

DocumentOutlineの階層を見ると配置したImage ViewがViewのサブビューになっているのがわかります。

❻ツールバーを画面下に配置します。

このツールバーは下地のViewのサブビューにしないようにしましょう。

❼ツールバーのサイズはSize Inspector（ ）のShowを「Frame Rectangle」に設定してフレームを下記のように設定します。またAutoresizingを右の画像のように設定します。

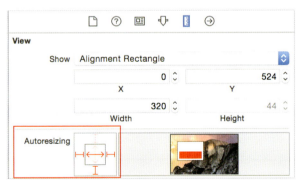

ツールバーのフレーム設定

X：0	Width：320
Y：524	Height：44

❽ツールバー上にBar Button Itemを4つ配置します。

最初からひとつ配置されていますので、新たに3つ追加することになります。

❾Bar Button Itemの間にFlexible Space Bar Button Itemを入れます。

Flexible Space Bar Button Itemを入れることによりBar Button Itemが間隔が均等になります。

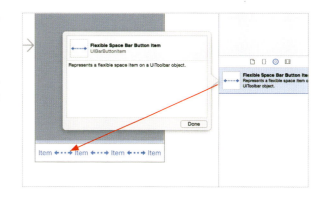

❿各Bar Button ItemのアイコンをAttributes Inspector（ ）のSystem Itemで設定します。

左から順にCamera(カメラ機能)、Action(スタンプ選択)、Trash(スタンプの削除)、Organize(画像の保存)を設定しています。

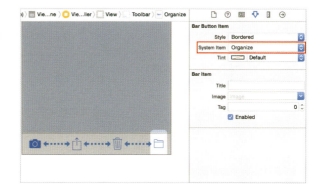

ViewのAutoresizingを左のように設定しましたが、これにより、画面サイズが異なる端末でも、画面下部を除いて常に画面はViewに覆われることになります。
このViewの上に、Image Viewを下地のViewのサブビューになるように配置しましたが、これはカメラで撮影した写真や、デバイスに保存されている写真の表示を行うオブジェクトとなります。設定をAspect Fillにすることによって、端末サイズが異なっても写真の縦横比が正しいままで画面上に表示されます。

ツールバーのAutoresizingは左のように設定しました。これにより画面サイズが変化してもツールバーの幅が画面の幅にフィットするようになります。しかし高さは、画面サイズが変化しても変わりません。

One Point Advice　オートレイアウトとAutoresizing

Autoresizingは親ビューのサイズが変更されたときにどのようにサイズ変更するかということを設定することができます。スタンプカメラでも最初に配置したViewを親Viewとして、子ビューにImage Viewを配置しました。
オートレイアウトは子ビュー同士でもオブジェクトの位置関係を相対的に捉えた制約を付けることができます。
ただ、オートレイアウトの制約の場合、ユーザーの操作によって位置が変わるオブジェクトなどは制御するのが困難になります。

カメラ機能の実装

このアプリではカメラボタンをタップすると、カメラの起動か、フォトライブラリへのアクセスかをユーザーに選択してもらいます。この選択肢の表示はアクションシート (UIActionSheet) を使用します。

■ 選択肢を表示するためのアクションシート

アクションシートはユーザーに選択肢を表示させたい場合や、どのような処理を実行するかを確認する場合に使用します。
それではツールバーに配置したカメラボタンをタップしたら、アクションシートを表示するcameraTappedメソッドを記述しましょう。ストーリーボードで接続するので@IBActionを付けるのを忘れないようにしてください。

ViewController.swift

```swift
17    // アクションシート表示メソッド
18    @IBAction func cameraTapped(){
19        //UIActionSheet を使うための定数を作成
20        let sheet = UIAlertController(title: nil, message: nil,
                  preferredStyle: .ActionSheet)
21        //3つのアクションボタンの定数を作成
22        let cancelAction = UIAlertAction(title: "Cancel",
                  style: .Cancel, handler: {
23                  (action) -> Void in })
24        let cameraAction = UIAlertAction(title: "Camera",
                  style: .Default, handler: {
25                  (action) -> Void in })
26        let LibraryAction = UIAlertAction(title: "Library",
                  style: .Default, handler: {
27                  (action) -> Void in })
28        // アクションシートにアクションボタンを追加
29        sheet.addAction(cancelAction)
30        sheet.addAction(cameraAction)
31        sheet.addAction(LibraryAction)
32        // アクションシートを表示
33        self.presentViewController(sheet, animated: true, completion: nil)
34    }
```

アクションシートを利用する場合は、UIAlertControllerのインスタンスを作成し、初期化時の引数preferredStyleにActionSheetを指定します。アクションシートのボタンは、UIAlertActionクラスの定数を作成します。ボタンを作成する時に引数styleをCancelにすると、キャンセルボタンが作成されます。
作成したアクションボタンは、addActionメソッドの引数にしてアクションシートに追加します。
アクションシートは、presentViewControllerメソッドで画面に表示します。
それでは、このメソッドをストーリーボード上でカメラのBar Button Itemと接続してください。

❶ Main.storyboardでView Controllerのアイコン 🟨 を選択して、Connections Inspector (➡) を開きます。

❷ Received ActionsにViewController.Swiftで宣言したcameraTappedメソッドが表示されているので、右の (○) をドラッグして接続します。

iOSシミュレータを起動して確認しましょう。カメラボタンをクリックするとアクションシートが表示されます。またキャンセルボタンをクリックすると、アクションシートが閉じます。

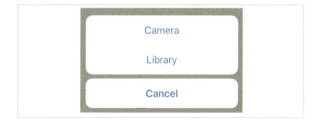

画像を取得するためのUIImagePickerController

カメラやフォトライブラリから画像を取得するためにはUIImagePickerControllerクラスを使用します。UIImagePickerControllerはデリゲートメソッドを使用して、カメラ画面、フォトライブラリ画面を表示させます。この画面遷移にUINavigationControllerを使用しており、UIImagePickerControllerのデリゲートメソッドを使うためには、UIImagePickerControllerDelegateだけでなく、UINavigationControllerDelegateのプロトコルも追加指定しなければいけません。

ViewController.swift

```
10  class ViewController: UIViewController,
        UIImagePickerControllerDelegate, UINavigationControllerDelegate {
```

cameraTapped()メソッドのなかにアクションシートの各ボタンが選択された時の処理を記述して、カメラ画面とフォトライブラリ画面に遷移させましょう。

ViewController.swift

```swift
17      // アクションシート表示メソッド
18      @IBAction func cameraTapped(){
19          //UIImagePickerControllerを使うための定数
20          let pickerController = UIImagePickerController()
21          //UIImagePickerControllerのデリゲートメソッドを使用する設定
22          pickerController.delegate = self
23          //UIActionSheetを使うための定数を作成
24          let sheet = UIAlertController(title: nil, message: nil,
                    preferredStyle: .ActionSheet)
25          //3つのアクションボタンの定数を作成
26          let cancelAction = UIAlertAction(title: "Cancel",
                    style: .Cancel, handler: {
27              (action) -> Void in })
28          let cameraAction = UIAlertAction(title: "Camera",
                    style: .Default, handler: {
29              (action) -> Void in
30              pickerController.sourceType = .Camera
31              self.presentViewController(pickerController,
                    animated: true, completion: nil) })
32          let LibraryAction = UIAlertAction(title: "Library",
                    style: .Default, handler: {
33              (action) -> Void in
34              pickerController.sourceType = .PhotoLibrary
35              self.presentViewController(pickerController,
36              animated: true, completion: nil) })
```

アクションシートのボタンをタップすると、各ボタン定数に格納された処理が実行されます。これにより、カメラ機能を用いるのか、画像選択機能を用いるのかが選択されます。
また、このメソッドの中でpickerController.delegate = selfでデリゲートの設定をしています。これにより後述するimagePickerControllerメソッドが、カメラ画面が閉じるタイミングで呼ばれることになります。そして、presentViewControllerメソッドにより、カメラ画面、もしくは画像選択画面が表示されることになります。
iOSシミュレータを起動してみましょう。カメラを使うことは出来ませんが、フォトライブラリにはアクセスすることができます。

UIImagePickerControllerで取得した画像を表示する

カメラ、もしくはフォトライブラリにアクセスすることは出来ました。次は画像を取得し、UIImageViewを使って表示しましょう。まず、メンバ変数mainImageViewを宣言しましょう。

ViewController.swift

```
12    //UIImagePickerController で取得した画像を表示
13    @IBOutlet var mainImageView:UIImageView!
```

画像を取得するにはUIImagePickerControlerのデリゲートメソッドimagePickerControllerを使用します。このメソッドのなかでmainImageViewに取得した画像を設定し、カメラ画面もしくはフォトライブラリ画面を閉じます。

ViewController.swift

```
44    //UIImagePickerController 画像取得メソッド
45    func imagePickerController(picker:
          UIImagePickerController, didFinishPickingImage
          image: UIImage, editingInfo: [String : AnyObject]?) {
46        // 引数 image に格納された画像を mainImageView にセット
47        mainImageView.image = image
48        // カメラ画面もしくはフォトライブラリ画面を閉じる
49        self.dismissViewControllerAnimated(true, completion: nil)
50    }
```

❶ Main.storyboardでView Controllerのアイコン □ を選択して、Connections Inspector (⊖) を開きます。

❷ OutletsにViewController.Swiftで宣言したmainImageViewが表示されているので、右の(○)をドラッグして接続します。

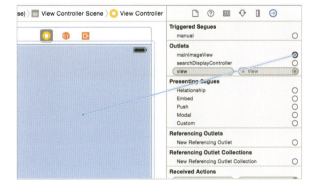

それではシミュレータもしくは実機で確認してみてください。取得した画像が画面に表示されます。

スタンプ画像を配置して合成画像を作る

POINT

1. コレクションビューの使い方
2. UIImageView クラスに機能を追加した独自クラスを作る
3. プログラムで画像の合成を行う

スタンプ選択画面の作成

カメラを使った画像の取得、そしてフォトライブラリからの画像の取得を行うことができました。次はスタンプ画像を選択し、その画像を画面内に自由にドラッグして配置するという機能を実装します。スタンプ一覧画面はコレクションビュー(Collection View)を使って作成します。まずは、Main.storyboardで新しくView Controllerを配置しましょう。

❶ Main.storyboardで、Object-Library( )からUIViewControllerを配置します。

❷最初にあったView Controllerのアイコン■を選択し、 control キーを押しながら新規に配置したView Controllerにドラッグします。ドロップすると、選択肢が表示されますので、「modal」を選択します。

❸Segueアイコン（■）を選択し、Attributes Inspector（■）で、Identifierに「ToStampList」と名前を付けます。

❹新規に追加したView ControllerにObject Library（■）からコレクションビューをドラッグします。Size Inspector（■）でViewの設定を下記のようにします。

❺コレクションビューには最初からCollection View Cellがひとつ配置されています。Document Outlineからこのセルを選択し、Attributes Inspector（■）で、Identifierに「Cell」と名前を付けます。

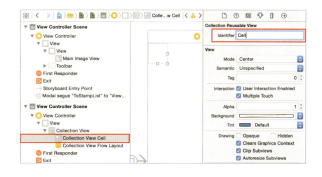

❻ コレクションビューを選択し、SizeInspector（📏）のCell Sizeのwidthを「100」、Heightを「100」に設定します。

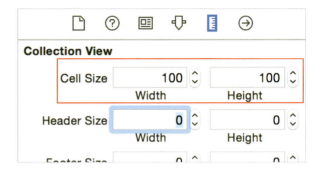

❼ セルにImageViewを配置します。Attributes Inspector（🛡）で、ViewのTagに「1」を設定します。SizeInspector（📏）でwidthを「100」、Heightを「100」に設定します。

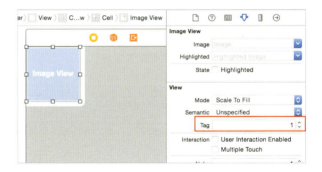

❽ コレクションビューの下にボタンを配置して、Attributes Inspector（🛡）でTitleを「Close」とします。

AutoresizingはView Controller作成時にツールバーで設定したように下に固定してください。

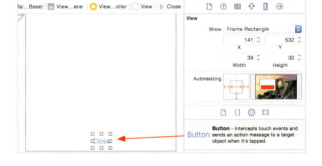

❾ 新しい画面に対応するSwiftファイル「StampSelectViewController.swift」を作成します。このファイルのサブクラスはUIViewControllerを選択します。Main.storyboardで新しく作成したView Controllerを選択し、Identitiy Inspector（🪪）で作成したSwiftファイルに設定します。

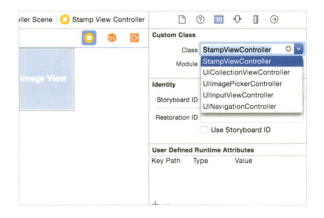

コレクションビューの作成

新しく作成した「StampSelectViewController.swift」で、UICollectionViewを使うためのコードを記述します。

■ UICollectionViewのデータソースメソッドの設定する

UICollectionViewを使うためには、UICollectionViewDataSourceとUICollectionViewDelegateのプロトコルを指定します。UICollectionViewDataSourceは、コレクションビューの数や内容を設定するためのメソッドを使うために必要なプロトコルです。UICollectionViewDelegateは、セルがタップされた時のメソッドなどを使うために必要なプロトコルです。

StampSelectViewController.swift

```
11  class StampSelectViewController: UIViewController ,
        UICollectionViewDataSource, UICollectionViewDelegate {
```

UICollectionViewDataSourceのプロトコルを指定すると、コレクションビューの数を設定するcollectionView〜numberOfItemsInSectionメソッドと、コレクションビューの内容を設定するcollectionView〜cellForItemAtIndexPathメソッドを実装しなければエラーが表示されます。まずは、この2つのメソッドを使ってコレクションビューの設定をしましょう。
そのためにUIImageを格納する配列imageArrayをメンバ変数として宣言し、viewDidLoadメソッドのなかで、スタンプ画像1〜6.pngをimageArrayに格納します。

StampSelectViewController.swift

```
12      // 画像を格納する配列
13      var imageArray:[UIImage] = []
14
15      override func viewDidLoad() {
16          super.viewDidLoad()
17          // 配列imageArrayに1〜6.pngの画像データを格納
18          for i in 1...6{
19              imageArray.append(UIImage(named: "\(i).png")!)
20          }
21      }
```

メンバ変数として空の配列を宣言し、viewDidLoadメソッドでfor文のなかでUIImageの要素を追加しています。ここで使用しているfor文は、これまでとは異なる記述の仕方をしています。

for 文の文法（カウンタ変数を使わない）

```
for 変数 in 初期値 ... 終了値 {
    // 繰り返し処理 }
```

このfor文ではカウンタ変数は使いません。変数の初期値と終了値を設定し、その数値間で繰り返し処理が行われます。今回は画像1.png～6.pngという画像ファイルを変数iを使って繰り返し処理のなかで配列に追加しています。このfor文の記述だと、一見して処理の内容がわかりやすくなります。
では、続いて配列imageArrayの要素数からコレクションビューのアイテム数を設定します。

StampSelectViewController.swift

```
22      // コレクションビューのアイテム数を設定
23      func collectionView(collectionView: UICollectionView,
            numberOfItemsInSection section: Int) -> Int {
24          // 戻り値に imageArray の要素数を設定
25          return imageArray.count
26      }
```

次にコレクションビューのセルを設定します。

StampSelectViewController.swift

```
27      // コレクションビューのセルを設定
28      func collectionView(collectionView: UICollectionView,
            cellForItemAtIndexPath indexPath: NSIndexPath)
             -> UICollectionViewCell {
29          //UICollectionViewCell を使うための変数を作成
30          let cell = collectionView.
                dequeueReusableCellWithReuseIdentifier("Cell",
                forIndexPath: indexPath)
31          // セルのなかの画像を表示する ImageView のタグを指定
32          let imageView = cell.viewWithTag(1) as! UIImageView
33          // セルの中の Image View に配列の中の画像データを表示
34          imageView.image = imageArray[indexPath.row]
35          // 設定したセルを戻り値にする
36          return cell
37      }
```

セルを設定するcollectionViewメソッドは戻り値がUICollectionViewCellになっています。なので、UICollectionViewCellを使うための変数をメソッドのなかで作成します。ここではUICollectionViewCellクラスのdequeueReusableCellWithReuseIdentifierメソッドを使ってストーリーボードで設定したIdentifier"Cell"を指定しています。またコレクションビューのアイテム数に対応したインデックスパスを付けています(インデックスパスとはコレクションビューの配列番号です)。次にインデックスパスを利用して、セルに配置したImageView(コードではtag識別)に、配列imageArrayに格納されている画像をセットします。

このメソッドで6つの画像を表示するコレクションビューのセルが作成されました。しかし、このセルを表示するにはさらにストーリーボード上での設定が必要になります。

❶ Main.storyboardで、StampSelectViewControllerに配置したCollectionViewを選択し、Connections Inspector(→)を表示します。

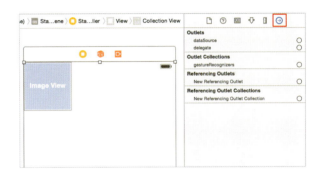

❷ Outletsのdatasourceの右の(○)をドラッグし、StampSelectViewControllerのアイコン🗂にドラッグします。同じくdelegateもStampSelectViewControllerにドラッグして接続します。

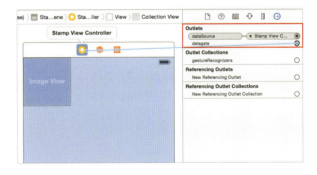

では、View Controllerのツールバー上のスタンプ選択ボタンをタップしたときに、StampSelectViewController画面に遷移するメソッドを記述します。Segueで設定したIdentifierを引数にセットします。

ViewController.swift

```
51    // スタンプ選択画面遷移メソッド
52    @IBAction func stampTapped(){
53        //SegueのIdentifierを設定
54        self.performSegueWithIdentifier("ToStampList", sender: self)
55    }
```

❶ Main.storyboardでView Controllerのアイコン 🟦 を選択して、Connections Inspector(➲) を開きます。

❷ Received ActionsにstampTappedメソッドが表示されているので、右の(○) をドラッグしてツールバーのスタンプ画像選択ボタンに接続します。

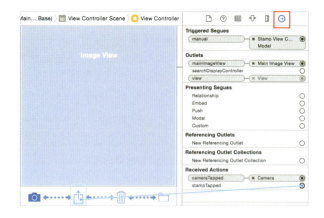

さらに、StampSelectViewControllerのCloseボタンをタップしたら、View Controller 画面に遷移するメソッドを記述します。dismissViewControllerAnimatedメソッドを使用するとモーダルで表示した画面を閉じることができます。

StampSelectViewController.swift

```
38      // スタンプ選択画面を閉じるメソッド
39      @IBAction func closeTapped(){
40          // モーダルで表示した画面を閉じる
41          self.dismissViewControllerAnimated(true, completion: nil)
42      }
```

❶ Main.storyboardでStampSelectViewControllerのアイコン 🟦 を選択して、Connections Inspector(➲) を開きます。

❷ Received ActionsにcloseTappedメソッドが表示されているので、右の(○) をドラッグして「Close」ボタンに接続します。イベントは「TouchUpInside」を選択します。

iOSシミュレータを起動して、スタンプ選択ボタンをクリックしてみましょう。6つのスタンプ画像がセットされたコレクションビューが表示されます。

UIImageViewにドラッグ＆ドロップ機能を追加した独自クラスを作成する

View Controllerで取得した写真画像、もしくはフォトライブラリ画像の上にスタンプを貼り付けるコードを記述しましょう。そのためにUIImageViewをサブクラスとして新規Swiftファイルを作成します。

❶Fileメニューから「New▶File...」を選択します。テンプレートメニューのiOSのSourceから「Cocoa Touch Class」を選択します。

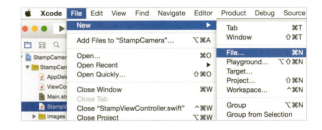

❷Classに「Stamp」と入力し、Subclass ofは「UIImageView」を選択します。「Next」ボタンをクリックして、プロジェクト内に作成します。

UIImageViewをサブクラスにすることで継承元のクラスのプロパティやメソッドをそのまま引き継いで新しいクラスを作ることができます。つまり、このStampクラスではUIImageViewクラスの機能である画像表示やそれに関するプロパティやメソッドが使えます。この新規作成したクラスにUIImageViewにはないドラッグ＆ドロップ機能を追加します。

Stamp.swift

```
11  class Stamp: UIImageView {
12      //ユーザーが画面にタッチした時に呼ばれるメソッド
13      override func touchesBegan(touches: Set<UITouch>,
            withEvent event: UIEvent?) {
14          //このクラスの親ビューを最前面に設定
15          self.superview?.bringSubviewToFront(self)
16      }
```

touchesBeganメソッドはUIImageViewに備わっている、画面にタッチした瞬間に呼び出されるメソッドです。このメソッドを上書き (override) して、画面にタッチした瞬間にこのクラスの親ビューを最前面にするというコードを記述しました。さらにドラッグした時の処理を記述します。

Stamp.swift

```swift
17        // 画面上で指が動いた時に呼ばれるメソッド
18        override func touchesMoved(touches: Set<UITouch>,
              withEvent event: UIEvent?) {
19            // 画面上のタッチ情報を取得
20            let touch = touches.first!
21            // 画面上でドラッグしたx座標の移動距離
22            let dx = touch.locationInView(self.superview).x
                     - touch.previousLocationInView(self.superview).x
23            // 画面上でドラッグしたy座標の移動距離
24            let dy = touch.locationInView(self.superview).y
                     - touch.previousLocationInView(self.superview).y
25            // このクラスの中心位置をドラッグした座標に設定
26            self.center = CGPointMake(self.center.x + dx,
                  self.center.y + dy)
27        }
```

touchesMovedメソッドは画面上で指が動いた時に呼ばれるメソッドです。UIImageviewに備わっているメソッドなので上書きしています。touchesMovedのなかでは、まず画面上のタッチ情報を取得し、指の移動距離のx座標とy座標を算出しています。その移動距離した座標をこのクラス(スタンプ画像)の中心に設定します。touchesMovedメソッドは、指が動くたびに連続的に呼び出されることになるので、指の動きに合わせてスタンプが移動することになります。

■ Stampクラスの情報を受け渡す

次に、作成したStampクラスの情報をView Controllerと受け渡しするためのコードを記述しましょう。AppDelegate.swiftは全てのクラスからアクセスできるクラスになります。AppDelegateに記述されたプロパティはすべてのクラスからアクセス可能ですので、これを利用しましょう。

AppDelegate.swift

```swift
12    class AppDelegate: UIResponder, UIApplicationDelegate {
13    
14        var window: UIWindow?
15        //Stampクラスのインスタンスを格納する配列
16        var stampArray:[Stamp] = []
17        // 新しいスタンプが追加されたかどうかを判定するフラグ
18        var isNewStampAdded = false
```

AppDelegate.swiftにstampArrayとisNewStampeAddedの2つの変数を追加しました。stampArrayはスタンプを格納するための配列で、isNewStampAddedは新しいスタンプが追加されたかどうかを判定するための判定を行うためのBool型の変数（フラグ）です。

スタンプ選択機能の実装

スタンプ選択画面でスタンプ画像を選択したら、stampArrayに選択したスタンプを追加します。また、isNewStampAddedのフラグをオン (true) にしましょう。この処理はStampSelectViewController.swiftでコレクションビューのセルが選択された時に呼ばれるUICollectionViewのデリゲートメソッドcollectionView〜didSelectItemAtIndexPathに記述します。

StampSelectViewController.swift

```swift
43      // コレクションビューのセルが選択された時のメソッド
44      func collectionView(collectionView: UICollectionView,
            didSelectItemAtIndexPath indexPath: NSIndexPath) {
45          //Stamp インスタンスを作成
46          let stamp = Stamp()
47          //stamp にインデックスパスからスタンプ画像を設定
48          stamp.image = imageArray[indexPath.row]
49          //AppDelegate のインスタンスを取得
50          let appDelegate = UIApplication.sharedApplication().delegate
                    as! AppDelegate
51          // 配列 stampArray に stamp を追加
52          appDelegate.stampArray.append(stamp)
53          // 新規スタンプ追加フラグを true に設定
54          appDelegate.isNewStampAdded = true
55          // スタンプ選択画面を閉じる
56          self.dismissViewControllerAnimated(true, completion: nil)
57      }
```

スタンプ画像の配置

セルが選択されたときに、Stampクラスのインスタンスを作成し、スタンプ画像をセットします。続いてAppDelegateのインスタンスを取得します。このインスタンスから配列stampArrayにスタンプを追加し、isNewStampAddedをtrueに設定します。そしてスタンプ選択画面を閉じます。
続いて、View Controllerにスタンプ画像を配置するためにストーリーボードで設置したviewに対応するcanvasViewとAppDelegateを使うためのappDelegateをメンバ変数として作成します。

ViewController.swift

```
14      // スタンプ画像を配置するUIView
15      @IBOutlet var canvasView: UIView!
16      //AppDelegateを使うための変数
17      let appDelegate = UIApplication.sharedApplication().delegate
            as! AppDelegate
```

ユーザーがスタンプ画像を選択したら、スタンプ選択画面は自動的に閉じられView Controllerが表示されます。このView Controllerを表示したタイミングでisNewStampAddedがtrueだったら、選択したスタンプを配置したいと思います。

そのためにView Controllerのライフサイクルイベントであるview WillAppearメソッドを使用します。viewWillAppearは、そのクラスのViewが表示される直前に呼ばれるメソッドです。isNewStampAddedがtrueだったらappDelegateを使ってスタンプ画像を取得してcanvasViewに配置します。

ViewController.swift

```
60      // 画面表示の直前に呼ばれるメソッド
61      override func viewWillAppear(animated: Bool) {
62          //viewWillAppearを上書きするときに必要な処理
63          super.viewWillAppear(animated)
64          // 新規スタンプ画像フラグがtrueの場合、実行する処理
65          if appDelegate.isNewStampAdded == true{
66              //stampArrayの最後に入っている要素を取得
67              let stamp = appDelegate.stampArray.last!
68              // スタンプのフレームを設定
69              stamp.frame = CGRectMake(0, 0, 100, 100)
70              // スタンプの設置座標を写真画像の中心に設定
71              stamp.center = mainImageView.center
72              // スタンプのタッチ操作を許可
73              stamp.userInteractionEnabled = true
74              // スタンプを自分で配置したViewに設置
75              canvasView.addSubview(stamp)
76              // 新規スタンプ画像フラグをfalseに設定
77              appDelegate.isNewStampAdded = false
78          }
79      }
```

viewWillAppearメソッドをoverrideして使用する場合は、super.viewWillAppear(animated)という
コードを記述する必要があります。このメソッドのなかで、新規スタンプ画像フラグがtrueだったら、
stampArrayの最後に格納されたスタンプが取得されます。そして、frameとcenterプロパティを指定
することにより、スタンプのサイズ、位置が指定されます。また、userInteractionEnabledをtrueに
することでユーザーの操作を受け付けるようになります。

このような各種のスタンプの設定の後に、addSubViewにより画面にスタンプが配置されます。その後、
新規スタンプ画像フラグを falseにすることで、アプリを起動したときやスタンプを選択しないでスタ
ンプ一覧画面を閉じた場合はスタンプの追加は行われません。では、Main.storyboardでcanvasView
を配置したviewに接続しましょう。

❶ Main.storyboardでView Controllerのアイコン を選択して、Connections Inspector( ) を開きます。

❷ OutletsにcanvasViewが表示されているので、右の(○)をドラッグして自分で配置したViewに接続します。上にImageViewが配置されているので、Document Outline上のViewに接続しましょう。

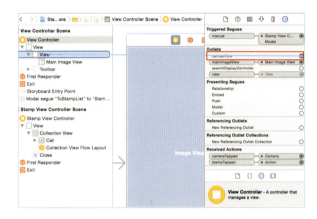

それではアプリを起動してみましょう。スタンプを選択すると、画面にスタンプが配置されることを確
認してください。また、配置されたスタンプは指で移動できることを確認してください。
複数のスタンプを配置し、タップしたスタンプが画面の前面に表示されることも確認してみてください。

起動直後の画面

ライブラリから写真を表示

スタンプ画像を貼り付け

スタンプ画像の削除

スタンプ画像は追加されるごとにcanvasViewに子ビューとして追加されています。スタンプ画像を削除する場合はcanvasViewのサブビューを削除するメソッドremoveFromSuperview()を使用します。また同時に配列に格納されているスタンプも削除します。

ViewController.swift

```
80      //スタンプ画像の削除
81      @IBAction func deleteTapped(){
82          //canvasViewのサブビューの数が1より大きかったら実行
83          if canvasView.subviews.count > 1{
84              //canvasViewの子ビューの最後のものを取り出す
85              let lastStamp = canvasView.subviews.last! as! Stamp
86              //canvasViewからlastStampを削除する
87              lastStamp.removeFromSuperview()
88              //lastStampが格納されているstampArrayのインデックス番号を取得
89              if let index = appDelegate.stampArray.indexOf(lastStamp){
90                  //stampArrayからlastStampを削除
91                  appDelegate.stampArray.removeAtIndex(index)
92              }
93          }
94      }
```

deleteTappedメソッドでは、canvasViewに子ビューが2つ以上あればサブビューを削除します。canvasViewには写真を表示するmainImageViewが子ビューとしてひとつあり、これは削除したくないためです。子ビューの削除はcanvasViewの最後のサブビューを取り出しremoveFromSuperviewメソッドで削除します。また配列stampArrayから削除するには、配列のインデックス番号を調べることができるindexOfを使い、インデックス番号を指定して配列から削除しています。

❶ Main.storyboardでView Controllerのアイコン を選択して、Connections Inspector ( ) を開きます。

❷ Received ActionsのdeleteTappedの右の (○) をドラッグしてツールバーのTrashアイコンのボタンに接続します。

画像を合成して保存する

配置しているスタンプ画像は、canvasView上に複数のサブビューとして重ねて表示しています。言ってみれば、複数の画像が重なっている状態です。これをひとつの画像にするためにレンダリングという画像処理を行います。そしてひとつになった画像をフォトライブラリに保存します。

ViewController.swift

```swift
95      // 画像をレンダリングして保存
96      @IBAction func saveTapped(){
97          // 画像コンテキストをサイズ、透過の有無、スケールを指定して作成
98          UIGraphicsBeginImageContextWithOptions(
                canvasView.bounds.size, canvasView.opaque, 0.0)
99          //canvasView のレイヤーをレンダリング
100         canvasView.layer.
                renderInContext(UIGraphicsGetCurrentContext()!)
101         // レンダリングした画像を取得
102         let image = UIGraphicsGetImageFromCurrentImageContext()
103         // 画像コンテキストを破棄
104         UIGraphicsEndImageContext()
105         // 取得した画像をフォトライブラリへ保存
106         UIImageWriteToSavedPhotosAlbum(image, self,
                "image:didFinishSavingWithError:contextInfo:", nil)
107     }
```

saveTappedメソッドでは、canvasView上のサブビューをひとつの画像データに変換して、写真アルバムに保存しています。
UIGraphicsBeginImageContextWithOptionsとUIGraphicsEndImageContext()の2つのメソッドで囲まれた領域で、レンダリング処理が行われます。UIGraphicsBeginImageContextWithOptionsでは描画サイズ、透過の有無、スケールを設定しています。さらにrenderInContext(UIGraphicsGetCurrentContext()!)でメモリ上の描画領域にcanvasView上に表示されている画像を読み込み、UIGraphicsGetImageFromCurrentImageContext()で定数imageに書き出した画像データを格納しています。描画処理の終了後、UIImageWriteToSavedPhotosAlbumによりフォトライブラリにimageの保存を行っています。この際、"image:didFinishSavingWithError:contextInfo:"で保存後に呼び出されるメソッドを指定しています。この保存後に呼ばれるメソッドも記述しましょう。

ViewController.swift

```
109   // 写真の保存後に呼ばれるメソッド
110   func image(image: UIImage, didFinishSavingWithError
          error: NSError!, contextInfo: UnsafeMutablePointer<Void>) {
111       let alert = UIAlertController(title: "保存",
              message: "保存完了です。", preferredStyle: .Alert)
112       let action = UIAlertAction(title: "OK", style:
              .Cancel, handler: {(action)-> Void in})
113       alert.addAction(action)
114       self.presentViewController(alert, animated: true, completion: nil)
115   }
```

imageメソッドでは注意や確認を表示するUIAlertViewを表示しています。画像をフォトライブラリに保存するためには、この保存後に呼ばれるメソッドまで記述しなくてはいけません。

❶ Main.storyboardでView Controllerのアイコン ◯ を選択して、Connections Inspector (⊕) を開きます。

❷ Received ActionsのsaveTappedの右の (◯) をドラッグしてのフォルダアイコンのボタンに接続します。

さあ、これでスタンプカメラは完成です。保存ボタンをタップすることで、スタンプ付きの写真がデバイスに保存されます。シミュレータのHardwareメニューから「Home」を選択してホーム画面に移動して、写真アプリを起動し、無事保存されたか確認してみてください。

写真を選択

スタンプを貼り付け

画像を保存

写真アプリ

アプリの最終仕上げ、多言語設定をしよう!

POINT
1. アプリのアイコンを設定する
2. ローカライズ対応の方法を学ぼう
3. 起動画面を作る

ダウンロードされるアプリにするために

スマートフォンアプリのマーケティングでは、アプリのダウンロード理由として、アプリ名やアイコンが大きな要因となっているとよく言われます。アプリ名はわかりやすいものが良いことはもちろんですが、検索に引っかかりやすいように説明的な要素も入れたり、ランキングに表示できる文字数も考えたりした方が良いでしょう。

App Storeで表示できるアプリ名の文字数と比較して、iPhoneのホーム画面に表示できるアプリ名は極端に短くなります。全角だとホーム画面に表示できる文字数は6文字、半角だと14文字くらいとなります(使用する文字の幅によって変わります)。アプリ名を考える上でホーム画面に表示するための名前も考えておいた方がよいでしょう。

そしてアイコンはアプリの最大のアイキャッチ要素となります。どのようなアプリなのかをデザインで表現するのも大切ですし、ターゲットユーザーにマッチしたデザインがダウンロード数を伸ばす要因となります。アイコンを変更することで、ダウンロード数が何倍も増えたというアプリもあります。

またiPhoneアプリは日本にいながら、海外でもリリースすることが出来ます。その場合、アメリカと日本では表示するアプリ名も変更した方がよいでしょう。アプリの多言語対応もぜひしておきたいものです。今回、作成したスタンプカメラアプリは、文字表示もほぼないので多言語化するには簡単です。

アイコンを設定しよう

App Storeでアプリをリリースするためには、様々なサイズのアイコンを用意しなくてはいけません。まず、用意しなければならないアイコンの最大サイズは1024×1024ピクセルとなります。このサイズのアイコンはアプリをリリースする時の申請に必要となります。

アイコンの作成は1024×1024ピクセルで作成しましょう。ファイルフォーマットはPNG画像です。

Xcodeで設定するアイコンも様々なサイズを用意しなければいけません。まずホーム画面用に設定するアイコンですが、これはiPhone4S〜iPhone6用のサイズとiPhone6 Plus用でサイズが異なります。さらにiPadにも対応するならRetina用と非Retina用で2サイズ用意する必要があります。これはiOS7以上に対応するアイコンですが、iOS6以下に対応する場合はさらに用意しなくてはいけません。そしてアイコンはホーム画面用だけではなく、検索する時に使用するSpotlight用のアイコンサイズ、設定画面用のアイコンサイズも用意しなければなりません（詳細は下の表を確認してください）。

● アイコンサイズ一覧

iPhone/iPad	iPhone6〜6S Plus (@3x)	iPhone4S〜iPhone6S (@2x)	iPad & iPad mini Retina (@2x)	iPad & iPad mini (@1x)
App Icon	180×180px	120×120px	152×152px	76×76px
Spotlight用	120×120px	80×80px	80×80px	40×40px
設定アプリ用	87×87px	58×58px	58×58px	29×29px

iPhoneアプリ開発で画像を扱う場合、画像のファイル名に「ファイル名@2x.png」のように「@2x」と付いているものがあります。iPhoneはiPhone4SからRetinaディスプレイが採用され、画面の解像度がこれまでの2倍となりました。それに合わせてアイコンが60×60ポイントのサイズの場合、Retinaディスプレイに対応するアイコンは120×120ピクセルのサイズで作成し、ファイル名に「@2x」を付けるようになりました。そしてiPhone6 Plusの登場により、さらに基準の3倍のサイズの画像に対応するため「@3x」を付けるようになりました。

■ 各サイズのアイコンを作成する

アイコンのデザインデータは、イラストソフトや画像編集アプリケーションを使って作成します。こうしたアプリケーションを使いこなすのはある程度の習熟が必要ですが、アイコンのサイズの調整ならMacに付属している「プレビュー」で行うことができます。

❶アイコンとなるpng画像をダブルクリックしてプレビューを開きます

サポートサイトからダウンロードしたChapter9「素材」フォルダに「icon-1024.png」というアイコン画像ファイルがあるので利用してください。

❷ツールメニューから「サイズを調整...」を選択します。

❸調整画面で必要なサイズを入力します。

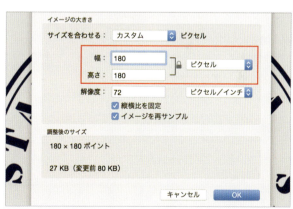

❹ファイルメニューから「書き出す...」を選択し、ファイル名を設定して任意の場所に保存します。

■ アイコンを設定する

サポートサイトからダウンロードできる素材「Chapter9」に各サイズのアイコンが入っているので、Xcodeで設定してみましょう。

❶ナビゲーションエリアのプロジェクトアイコンを選択して、App Icons and Launch ImagesのApp Icons Sourceの右にある矢印を選択します。

ナビゲーションエリアの「image.xcassets」を選択しても同じです。

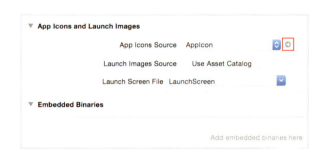

❷アイコン設定画面が表示されます。iPad用のアイコンを設定する場合はAttributes Inspector( )で、設定したい項目にチェックを入れます。

❸Media Library( )から、各サイズに対応したアイコンを設定画面にドラッグ＆ドロップします。

セッティング(29ポイント)、スポットライト(40ポイント)、ホーム画面(60ポイント)にアイコン画像をドラッグします。「素材」のアイコンのファイル名にはサイズの数字を付記しています。

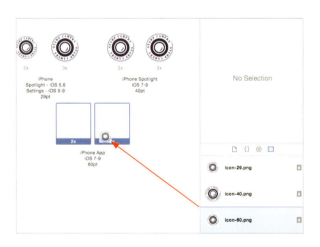

❹iOSシミュレータを起動し、Hardwareメニューから「Home」を選択するとホーム画面が表示されます。設定したアイコンを確認してください。

ローカライゼーションを行う

iPhoneの端末の言語設定が日本語だったら、アプリも日本語の表示を行い、言語設定が英語だったら英語表示を行います。まずはホーム画面に表示するアプリ名の設定をしましょう。

ホーム画面に表示するアプリ名のためにstringsファイルを作成する

❶ナビゲーションエリアのプロジェクトアイコンを選択して、「PROJECT」の設定画面を表示します。

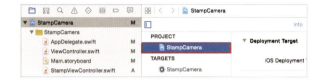

❷Localizationsの「＋」をクリックしてプルダウンメニューから「Japanese (ja)」を選択します。

❸「Main.storyboard」と「LaunchScreen.xib」にチェックが入っていることを確認して「Finish」ボタンをクリックします。

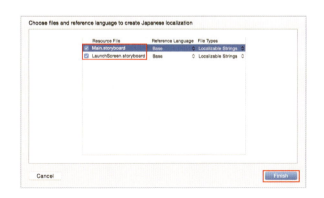

❹LocalizationsにJapaneseが追加されます。

❺ Main.storyboardとLaunchScreenに日本語に対応するためのファイルが作成されました。

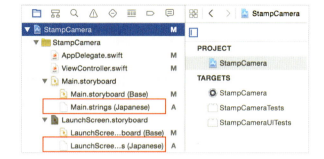

❻ 新規ファイルを作成します。テンプレートはResourceにある「Strings File」を選択します。

新規ファイルの作成はFileメニューから「New ▶ File...」を選択します。

❼ ファイル名を「InfoPlist.strings」として「Create」ボタンをクリックします。

ファイル名は間違わないように注意してください。

❽ 作成したInfoPlist.stringsを選択し、File Inspector（ ）のLocalizationの「Localize...」をクリックします。

❾ ローカライズメニューが表示されるので、「Japanese」を選択して「Localize」ボタンをクリックします。

■ アプリ名を設定する

InfoPlist.stringsに、CFBundleDisplayNameを使って、ホーム画面に表示するアプリ名を設定します。「スタンプカメラ」という文字は7文字なので、ホーム画面に表示するには1文字多くなります。なので半角文字で設定しました。最後に「セミコロン」(;) を忘れないようにしてください。

InfoPlist.strings

| 8 | `"CFBundleDisplayName" = " ｽﾀﾝﾌﾟ ｶﾒﾗ ";` | `Coding` |

iOSシミュレータで確認をする場合は、ホーム画面から「Settings」アプリを起動する必要があります。

❶ **ホーム画面をスライドして「Settings」アプリを起動します。**

●をクリックしても画面を切り替えられます。

❷ **「Settings」の「General」→「Language & Region」→「iPhone Language」で言語設定を「日本語」に変更します。**

言語設定をシミュレータが強制終了してしまうことがあります。再度、起動すればシミュレータの言語設定が変更されています。

❸ **iOSシミュレータでホーム画面を表示してアプリ名が日本語で表示されているか確認してください。**

■ 言語設定が英語の場合のアプリ名を設定する

❶ ナビゲーションエリアで「InfoPlist.strings」を選択し、File Inspector (📄) のLocalizationで「Base」と「English」にチェックを入れます。

❷ ナビゲーションエリアに「InfoPlist.strings (English)」と「InfoPlist.strings (Base)」が出来ているので、エディタで"スタンプカメラ"と設定されている部分を"Stamp Camera"と英語表記にします。

❸「Settings」で日本語設定にしたのと同じように、iOSシミュレータの「設定」アプリで言語設定を「English」に変更して、アプリ名の表示が変更されたのを確認してください。

■ アプリ内で使用されている文字のローカライズの設定

アプリのなかで使用している文字もローカライズしましょう。言語設定が「日本語」なら日本語で表示し、「English」なら英語にします。

❶ Supporting Filesフォルダのなかに新規ファイルを作成します。テンプレートはResourceにある「Strings File」を選択します。

新規ファイルの作成はFileメニューから「New ▶ File...」を選択します。

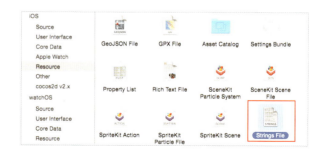

❷ ファイル名を「Localizable.strings」として「Create」ボタンをクリックします。

ファイル名は正確に記述してください。

❸ 作成したLocalizable.stringsを選択し、File Inspector（ ）のLocalizationの「Localize...」をクリックします。

❹ ローカライズメニューが表示されるので、「Japanese」を選択して「Localize」ボタンをクリックします。

❺ ナビゲーションエリアで「Localizable.strings」を選択し、File Inspector（ ）のLocalizationで「Base」と「English」にチェックを入れます。

❻ 「Localizable.strings（Japanese）」をエディタで表示し、右のように記述をします。

Localizable.strings（Japanese）

```
8    Cancel=" キャンセル ";
9    Camera=" カメラ ";
10   Library=" ライブラリ ";
```
Coding

❼ 「Localizable.strings（Base）」と「Localizable.strings（English）」をそれぞれエディタで表示し、右のように記述をします。

Localizable.strings（Base）（English）

```
8    Cancel="Cancel";
9    Camera="Camera";
10   Library="Library";
```
Coding

ローカライズのためのコーディング

アプリ内で使用している文字列のローカライズのためにLocalizable.stringsファイルを作成しました。このLocalizable.strings (Japanese) は端末の言語設定が日本語のときに、設定したキー値 (Cancel、Camera、Library) に、指定した文字 (キャンセル、カメラ、ライブラリ) を表示します。また、言語設定が英語、または日本語以外の場合は設定したキー値 (Cancel、Camera、Library) に、指定した文字 (Cancel、Camera、Library) を表示します。この文字列はアプリのカメラアイコンをタップしたときに表示するアクションシートのボタンに対応しています。

プログラムではこのローカライズの設定をNSLocalizedStringを使って表示します。ViewController.swiftのコードを修正しましょう。アクションシートで表示するボタンの文字をNSLocalizedStringのインスタンスに変更しています。

ViewController.swift

```swift
// アクションシート表示メソッド
@IBAction func cameraTapped(){
    //UIImagePickerControllerを使うための定数
    let pickerController = UIImagePickerController()
    //UIImagePickerControllerのデリゲートメソッドを使用する設定
    pickerController.delegate = self
    //UIActionSheetを使うための定数を作成
    let sheet = UIAlertController(title: nil, message: nil,
        preferredStyle: .ActionSheet)
    // ボタンタイトルをNSLocalizedStringに変更
    let cancelString = NSLocalizedString("Cancel", comment: "キャンセル")
    let cameraString = NSLocalizedString("Camera", comment: "カメラ")
    let libraryString = NSLocalizedString("Library", comment: "ライブラリ")
    //3つのアクションボタンの定数を作成
    let cancelAction = UIAlertAction(title: cancelString ,style: .Cancel,
        handler: { (action) -> Void in })
    let cameraAction = UIAlertAction(title: cameraString ,style: .Default,
        handler: { (action) -> Void in
        pickerController.sourceType = .Camera
        self.presentViewController(pickerController, animated: true, completion: nil) })
    let LibraryAction = UIAlertAction(title: libraryString , style: .Default,
        handler: { (action) -> Void in
        pickerController.sourceType = .PhotoLibrary
        self.presentViewController(pickerController,animated: true, completion: nil) })
```

NSLocalizedStringのインスタンスを作成し、その引数としてLocalizable.stringsファイルで設定したキー値を指定しています。これをアクションシートのボタンへと差し替えました。

■ アプリのローカライズの確認

アプリのローカライズの確認はスキーマ設定を変更することで行うことができます。

❶ Productメニューから「Scheme ▶ Edit Scheme...」を選択します。

❷ Edit Scheme画面が表示されるので、Optionsタブを選択し、Application Languageを「Japanese」に設定して「Close」ボタンをクリックします。

言語設定を日本語にしてアプリをシミュレートすることができます。

❸ シミュレータを起動してアクションシートのボタンが日本語表示されているか確認してください。

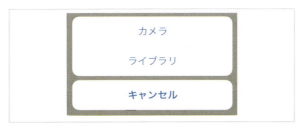

❹ 再度、スキーマの設定を開き、Application Languageを「English」にして、シミュレータを起動してください。アクションシートのボタンが英語で表示されているか確認してください。

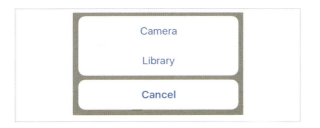

ストーリーボードでのローカライズの設定

プロジェクトの設定でLocalizationsにJapaneseを追加したときに、ストーリーボードのローカライズファイル「Main.strings(Japanese)」と「Main.strings(English)」が作成されています。このファイルにはストーリーボード上に配置したオブジェクトのstrings情報がすでに記述されています。この情報を変更するだけでローカライズを行うことができます。

また、ストーリーボードのローカライズはアシスタントエディタのPreviewで表示することができます。Previewの右下の言語設定を変更するだけです。

Main.storyboardで使用している文字は、スタンプ選択画面(StampSelectViewController)に配置した「Close」ボタンのタイトルだけです。このボタンのタイトルを言語設定が日本語の時は「閉じる」にしましょう。

❶ ナビゲーションエリアで「Main.strings(Japanese)」を選択します。

コメントを見るとUIButtonのnomalTitle設定があることがわかります。

Main.strings(Japanese)

```
2   /* Class = "UIButton"; normalTitle =
    "Close"; ObjectID = "9TW-lR-dp0"; */
3   "9TW-lR-dp0.normalTitle" = "Close";
```

❷ "Close"と設定されているボタンのタイトルを"閉じる"に修正します。

Main.strings(Japanese)

```
2   /* Class = "UIButton"; normalTitle =
    "Close"; ObjectID = "9TW-lR-dp0"; */
3   "9TW-lR-dp0.normalTitle" = "閉じる";
```

❸「Main.strings(Base)」を選択し、アシスタントエディタ(⊘)にします。Previewを表示して、右下にある言語設定を「Japanese」にします。

起動画面

アプリはアイコンをタップしてから、プログラムが実行されるまで少しタイムラグがあります。このタイムラグがバグでないことをユーザーに知らせるために表示する画面を起動画面(Launch Screen)と呼びます。これまでiOSシミュレータを起動したときに、プロジェクト名とCopyrightが一瞬表示されていたと思います。これが起動画面です。

起動画面は「LaunchScreen.storyboard」で管理されており、インターフェイスビルダーで作成することができます。画面にラベルとアイコンを配置して、起動画面を作成しましょう。

起動画面を作成する

❶ LaunchScreen.storyboardを選択して、MediaLibrary(▥)で「LaunchRA.png」を配置します。

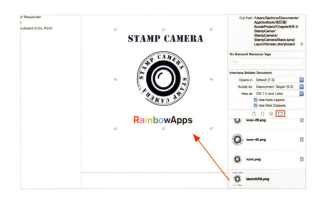

オートレイアウトのAlign(▤)で「Horizontally in Container」と、「Vertically in Container」にチェックして「Add」ボタンをクリックします。

起動画像を使用する

プロジェクトの設定から起動画面を画像(LaunchImage)として設定することもできます。この場合はアイコンと同じように端末に合わせていくつかの画像を用意する必要があります。

●起動画像サイズ一覧

iPhone/iPad	iPhone6/ 6s Plus	iPhone6 /6s	iPhone5/ 5s	iPhone4S	iPad	iPad Retina
LaunchImage	1242 × 2208px	750 × 1334px	640 × 1136px	640 × 960px	768 × 1024px	1536 x 2048px

❶ ナビゲーションエリアのAssets. xcassetsを選択して、エディタ画面の左下の「＋」をクリックします。メニューが表示されるので「App Icons & Launch Images」▶「New iOS Launch Image」を選択します。

❷ Attributes Inspector（）で、iOS8.0 and LaterのPortraitと、iOS7.0 and LaterのPortraitにチェックを入れます。

❸ Media Library（ ）から、各サイズに対応したlaunchImage画像を設定画面にドラッグ＆ドロップします。

Retina HD5.5に「launchImage-1242.png」、Retina HD4.7に「launchImage-750.png」、2xに「launchImage-960.png」、Retina 4に「launchImage-1136.png」をドラッグします。

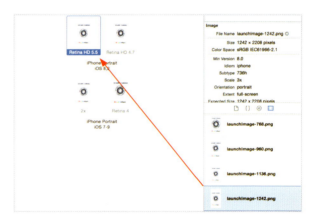

❹ ナビゲーションエリアのプロジェクトアイコンを選択して、「General」タブのApp Icons and Launch ImagesからLaunch Images Sourceの「Use Asset Catalog」をクリックします。表示されたダイアログの「Migrate」をクリックします。

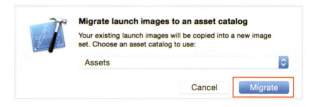

❺ Launch Images Sourceを「Launch Image」に設定します。

アプリをリリースする準備をしよう

Chapter 10

CHAPTER 10-1 プロビジョニングプロファイルの作成

POINT
1. iOS Developer Programに参加する
2. App IDを作る
3. プロビジョニングプロファイルを作成する

iOS Dev Center
プロビジョニング
ダウンロード

iTunes Connect
アプリを申請

iOS Developer Programに参加する

ここまでアプリ開発を学んできたわけですが、それというのもアプリをリリースするためです。本書のなかで紹介したアプリ開発例を参考にすれば、オリジナルアプリを作ることも難しくはないはずです。せっかく、ここまでアプリ開発を勉強したのですから、App Storeでオリジナルアプリをリリースするチャレンジをしてみましょう。

アプリを申請するためにはiOS Developer Programに登録しなければいけません。iOS Developer Programに登録をすると、アプリの開発情報を管理する「iOS Dev Center」とApp Storeで、あなたのアプリのページを管理するための「iTunes Connect」にログインできるようになります。また開発用のプロビジョニングプロファイルを作成することができ、開発中のアプリをチームで共有したり、クライアントにインストールすることができます。

まずはiOS Developer Programに登録をしましょう。

■ iOS Developer Programの登録

iOS Developer Programの登録はアップル社のWebサイトのiOS Developer Program登録ページ (https://developer.apple.com/jp/programs/ios/) から行います。現在の年間参加費は¥11,800（税別）です（2015年12月現在）。

iOS Developer Programは個人でも登録できますし、企業、非営利組織、ジョイントベンチャー、組合、または政府組織も登録できます。

https://developer.apple.com/jp/programs

■ 開発者証明書の作成と登録

開発者であることの証明書を作成して、この証明書をiOS Dev CenterとXcodeをインストールしているMacに登録しましょう。

❶ 開発に使用しているXcodeを起動して、Xcodeメニューから「Preferences...」を選択します。

❷ Preference画面の「Acounts」を選択し、iOS Developer Program登録に使用したApple IDを選択。右下の「View Details...」をクリックします。

XcodeにApple IDを登録していない場合は、51ページの「実機でアプリを確認する」を参照してください。

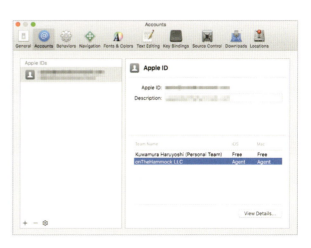

❸ Signing IdentitiesのiOS Developmentと iOS Distributionの「Create」をクリックします。

プロビジョニングプロファイル

アプリをリリースするためには、iOS Dev Centerで「プロビジョニングプロファイル」(Provisioning Profile)を作成しなければいけません。
「iOS Dev Center」は、iOSアプリ開発者にとって有益な情報が配信されているWebサイトです。開発者用に、一般リリース前のiOSやXcodeなどの配信も行われます。また、開発者に向けた映像やサンプルコードなども公開されており、iOSアプリ開発者はここで最新の情報や新しい技術を取得し、自身のアプリ開発に取り入れています。
そしてiOS Dev Centerで最も重要な機能が、プロビジョニングプロファイルの作成です。プロビジョニングプロファイルとはアプリのIDや、インストール可能な端末(Device)などアプリの設定情報が詰まったファイルです。この開発用のプロビジョニングプロファイルがあれば、開発中のアプリを仲間やクライアントに送付してインストールすることも可能です。そしてディストリビューション用のプロビジョニングプロファイルを作成しないと、アプリをリリースすることは出来ません。

■ Apple DeveloperサイトのMember Centerへ

プロビジョニングプロファイルを作成するためには、まずApple DeveloperサイトのMember Centerページ (https://developer.apple.com/membercenter/) へApple IDとパスワードでログインします。「Certificates, Identifiers & Profiles」をクリックすると、「iOS Apps」「Mac Apps」「Safari

Extensions」というメニューが表示されるのでiOS AppsでCertificates、Identifiers、Device、Provisioning Profilesのなかで、必要なリンクを選択します。

- Certificates：MacとApple IDを関連付ける証明書です。開発用と配信用があります。
- Identifiers：アプリのID（App ID）やPassbook用ID、プッシュ通知用のIDなどを作成します。
- Devices：開発用プロビジョニングプロファイルで使用するテスト端末を登録します。
- Provisioning Profiles：App IDやDeviceを設定してプロビジョニングプロファイルを作成します。

Certificates

アプリの開発時には、XcodeとiOS Dev Center、Xcodeとアプリを管理するiTunes Connectと連携してアプリの機能などを管理します。その際に、いちいちログインをしなくてもXcodeがあなたのアカウントのものであることを証明するものがCertificatesとなります。

実は、Certificatesは実機でアプリをテストするための準備ですでに作成しています。Xcodeの「Preferences...」のアカウントの設定で「iOS Development」と「iOS Distribution」を「Create」したときに証明書が作成されました。Member Centerで確認してみましょう。

❶ iOS Developer Programにある「Certificates, Identifiers & Profiles」をクリックします。

iOS AppsでCertificatesを確認しましょう。

CertificatesのAllに「iOS Development」と「iOS Distribution」の証明書があります。

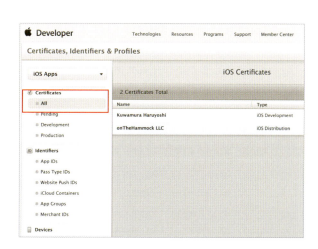

App IDの作成

App IDはその名の通りアプリのIDで、開発するアプリごとにひとつ作成します。このApp IDは「プロビジョニングプロファイル」と「iTunes Connect」で設定するときにも必要となります。

❶ Identifiersの「App IDs」を選択して、App IDの一覧画面を表示し、右上の「＋」ボタンをクリックします。

❷ App ID 登録画面が表示されるのでApp ID Descriptionにアプリの説明となる名前を登録します。@、&、*、'、"は使えません。日本語も使えないので、アルファベットで入力しましょう。

その次の項目であるApp ID Prefixは登録した開発者に割り振られるIDです。

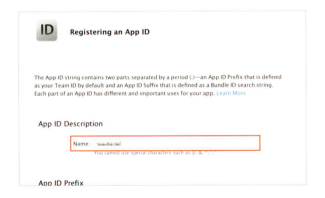

❸ 次にApp ID Suffixでアプリの IDを設定します。「Explicit App ID」と「Wildcard App ID」がありますがリリース用には「Explicit App ID」を用います。

アップル社はApp IDを逆ドメイン名で付けることを勧めています。逆ドメインとは、例えば「onTheHammock.com」というドメインの場合、「com.onTheHammock.アプリ名」と記述します。

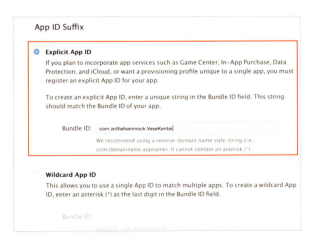

❹App Servicesは開発したアプリに付加する機能・サービスにチェックします。項目にはHealth Kit、Apple Pay、iCloudの利用、パスブック、プッシュ通信などがあります。使用する機能がない場合は、チェックせずに「Continue」ボタンをクリックします。

ゲームアプリでユーザー同士の得点ランキングなどが共有できる「Game Center」やアプリ内課金機能の「In-App Purchase」はデフォルトで設定されています。

❺確認画面が表示されるので、問題がなければ「Submit」ボタンをクリックします。これでApp IDが作成されました。

App IDのIdentifierはXcodeのプロジェクトで設定するBundle Identifierと一致するものでなくては申請用データをアップロードする時にエラーが出ます。

Bundle Identifierはプロジェクト名に関連付けられています。変更したい場合は設定のinfo画面で変更します。

プロビジョニングプロファイルの作成

Certificates、App IDの作成によってプロビジョニングプロファイルの作成の準備が出来ました。

■ ディストリビューション用プロビジョニングプロファイルの作成

ディストリビューション用のプロビジョニングプロファイルはApp Store配信用のプロファイルとAd Hoc (限定配布用) のプロファイルがあります。App Store配信用のプロファイルを作成しましょう。

❶ Provisioning Profilesの「Distribution」を選択して、Distributionの一覧画面を表示し、右上の「＋」ボタンをクリックします。

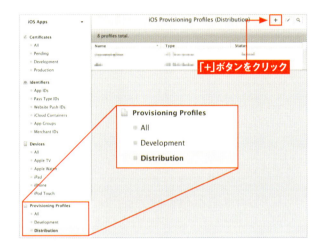

❷ プロビジョニングプロファイルの選択画面でDistributionの「App Store」を選択し、「Continue」ボタンをクリックします。

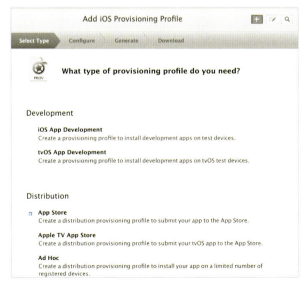

❸申請するアプリのApp IDを選択して「Continue」ボタンをクリックします。

❹ディストリビューション用のCertificatesを選択して「Continue」ボタンをクリックします。

❺作成するプロビジョニングプロファイルの名前を付けて、「Generate」ボタンをクリックします。

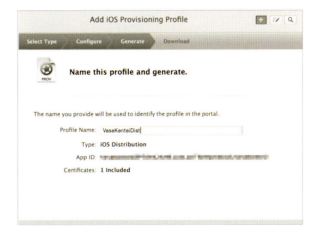

❻ディストリビューション用プロビジョニングプロファイルが作成されるので「Download」ボタンをクリックします。

❼ディストリビューション用プロビジョニングプロファイルがダウンロードされます。ダブルクリックすると、Xcodeが自動的に起動して、インストールされます。

開発用プロビジョニングプロファイル

開発用のプロビジョニングプロファイルは、開発中のアプリをテストするときに使用します。このプロファイルにより、テストに使用するiPhone/iPad端末を設定することができます。

開発用プロビジョニングプロファイルを作成するためには使用するDevice(iPhone/iPad端末)を登録する必要があります。Deviceを登録するためにはDeviceの名前と端末に割り振られた固有番号UDIDを入力しなくてはいけません。

UDIDはiPhoneやiPadをMacに接続し、XcodeのWindowメニューの「Devices」で調べることができます。また、iTunesを起動しても調べることが可能です。

Xcodeによる端末のUDIDの表示

iTunesによる端末のUDIDの表示

iTunes ConnectでAppStore配信準備

POINT
1. iTunes Connectで必要な情報と素材をアップする
2. Xcodeから配信用ファイルをアップロードする
3. App Store配信のためにレビューを提出する

iTunes Connectとは

iTunes Connectは、iTunes Store、App Store、Mac App Store、iBooks Storeで販売するコンテンツを管理するためのWebサービスです。
App Storeで配信しているアプリのダウンロード数を確認できたり、有料アプリやiAdで得た広告収入の支払い情報を確認できたりします。また、テスト版を配信するTestFlightサービスの登録ユーザーを設定したり、アプリに掲載する広告iAdの設定も行えます。アプリをリリースしたアプリ開発者は常にチェックすることになるサービスと言えるでしょう。有料アプリを期間限定で無料にしたり、アプリのアップデートを行ったりとアプリを配信してからも、このサイトでアプリの管理を行っていくことになります。
App Storeでアプリを配信するには、まずiTunes Connectで配信するアプリの情報を登録しなければいけません。これから紹介する登録手順を確認して、iTunes Connectで配信するのに必要な情報やアイコンを用意しておきましょう。

iTunes Connectへのアプリの登録

❶ iTunes Connect（https://itunes-connect.apple.com/）にアクセスしてApple IDとパスワードでログインします。

❷ 自分の配信するアプリを管理する「マイApp」をクリックします。

❸ 左上の「＋」をクリックして「新規App」を選択。アプリ登録画面を開きます。

このページでは自分が配信しているアプリが表示されます。

❹ 新規iOS Appの設定で、全ての情報を入力し、「作成」をクリックします。

① プラットフォームを選択します。
② 「名前」にアプリの名前を入力します。
③ 「プライマリ言語」は、優先言語の設定です。
④ 「バンドルID」にはiOS Dev Centerで作成したApp IDを選択します。
⑤ 「SKU」はStock Keeping Unitの略です。商品番号のようなものです。

❺App情報でアプリの情報を入力します。

App情報は「新規App」で設定した情報の編集、プライバシーポリシーURL、カテゴリの設定を行うことができます。
「カテゴリ」はApp Storeで表示されるアプリのカテゴリです。プライマリカテゴリ（優先カテゴリ）とセカンダリカテゴリ、それぞれクリックするとカテゴリ選択メニューが表示されるので選択します。

バージョンの設定

❶左メニューの「1.0提出準備中」をクリックして、アプリのバージョン情報を入力します。

①「スクリーンショット」はApp Storeで表示されるアプリ画面です。4.7インチ、5.5インチ、4インチ、3.5インチ、iPadそれぞれ5枚アップロードできます。また動画も登録できます。掲載できるのはフレームレート30fps、ファイルサイズ500MBまで、長さは30秒以内の動画です。

②「概要」にアプリの特徴や機能を入力します。めいいっぱいアプリをアピールしましょう（4000字まで）。

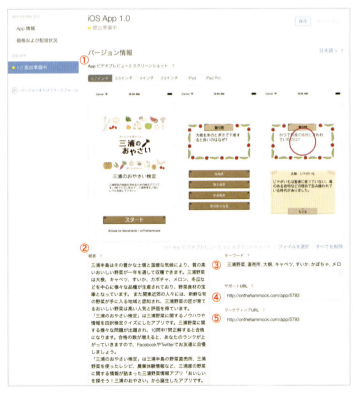

③「キーワード」は、App Storeの検索用キーワードです。カンマ区切りで複数設定できます（100字まで）。

④「サポートURL」は、サポート用WebページのURLを記載します。Webページがない場合は、TwitterやFacebookのアカウントのURLでも代用できます。

⑤「マーケティングURL」はオプションで設定することができます（必須ではありません）。

スクリーンショットの作成方法

iOSシミュレータでスクリーンショットを撮影する場合は、Fileメニューから「Save Screen Shot」を選択します（ショートカットは command キー＋ S キーです）。撮影されたショートカットはデスクトップに「iOS Simulator...」という名前で保存されます。
またiPhoneでスクリーンショットを撮影する場合は、ホームボタンと電源ボタンを同時に押します。

ビデオプレビューの作成方法

Mac OSにバンドルされているQuickTime PlayerではMacと接続しているiPhoneやiPadの画面を動画収録することが出来ます。

QuickTime PlayerでのiPhone画面動画収録方法
①iPhoneをMacに接続します。
②QuickTime Playerを起動し、「ファイル」メニューから「新規画面収録」を選択します。
②コントローラーが表示されるので録画ボタンの右側にある「∨」をクリックして、接続中のiPhoneを選択します。
③iPhoneがMacの画面に表示されたら、録画ボタンをクリックして動画撮影を開始します。
④録画停止ボタンをクリックして撮影を終了したら、「ファイル」メニューから「保存」を選択し、任意のファイル名を付けて保存します。

残念なことに、QuickTime Playerで作成した動画はフレームレートが60fpsであり、App Storeにアップロードできるフレームレート30fpsに変換する必要があります。フレームレートを変換できるソフトは多数ありますので、必要に応じたソフトを使用しましょう。ここではQuickTime Player 7 Pro(有料) での変換方法を紹介します。

QuickTime Player 7 Proでの書き出し
①QuickTime Player7 Proで収録した動画を開き、「ファイル」メニューから「書き出す...」を選択します。
②書き出しの「オプション」を選択し、「設定」からフレームレートを「30fps」に変更します。
③任意の場所に保存します。

QuickTime Player画面
①

②

QuickTime Player 7 Pro画面

❷**App一般情報を入力します。**

①「Appアイコン」には、App Storeに表示されるアイコンを設定します。画像サイズは1024×1024pxが必要です。
②「バージョン」は、初めて申請するアプリは最初に設定したバージョンと同じものを設定しましょう。
③「レーティング」の「編集」をクリックして設定します(このページのONE POINT ADVICE参照ください)。
④「Copyright」にはアプリの権利者ををを入力します。
⑤「通称代表連絡先情報」では「担当者名」「住所」「電話番号」「メールアドレス」にそれぞれ必要な情報を入力(英語で表記)します。韓国のApp Storeでリリースする場合、代表者名や連絡先を表示することができます。
⑥「Routing App Coverage File」で、ナビアプリなどの場合、対応範囲などを指定できます(必須項目ではありません)。

アプリのレーティングの設定

アプリのレーティングには下記の項目があり、それぞれに「なし」「まれ/軽度」「頻繁/極度」のいずれかの設定をします。
- アニメまたはファンタジーバイオレンス
- リアルな暴力的表現
- 長時間の過激なまたは加虐的でリアルな暴力
- 冒とく的または下品なユーモア
- 成人向けまたは成人向けを暗示するテーマ
- ホラー/恐怖に関するテーマ
- 医療／治療情報
- アルコール、タバコ、ドラッグの使用または言及
- 疑似ギャンブル
  - 性的内容およびヌード
- 過激な性的表現およびヌード

また「無制限のWebアクセス」「ギャンブルおよびコンテスト」「子供向けに制作」にそれぞれ選択します。
以上のレーティング項目を設定することにより、アプリの対象年齢がApp Storeに表示されます。なお、アプリの対象年齢は国によって異なります。

❸ビルドの項目ではXcodeからアプリを
アップロードします。後でアップ方法を
紹介します。

❹Appレビュー審査に関する情報を入力
します。

①「連絡先情報」はアップル社からの問い合
わせに対応する連絡先です。国番号を付け
て国際電話に対応した番号を入力します。
②「デモアカウント」は、ログインが必要
なアプリは審査のためのデモアカウント
の情報をここに記載します。
③「メモ」にはレビュー審査員に伝えてお
きたい情報などを記入します。

❺バージョンのリリースを設定します。

審査が通った場合「自動的にリリースす
る」を設定すると、アプリが審査通過後
ただちにリリースされます。リリースの
タイミングを制御したい場合は、承認後
にリリースの日付を設定するか手動でリ
リースの設定をします。

❻全てのバージョンの情報を入力したら画
面上の「保存」ボタンをクリックします

価格の設定

❶左メニューの「価格および配信状況」をク
リックして価格を設定します。

❷**アプリの価格帯を設定します。**

①「価格帯」は無料と1〜87までがあります。2015年12月現在で「価格帯1」が120円、「価格帯2」が240円と120円ごとに価格を設定できます。「すべての価格と通過」をクリックすると価格を確認できます。

②「価格変更を計画」をクリックすると、価格を変更する開始日と終了日を設定できます。期間限定セールなどのキャンペーンに利用できます。

❸**「配信可否」「Volume Purchase Program」の設定**

「配信可否」ではアプリをリリースする国の設定を行えます。
「Volume Purchase Program」は教育機関や企業がアプリを一定量購入するときの割引を行うかどうかを選択します。

❹**価格の設定を行ったら、「保存」します。**

Xcodeからアプリをアップロードする

App Storeでアプリを配信するための、iTunes Connectでの準備が整いました。それではいよいよXcodeから完成したアプリをiTunes Connectへアップロードします。

❶ Xcodeでリリースするアプリのプロジェクトを開き、設定画面のTARGETSのIdentity項目のTeamをリリースするApple IDに設定します。

❷ TARGETSのBuild Settingsタブを選択し、Build Optionsの項目にある「Embedded Content Contains Swift Code」を「Yes」に設定します（Swift使用時）。

❸ Build SettingsのCode Signingの項目にあるCode Signing IdentityのReleaseをDistribution用のプロビジョニングプロファイルに設定します。

❹ 次にPROJECTのBuild SettingsのCode Signingの項目にあるCode Signing IdentityのReleaseをDistribution用のプロビジョニングプロファイルに設定します。

❺ Productメニューから「Archive」を選択します。

Archiveはスキーマでiphoneの実機または「iOS Device」を選択していないと実行できないので注意してください。

■ アップロードファイルの検証

❶OrganizerのArchives画面が表示されます。まず、このアプリのデータをアップロードしても問題がないか検証のために「Validate...」ボタンをクリックします。

❷使用するプロビジョニングプロファイルを設定します。

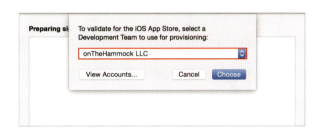

❸Summaryが表示され、申請用ファイル（IPA）の概要を確認することができます。「Validate」ボタンをクリックします。

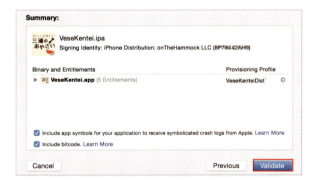

❹問題がなければ右の画面が表示されます。

■ アップロードファイルの提出

❶ Achives画面の「Upload to App Store...」ボタンをクリックします。次に使用するプロビジョニングプロファイルを設定します。

❷ Provisioning Profileなどを確認して、「Upload」ボタンをクリックします。

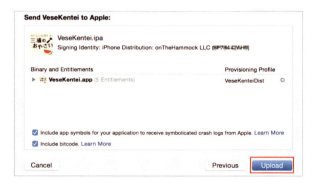

❸ 申請用ファイルがApp Storeに送信されます。アプリの容量にもよりますが、少し時間がかかります。

❹ App Storeへの送信が終了すると右の画像が表示されます。

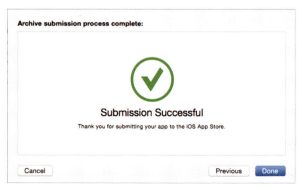

iTunes Connectで審査に提出

Xcodeでアプリ申請用のAPIファイルの送信を行ったら、またiTunes Connectの「マイApp」で申請するアプリのページを表示します。バージョンの「ビルド」の項目を設定すれば、App Storeへ申請レビューを提出することができます。

❶ iTunes Conncetの「マイApp」から申請するアプリのページを表示します。左メニューの「提出準備中」を選択し、「ビルド」項目の「＋」ボタンをクリックします。

❷ 追加するビルドにチェックを入れて、「終了」ボタンをクリックします。

❸ バージョンページの「保存」ボタンをクリックし、「審査へ提出」ボタンをクリックします。

❹ レビューへ提出する前の最終確認が表示されるので、「はい」か「いいえ」を選択して「送信」ボタンをクリックします。

確認項目は「暗号化技術の使用」「サードパーティ製コンテンツの使用、表示、アクセス」、「Advertising Identifier（広告識別子）の使用」（広告を掲載している場合は「はい」を選択）の3つとなります。

❺アプリのステータスが「提出の準備中」から「審査待ち」に変化します。

❻レビューへの送信が行われると登録しているアドレスにアップル社からメールが届きます。

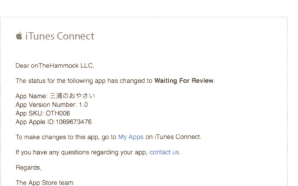

　以上で、アプリの申請手順は終了です。アプリのレビューは申請してから、通常だと1週間から2週間後には行われます。審査に入るまではマイAppで設定したアプリの情報などを変更することが可能です。審査に入るとiTunesからまたメールが送られ、アプリのステータスが「In Review」（審査中）へと変化します。審査は通常ですと数日で終了します。
　問題なく審査を通過すればまたメールが送られてきて、ステータスは「Ready for Sale」（販売準備完了）となります。却下された場合は「Rejected」となります。アプリの審査は様々な観点から行われます。なかなか厳しい部分もありますが、レビューアーは必ず却下した理由を説明してくれます。この却下理由に沿って修正していけば、アプリはきっと審査に通るはずです。

　本書ではいくつものアプリの開発例を紹介しました。ここで学んだ技術を応用すればオリジナルアプリを必ず生み出すことが出来るでしょう。ぜひ、オリジナルのアプリ開発にチャレンジし、App Storeでリリースしてください。その時の達成感は何事にも換えられないものがあります。そして、その時からアプリクリエイターとしての新たな一歩が始まります。

APPENDIX　ソースコード一覧

Chapter4「ShingoHaNaniiro」プロジェクト ソースコード

ViewController.swift

```swift
import UIKit

class ViewController: UIViewController {
    
    @IBOutlet weak var resultLabel: UILabel!
    
    @IBOutlet weak var signalImageView: UIImageView!
    
    var blueImage:UIImage!
    var redImage:UIImage!
    var yellowImage:UIImage!
    
    override func viewDidLoad() {
        super.viewDidLoad()
        // Do any additional setup after loading the view, typically from a nib.
        
        //UIImageのimageNamed:メソッドを使って画像を設定
        blueImage = UIImage(named: "signal_blue.png")
        redImage = UIImage(named: "signal_red.png")
        yellowImage = UIImage(named: "signal_yellow.png")
        
        //UIImageViewのimageプロパティを使ってredImageを設定
        signalImageView.image = redImage
    }
    
    override func didReceiveMemoryWarning() {
        super.didReceiveMemoryWarning()
        // Dispose of any resources that can be recreated.
    }
    
    
    @IBAction func blueBtnPushed(sender: AnyObject) {
//        resultLabel.text = "しんごうはあおいろ！"
        resultLabel.textColor = UIColor.blueColor()
        
        // 青信号についての判定処理
        if signalImageView.image == blueImage {
            resultLabel.text = "せいかい！"
        } else {
            resultLabel.text = "まちがい！"
        }
        randomSignal()
    }
    
    @IBAction func yellowBtnPushed(sender: AnyObject) {
        resultLabel.textColor = UIColor.yellowColor()
        
        // 黄信号についての判定処理をコーディング
        if signalImageView.image == yellowImage {
        resultLabel.text = "せいかい！"
        } else {
        resultLabel.text = "まちがい！"
        }
        //randomSignalメソッドを実行
```

```
63            randomSignal()
64        }
65        @IBAction func redBtnPushed(sender: AnyObject) {
66            resultLabel.textColor = UIColor.redColor()
67
68            // 赤信号についての判定処理をコーディング
69            if signalImageView.image == redImage {
70                resultLabel.text = "せいかい！"
71            } else {
72                resultLabel.text = "まちがい！"
73            }
74            randomSignal()
75        }
76
77        func randomSignal(){
78            // ランダムな数値を作る
79            let randomNumber = arc4random() % 3
8
81            // 0なら青信号、1なら赤信号、それ以外なら黄信号をセットする
82            if randomNumber == 0{
83                signalImageView.image = blueImage
84            }else if randomNumber == 1{
85                signalImageView.image = redImage
86            }else{
87                signalImageView.image = yellowImage
88            }
89        }
90    }
```

Chapter5 「WinePiano」プロジェクト ソースコード

ViewController.swift

```
9     import UIKit
10    import AVFoundation  //AVFoundationフレームワークをインポートする
11
12    class ViewController: UIViewController {
13        var player: AVAudioPlayer!   //BGMを制御するための変数
14        var soundManager = SEManager()   //SEManagerでインスタンス化した変数
15        // ワイングラスの音を制御するための変数
16        var wineGlass: AVAudioPlayer!
17        //BGM再生メソッド
18        func play(soundName: String) {
19            //String型の引数からサウンドファイルを読み込む
20            let url = NSBundle.mainBundle().bundleURL.URLByAppendingPathComponent(soundName)
21            do {
22                // サウンドファイルの参照先をAVAudioPlayerの変数に割り当てる
23                try player = AVAudioPlayer(contentsOfURL: url)
24                player.numberOfLoops = -1       //BGMを無限にループさせる
25                player.prepareToPlay()          // 音声を即時再生させる
26                player.play()                   // 音を再生する
27            }
28            catch {
29                print("エラーです")
30            }
31        }
32
33        override func viewDidLoad() {
34            super.viewDidLoad()
```

```swift
35              // Do any additional setup after loading the view, typically from a nib.
36              //play メソッドの呼び出し。引数はファイル名
37              play("BGM.mp3")
38          }
39
40          // ワイングラスボタンメソッド
41          @IBAction func wineTapped(sender: UIButton) {
42              // サウンドファイル名を格納する sound 変数。初期値に空の文字を入れておく
43              var sound:String = ""
44              // 変形を設定する CGAffinTransform の変数
45              var transform: CGAffineTransform = CGAffineTransformIdentity
46              // アニメーションの所要時間を持つ変数
47              let duration: Double = 0.5
48              switch sender.tag {
49              case 1:
50                  print(" ワイングラスボタン \(sender.tag)")
51                  sound = "1.mp3"
52                  // 上に移動
53                  transform = CGAffineTransformMakeTranslation(0, -20)
54              case 2:
55                  print(" ワイングラスボタン \(sender.tag)")
56                  sound = "2.mp3"
57                  // 拡大
58                  transform = CGAffineTransformMakeScale(1.05, 1.05)
59              case 3:
60                  print(" ワイングラスボタン \(sender.tag)")
61                  sound = "3.mp3"
62                  // 回転
63                  transform = CGAffineTransformMakeRotation(CGFloat(0.25*M_PI))
64              case 4:
65                  print(" ワイングラスボタン \(sender.tag)")
66                  sound = "4.mp3"
67                  // 縮小
68                  transform = CGAffineTransformMakeScale(0.95, 0.95)
69              case 5:
70                  print(" ワイングラスボタン \(sender.tag)")
71                  sound = "5.mp3"
72                  // 反転
73                  transform = CGAffineTransformMakeScale(-1, 1)
74              default:
75                  print(" どのボタンでもありません ")
76              }
77              // 引数に sound 変数を設定して、SEManager クラスの sePlay メソッドを呼び出す
78              soundManager.sePlay(sound)
79              // アニメーション
80              UIView.animateWithDuration(duration, animations: { () -> Void in
81                  sender.transform = transform
82                  })
83                  { (Bool) -> Void in
84                      UIView.animateWithDuration(duration, animations: { () -> Void in
85                          sender.transform = CGAffineTransformIdentity
86                          })
87                          { (Bool) -> Void in
88                      }
89              }
90          }
```

SManager.swift

```swift
 9  import Foundation
10  import AVFoundation //AVFoundation フレームワークをインポートする
```

```swift
11      //NSObjectを親クラスとしたSEManagerクラスの宣言
12      class SEManager: NSObject, AVAudioPlayerDelegate {
13          //var player:AVAudioPlayer! <- 削除
14          //AVAudioPlayerを格納する空の配列を宣言
15          var soundArray = [AVAudioPlayer]()
16          // 音を再生するsePlayメソッド
17          func sePlay(soundName: String) {
18              let path = NSBundle.mainBundle().bundleURL.URLByAppendingPathComponent(soundName)
19              var player: AVAudioPlayer!
20              do {
21                  try player = AVAudioPlayer(contentsOfURL: path)
22                  // 配列soundArrayにplayerを追加
23                  soundArray.append(player)
24                  player.delegate = self
25                  player.prepareToPlay()
26                  player.play()
27              }
28              catch {
29                  print("エラーです")
30              }
31          }
32      
33          // サウンドの再生後に実行されるメソッド
34          func audioPlayerDidFinishPlaying(player: AVAudioPlayer, successfully flag: Bool) {
35              // 再生が終わった変数のインデックスを調べる
36              let i: Int = soundArray.indexOf(player)!
37              // 上記で調べたインデックスの要素を削除する。
38              soundArray.removeAtIndex(i)
39          }
40      }
```

Chapter6「Calculator」プロジェクト ソースコード

ViewController.swift

```swift
9       import UIKit
10      import QuartzCore
11      
12      class ViewController: UIViewController {
13          var resultLabel = UILabel()
14          let xButtonCount = 4        //1行に配置するボタンの数
15          let yButtonCount = 4        //1列に配置するボタンの数
16      
17          var number1:NSDecimalNumber = 0.0 // 入力数値を格納する変数1
18          var number2:NSDecimalNumber = 0.0 // 入力数値を格納する変数2
19          var result:NSDecimalNumber = 0.0 // 計算結果を格納する変数
20          var operatorId:String = ""  // 演算子を格納する変数
21      
22          override func viewDidLoad() {
23              super.viewDidLoad()
24              // Do any additional setup after loading the view, typically from a nib.
25      
26              // 画面の背景色を設定
27              self.view.backgroundColor = UIColor.blackColor()
28              // 画面の横幅のサイズを格納するメンバ変数
29              let screenWidth:Double = Double(UIScreen.mainScreen().bounds.size.width)
30              // 画面の縦幅
31              let screenHeight:Double = Double(UIScreen.mainScreen().bounds.size.height)
32              //ボタン間の余白 (縦) & (横)
33              let buttonMargin = 10.0
```

```swift
34          // 計算結果表示エリアの縦幅
35          var resultArea = 0.0
36          // 画面全体の縦幅に応じて計算結果表示エリアの縦幅を決定
37          switch screenHeight {
38          case 480:
39              resultArea = 200.0
40          case 568:
41              resultArea = 250.0
42          case 667:
43              resultArea = 300.0
44          case 736:
45              resultArea = 350.0
46          default:
47              resultArea = 0.0
48          }
49          // 計算結果ラベルのフレームを設定。
50          resultLabel.frame = CGRect(x: 10, y: 30, width: screenWidth - 20, height: resultArea - 30)
51          // 計算結果ラベルの背景色を灰色にする
52          //resultLabel.backgroundColor = UIColor.grayColor()
53          resultLabel.backgroundColor = self.colorWithRGBHex(0xF5F5DC, alpha: 1.0)
54          // 計算結果ラベルのフォントと文字サイズを設定
55          resultLabel.font = UIFont(name: "Arial", size: 50)
56          // 計算結果ラベルのアラインメントを右揃えに設定
57          resultLabel.textAlignment = NSTextAlignment.Right
58          // 計算結果ラベルの表示行数を4行に設定
59          resultLabel.numberOfLines = 4
60          // 計算結果ラベルの初期値を "0" に設定
61          resultLabel.text = "0"
62          // 計算結果ラベルのフォントと文字サイズを設定
63          resultLabel.font = UIFont(name:"LetsgoDigital-Regular",size:50)
64          // 計算結果ラベルを ViewController クラスの view に設置
65          self.view.addSubview(resultLabel)
66
67          // ボタンのラベルタイトルを配列で用意
68          let buttonLabels = [
69              "7","8","9","×",
70              "4","5","6","−",
71              "1","2","3","+",
72              "0","C","÷","="
73          ]
74
75          for var y = 0; y < yButtonCount; y++ {
76              for var x = 0; x < xButtonCount; x++ {
77                  // 計算機のボタンを作成
78                  let button = UIButton()
79                  // ボタンの横幅サイズ作成
80                  let buttonWidth =  (screenWidth - (buttonMargin * (Double(xButtonCount)+1))) /
                        Double(xButtonCount)
81                  //ボタンの縦幅サイズ作成
82                  let buttonHeight = (screenHeight - resultArea - ((buttonMargin*Double(yButtonCount)+1)))
                        / Double(yButtonCount)
83                  //ボタンのX座標
84                  let buttonPositionX = (screenWidth - buttonMargin) / Double(xButtonCount) *  Double(x)
                        + buttonMargin
85                  //ボタンのY座標
86                  let buttonPositionY = ( screenHeight - resultArea - buttonMargin ) /
                        Double(yButtonCount) * Double(y) + buttonMargin + resultArea
87                  // ボタンの縦幅サイズ作成
88                  button.frame = CGRect(x:buttonPositionX,y: buttonPositionY,
                        width:buttonWidth,height:buttonHeight)
89                  // ボタン背景色設定
90                  // button.backgroundColor = UIColor.greenColor()
```

```swift
                    // ボタン背景をグラデーション色設定
                    let gradient = CAGradientLayer()
                    gradient.frame = button.bounds
                    let arrayColors = [ colorWithRGBHex(0xFFFFFF, alpha: 1.0).CGColor as AnyObject,
                        colorWithRGBHex(0xCCCCCC, alpha: 1.0).CGColor as AnyObject]
                    gradient.colors = arrayColors
                    button.layer.insertSublayer(gradient, atIndex: 0)
                    //ボタンを角丸にする
                    button.layer.masksToBounds = true
                    button.layer.cornerRadius = 5.0
                    // ボタンのテキストカラーを設定
                    button.setTitleColor(UIColor.blackColor(),forState: UIControlState.Normal)
                    button.setTitleColor(UIColor.grayColor(),forState:UIControlState.Highlighted)
                    //ボタンのラベルタイトルを取り出すインデックス番号
                    let buttonNumber = y * xButtonCount + x
                    // ボタンのラベルタイトルを設定
                    button.setTitle(buttonLabels[buttonNumber], forState: UIControlState.Normal)
                    // ボタンタップ時のアクション設定
                    button.addTarget(self, action: "buttonTapped:",  forControlEvents: UIControlEvents.TouchUpInside)
                    // ボタン配置
                    self.view.addSubview(button)
                }
            }
            //print 文で画面サイズをデバッグエリアで確認する
            print("縦画面サイズ\(screenHeight)  横画面サイズ\(screenWidth)")
        }

        // ボタンがタップされた時のメソッド
        func buttonTapped(sender:UIButton){
            let tappedButtonTitle:String = sender.currentTitle!
            print("\(tappedButtonTitle)ボタンが押されました!")
            // ボタンのタイトルで条件分岐
            switch tappedButtonTitle {
            case "0","1","2","3","4","5","6","7","8","9": // 数字ボタン
                numberButtonTapped(tappedButtonTitle)
            case "×","-","+","÷":      // 演算子ボタン
                operatorButtonTapped(tappedButtonTitle)
            case "=":          // 等号ボタン
                equalButtonTapped(tappedButtonTitle)
            default:          // クリアボタン
                clearButtonTapped(tappedButtonTitle)
            }
        }
        func numberButtonTapped(tappedButtonTitle:String){
            print("数字ボタンタップ:\(tappedButtonTitle)")
            // タップされた数字タイトルを計算できるようにNSDecimalNumber型に変換
            let tappedButtonNum:NSDecimalNumber = NSDecimalNumber(string: tappedButtonTitle)
            // 入力されていた値を10倍にして1桁大きくして、その変換した数値を加算
            number1 = number1.decimalNumberByMultiplyingBy
                (NSDecimalNumber(string: "10")).decimalNumberByAdding(tappedButtonNum)
            // 計算結果ラベルに表示
            resultLabel.text = number1.stringValue
        }
        func operatorButtonTapped(tappedButtonTitle:String){
            print("演算子ボタンタップ:\(tappedButtonTitle)")
            operatorId = tappedButtonTitle
            number2 = number1
            number1 = NSDecimalNumber(string: "0")
        }
        func equalButtonTapped(tappedButtonTitle:String){
            print("等号ボタンタップ:\(tappedButtonTitle)")
            switch operatorId {
```

```swift
151        case "+":
152            result = number2.decimalNumberByAdding(number1)
153        case "−":
154            result = number2.decimalNumberBySubtracting(number1)
155        case "×":
156            result = number2.decimalNumberByMultiplyingBy(number1)
157        case "÷":
158            if(number1.isEqualToNumber(0)){
159                number1 = 0
160                resultLabel.text = " 無限大 "
161                return
162            } else {
163                result = number2.decimalNumberByDividingBy(number1)
164            }
165        default:
166            print(" その他 ")
167        }
168        number1 = result
169        resultLabel.text = String("\(result)")
170    }
171    func clearButtonTapped(tappedButtonTitle:String){
172        print(" クリアボタンタップ :\(tappedButtonTitle)")
173        number1 = NSDecimalNumber(string: "0")
174        number2 = NSDecimalNumber(string: "0")
175        result = NSDecimalNumber(string: "0")
176        operatorId = ""
177        resultLabel.text = "0"
178    }
179    // HEX 値で設定メソッド
180    func colorWithRGBHex(hex: Int, alpha: Float = 1.0) -> UIColor {
181        let r = Float((hex >> 16) & 0xFF)
182        let g = Float((hex >> 8) & 0xFF)
183        let b = Float((hex) & 0xFF)
184        return UIColor(red: CGFloat(r / 255.0),green: CGFloat(g / 255.0),
                blue:CGFloat(b / 255.0), alpha: CGFloat(alpha))
185    }
186    override func didReceiveMemoryWarning() {
187        super.didReceiveMemoryWarning()
188        // Dispose of any resources that can be recreated.
189    }
190 }
```

AppDelegate.swift

```swift
9    import UIKit
10
11   @UIApplicationMain
12   class AppDelegate: UIResponder, UIApplicationDelegate {
13
14       var window: UIWindow?
15
16
17       func application(application: UIApplication, didFinishLaunchingWithOptions
               launchOptions: [NSObject: AnyObject]?) -> Bool {
18           // Override point for customization after application launch.
19           // ステータスバーのテキストカラー
20           UIApplication.sharedApplication().statusBarStyle = UIStatusBarStyle.LightContent
21           return true
22       }
```

Chapter7「VeseKentei」プロジェクト ソースコード

ViewController.swift

```swift
 9   import UIKit
10   
11   class ViewController: UIViewController {
12   
13       @IBOutlet weak var logoImageView: UIImageView!
14       @IBOutlet weak var titleLabel: UILabel!
15       @IBOutlet weak var bodyTextView: UITextView!
16       @IBOutlet weak var startButton: UIButton!
17       @IBOutlet weak var creditLabel: UILabel!
18   
19       override func viewDidLoad() {
20           super.viewDidLoad()
21           //CSVファイル名を引数にしてloadCSVメソッドを使用し、CSVファイルを読み込む
22           let csvArray = loadCSV("start")
23           //logoImageViewに画像を設定
24           logoImageView.image = UIImage(named: csvArray[0])
25           //titleLabelにアプリ名を設定
26           titleLabel.text = csvArray[1]
27           //bodyTextViewにアプリ説明文を設定
28           bodyTextView.text = csvArray[2]
29           //ボタンの文字を白色に変更
30           startButton.setTitleColor(UIColor.whiteColor(), forState: UIControlState.Normal)
31           //creditLabelにクレジットを設定
32           creditLabel.text = csvArray[3]
33       }
34       //CSVファイル読み込みメソッド。引数でファイル名を取得。戻り値はString型の配列。
35       func loadCSV(fileName :String) -> [String]{
36           //CSVファイルのデータを格納するStrig型配列
37           var csvArray:[String] = []
38           // 引数filnameからCSVファイルのパスを設定
39           let csvBundle = NSBundle.mainBundle().pathForResource(fileName, ofType: "csv")!
40           do {
41               //csvBundleからファイルを読み込み、エンコーディングしてcsvDataに格納
42               let csvData = try String(contentsOfFile: csvBundle,encoding: NSUTF8StringEncoding)
43               // 改行コードが"\r"の場合は"\n"に置換する
44               let lineChange = csvData.stringByReplacingOccurrencesOfString("\r", withString: "\n")
45               //"\n"の改行コードで要素を切り分け、配列csvArrayに格納する
46               csvArray = lineChange.componentsSeparatedByString("\n")
47           }catch{
48               print("エラー")
49           }
50           return csvArray      // 戻り値の配列csvArray
51       }
```

KenteiViewController.swift

```swift
 9   import UIKit
10   
11   class KenteiViewController: UIViewController {
12       @IBOutlet weak var mondaiNumberLabel: UILabel!
13       @IBOutlet weak var mondaiTextView: UITextView!
14       @IBOutlet weak var answerBtn1: UIButton!
15       @IBOutlet weak var answerBtn2: UIButton!
16       @IBOutlet weak var answerBtn3: UIButton!
17       @IBOutlet weak var answerBtn4: UIButton!
```

```swift
18          @IBOutlet weak var judgeImageView: UIImageView!
19
20          //kentei.csv ファイルを格納する配列 csvArray
21          var csvArray:[String] = []
22          //csvArray から取り出した問題を格納する配列 mondaiArray
23          var mondaiArray:[String] = []
24          var mondaiCount = 0        // 問題をカウントする変数
25          var correctCount = 0       // 正解をカウントする変数
26          let total = 10             // 出題数を管理する変数
27          // 解説バックグラウンド画像
28          var kaisetsuBGImageView = UIImageView()
29          // 解説バックグラウンド画像の X 座標
30          var kaisetsuBGX = 0.0
31          // 正解表示ラベル
32          var seikaiLabel = UILabel()
33          // 解説テキストビュー
34          var kaisetsuTextView = UITextView()
35          // バックボタン
36          var backBtn = UIButton()
37          //SEManager クラスのインスタンスを作成
38          var soundManager = SEManager()
39
40          override func viewDidLoad() {
41              super.viewDidLoad()
42              // バックグラウンド画像をセット
43              kaisetsuBGImageView.image = UIImage(named: "kaisetsuBG.png")
44              // 画面サイズを取得
45              let screenSize:CGSize = UIScreen.mainScreen().bounds.size
46              // 解説バックググラウンド画像の X 座標（画面の中央になるなうように設定）
47              kaisetsuBGX = Double(screenSize.width/2) - 320/2
48              // 解説画像の位置を設定。Y 座標に画面の縦サイズを設定して、画面の外に設置
49              kaisetsuBGImageView.frame = CGRect(x:kaisetsuBGX, y: Double(screenSize.height), width: 320, height: 210)
50              // 画像上のタッチ操作を可能にする
51              kaisetsuBGImageView.userInteractionEnabled = true
52              // 画像を view に配置
53              self.view.addSubview(kaisetsuBGImageView)
54              // 正解表示ラベルのフレームを設定
55              seikaiLabel.frame = CGRect(x: 10, y: 5, width: 300, height: 30)
56              // 正解表示ラベルのアラインメントをセンターに設定
57              seikaiLabel.textAlignment = .Center
58              // 正解表示ラベルのフォントサイズを 15 ポイント設定
59              seikaiLabel.font = UIFont.systemFontOfSize(15)
60              // 正解ラベルを解説バックグラウンド画像に配置
61              kaisetsuBGImageView.addSubview(seikaiLabel)
62              // 解説テキストビューのフレームを設定
63              kaisetsuTextView.frame = CGRect(x: 10, y: 40, width: 300, height: 140)
64              // 解説テキストビューの背景色を透明に設定
65              kaisetsuTextView.backgroundColor = UIColor.clearColor()
66              // 解説テキストビューのフォントサイズを 17 ポイントに設定
67              kaisetsuTextView.font = UIFont.systemFontOfSize(17)
68              // 解説テキストビューの編集を不可に設定
69              kaisetsuTextView.editable = false
70              // 解説テキストビューを解説バックグラウンド画像に配置
71              kaisetsuBGImageView.addSubview(kaisetsuTextView)
72              // バックボタンのフレームを設定
73              backBtn.frame = CGRect(x: 10, y: 180, width: 300, height: 30)
74              // バックボタンに通常時と押下時の画像を設定
75              backBtn.setImage(UIImage(named: "kenteiBack.png"), forState: .Normal)
76              backBtn.setImage(UIImage(named: "kenteiBackOn.png"),forState: .Highlighted)
77              // バックボタンにアクション設定
78              backBtn.addTarget(self, action: "backBtnTapped", forControlEvents: UIControlEvents.TouchUpInside)
79              // バックボタンを解説バックグラウンド画像に配置
```

```swift
80              kaisetsuBGImageView.addSubview(backBtn)
81              // 変数viewControllerを作成
82              let viewController = ViewController()
83              //loadCSVメソッドを使用し、csvArrayに検定問題を格納
84              csvArray = viewController.loadCSV("kentei")
85              // シャッフルメソッドを使用し、検定問題を並び替えてcsvArrayに格納
86              csvArray = mondaiShuffle()
87              //csvArrayの0行目を取り出し、カンマを区切りとしてmondaiArrayに格納
88              mondaiArray = csvArray[mondaiCount].componentsSeparatedByString(",")
89              // 変数mondaiCountに1を足して、ラベルに出題数を設定
90              mondaiNumberLabel.text = "第\(mondaiCount+1)問"
91              //TextViewに問題を設定
92              mondaiTextView.text = mondaiArray[0]
93              // 選択肢ボタンのタイトルに選択肢を設定
94              answerBtn1.setTitle(mondaiArray[2], forState: .Normal)
95              answerBtn2.setTitle(mondaiArray[3], forState: .Normal)
96              answerBtn3.setTitle(mondaiArray[4], forState: .Normal)
97              answerBtn4.setTitle(mondaiArray[5], forState: .Normal)
98          }
99          // 四択ボタンを押したときのメソッド
100         @IBAction func btnAction(sender: UIButton){
101             // 正解番号（Int型にキャスト）ボタンのtagが同じなら正解
102             if sender.tag == Int(mondaiArray[1]){
103                 //○を表示
104                 judgeImageView.image = UIImage(named: "maru.png")
105                 //SEManagerクラスのsePlayメソッドで正解音を鳴らす
106                 soundManager.sePlay("right.mp3")
107                 // 正解カウントを増やす
108                 correctCount++
109             }else{
110                 // 間違っていたら×を表示
111                 judgeImageView.image = UIImage(named: "batsu.png")
112                 //SEManagerクラスのsePlayメソッドで不正解音を鳴らす
113                 soundManager.sePlay("mistake.mp3")
114             }
115             //judgeImageViewを表示
116             judgeImageView.hidden = false
117             // 解説を呼び出すメソッド
118             kaisetsu()
119         }
120         // 次の問題を表示するメソッド
121         func nextProblem(){
122             // 問題カウント変数をカウントアップ
123             mondaiCount++
124             //mondaiArrayに格納されている問題配列を削除
125             mondaiArray.removeAll()
126             //if-else文を追加。mondaiCountがtotalに達したら画面遷移
127             if mondaiCount < total{
128                 //csvArrayから次の問題配列をmondaiArrayに格納
129                 mondaiArray = csvArray[mondaiCount].componentsSeparatedByString(",")
130                 // 問題数ラベル、問題表示TextView、選択肢ボタンに文字をセット
131                 mondaiNumberLabel.text = "第\(mondaiCount+1)問"
132                 mondaiTextView.text = mondaiArray[0]
133                 answerBtn1.setTitle(mondaiArray[2], forState: .Normal)
134                 answerBtn2.setTitle(mondaiArray[3], forState: .Normal)
135                 answerBtn3.setTitle(mondaiArray[4], forState: .Normal)
136                 answerBtn4.setTitle(mondaiArray[5], forState: .Normal)
137             }else{
138                 //Stroyboard SegueのIdentifierを引数に設定して画面遷移
139                 performSegueWithIdentifier("score", sender: nil)
140             }
141         }
142         // 解説表示メソッド
```

```swift
143     func kaisetsu(){
144         // 正解表示ラベルのテキストを mondaiArray から取得
145         seikaiLabel.text = mondaiArray[6]
146         // 解説テキストビューのテキストを mondaiArray から取得
147         kaisetsuTextView.text = mondaiArray[7]
148         //answerBtn1 の y 座標を取得
149         let answerBtnY = answerBtn1.frame.origin.y
150         // 解説バックグラウンド画像を表示させるアニメーション
151         UIView.animateWithDuration(0.5, animations: {() -> Void in self.kaisetsuBGImageView.frame =
                CGRect(x: self.kaisetsuBGX, y: Double(answerBtnY), width: 320, height: 210)
152         })
153         // 選択肢ボタンの使用停止
154         answerBtn1.enabled = false
155         answerBtn2.enabled = false
156         answerBtn3.enabled = false
157         answerBtn4.enabled = false
158     }
159     // バックボタンメソッド
160     func backBtnTapped(){
161         // 画面の縦サイズを取得
162         let screenHeight = Double(UIScreen.mainScreen().bounds.size.height)
163         // 解説バックグラウンド画像を枠外に移動させるアニメーション
164         UIView.animateWithDuration(0.5, animations: {() -> Void in self.kaisetsuBGImageView.frame =
                CGRect(x: self.kaisetsuBGX, y: screenHeight, width: 320, height: 210)
165         })
166         // 選択肢ボタンの使用を再開
167         answerBtn1.enabled = true
168         answerBtn2.enabled = true
169         answerBtn3.enabled = true
170         answerBtn4.enabled = true
171         // 正誤表示画像を隠す
172         judgeImageView.hidden = true
173         //nextProblem メソッドを呼び出す
174         nextProblem()
175     }
176     // 得点画面へ値を渡す
177     override func prepareForSegue(segue: UIStoryboardSegue, sender: AnyObject?) {
178         let sVC = segue.destinationViewController as! ScoreViewController
179         sVC.correct = correctCount
180     }
181     // 配列シャッフルメソッド
182     func mondaiShuffle()->[String]{
183         var array = [String]()    //String 型の配列を宣言
184         //csvArray を NSMutableArray に変換して sortedArray に格納
185         let sortedArray = NSMutableArray(array: csvArray)
186         //sortedArray の配列数を取得
187         var arrayCount = sortedArray.count
188         //while 文で配列の要素数だけ繰り返し処理をする
189         while(arrayCount > 0){
190             // ランダムなインデックス番号を取得するため配列数の範囲で乱数を作る
191             let randomIndex = arc4random() % UInt32(arrayCount)
192             //sortedArray の arrayCount 番号とランダム番号を入れ替える
193             sortedArray.exchangeObjectAtIndex((arrayCount-1),withObjectAtIndex: Int(randomIndex))
194             //arrayCount を 1 減らす
195             arrayCount = arrayCount-1
196             //sortedArray の arrayCount 番号の要素を array に追加
197             array.append(sortedArray[arrayCount] as! String)
198         }
199         //array を戻り値にする
200         return array
201     }
```

ScoreViewController.swift

```swift
9   import UIKit
10  //Social フレームワークをインポート
11  import Social
12
13  class ScoreViewController: UIViewController {
14      //KenteiViewController の正解数を受け取るメンバ変数
15      var correct = 0
16      // 正解数を表示するラベル
17      @IBOutlet var scoreLabel: UILabel!
18      // 合格 or 不合格画像を表示する画像
19      @IBOutlet var judgeImageView: UIImageView!
20
21      @IBOutlet var goukakuTimesLabel: UILabel! // 合格数を表示する変数
22      @IBOutlet var rankLabel: UILabel!   // ランクを表示する変数
23      var goukakuTimes = 0    // 合格回数を格納する変数
24      var rankString = "ビギナー"    // 称号変数。初期値はビギナー
25
26      override func viewDidLoad() {
27          super.viewDidLoad()
28          // 合格回数を保存するNSUserDefaults
29          let goukakuUd = NSUserDefaults.standardUserDefaults()
30          // 合格回数を goukaku というキー値で変数 goukakuTimes に格納
31          goukakuTimes = goukakuUd.integerForKey("goukaku")
32          // 正解数を表示
33          scoreLabel.text = " 正解数は \(correct) 問です。"
34          // 合格・不合格を判定
35          if correct >= 7{
36              judgeImageView.image = UIImage(named: "Goukaku.png")
37              goukakuTimes++              // 合格回数をカウントアップ
38              //goukaku キー値を使って合格回数 (goukakuTimes) を保存
39              goukakuUd.setInteger(goukakuTimes, forKey: "goukaku")
40          }else{
41              judgeImageView.image = UIImage(named: "Fugoukaku.png")
42          }
43          // 合格回数を表示
44          goukakuTimesLabel.text = " 合格回数は \(goukakuTimes) 回です。"
45          // 合格回数によってランクを決定
46          if goukakuTimes >= 50{
47              rankString = " 達人 "
48          }else if goukakuTimes >= 40{
49              rankString = " 師匠 "
50          }else if goukakuTimes >= 30{
51              rankString = " 師範代 "
52          }else if goukakuTimes >= 20{
53              rankString = " 上級者 "
54          }else if goukakuTimes >= 10{
55              rankString = " ファン "
56          }else if goukakuTimes >= 0{
57              rankString = " ビギナー "
58          }
59          // ランクラベルに称号を設定
60          rankLabel.text = " ランクは \(rankString) ! "
61      }
62      //Facebook 投稿メソッド
63      @IBAction func postFacebook(sender: AnyObject) {
64          //Facebook 投稿用インスタンスを作成
65          let fbVC:SLComposeViewController = SLComposeViewController  (forServiceType: SLServiceTypeFacebook)!
66          // 投稿テキストを設定
67          fbVC.setInitialText(" 三浦のおやさい検定：私は \(rankString)。合格回数は \(goukakuTimes) 回です。")
68          // 投稿画像を設定
69          fbVC.addImage(UIImage(named: "icon.png"))
```

```
70              // 投稿用 URL を設定
71              fbVC.addURL(NSURL(string: "http://onthehammock.com/app/5783"))
72              // 投稿コントローラーを起動
73              self.presentViewController(fbVC, animated: true, completion: nil)
74          }
75          //Twitter 投稿メソッド
76          @IBAction func postTwitter(sender: AnyObject) {
77              //Twitter 投稿用インスタンスを作成
78              let twVC:SLComposeViewController = SLComposeViewController (forServiceType: SLServiceTypeTwitter)!
79              // 投稿テキストを設定
80              twVC.setInitialText(" 三浦のおやさい検定：私は \(rankString)。合格回数は \(goukakuTimes) 回です。")
81              // 投稿画像を設定
82              twVC.addImage(UIImage(named: "icon.png"))
83              // 投稿用 URL を設定
84              twVC.addURL(NSURL(string: "http://onthehammock.com/app/5783"))
85              // 投稿コントローラーを起動
86              self.presentViewController(twVC, animated: true,   completion: nil)
87          }
```

Chapter8「NewsReader」プロジェクト ソースコード

ViewController.swift

```
9   import UIKit
10  //Alamofire ライブラリをインポート
11  import Alamofire
12
13  class ViewController: UIViewController ,UITableViewDataSource,UITableViewDelegate{
14      // ニュース一覧データを格納する配列
15      var newsDataArray = NSArray()
16      // テーブルビュー
17      @IBOutlet var table :UITableView!
18      // ニュース記事の URL を格納する String 変数
19      var newsUrl = ""
20      // ニュース記事の配信元を格納する String 変数
21      var publisher = ""
22      override func viewDidLoad() {
23          super.viewDidLoad()
24          //ViewController のタイトルを設定
25          self.title = "News Reader"
26          // Table View の DataSource 参照先指定
27          table.dataSource = self
28          // Table View のタップ時の delegate 先を指定
29          table.delegate = self
30          // ニュース情報の取得先
31          let requestUrl = "http://appcre.net/rss.php"
32          //Web サーバに対して HTTP 通信のリクエストを出してデータを取得
33          Alamofire.request(.GET, requestUrl).responseJSON { response in
34              switch response.result {
35              case .Success(let json):
36                  //JSON データを NSDictionary に
37                  let jsonDic = json as! NSDictionary
38                  // 辞書化した jsonDic からキー値 "responseData" を取り出す
39                  let responseData = jsonDic["responseData"] as! NSDictionary
40                  //responseData からキー値 "results" を取り出す
41                  self.newsDataArray = responseData["results"] as! NSArray
42                  print("\(self.newsDataArray)")
43                  // ニュース記事を取得したらテーブルビューに表示
44                  self.table.reloadData()
45              case .Failure(let error):
```

```swift
46                        print(" 通信エラー :\(error)")
47                    }
48                }
49            }
50            // テーブルビューのセルの数を newsDataArray に格納しているデータの数で設定
51            func tableView(tableView: UITableView, numberOfRowsInSection section: Int) -> Int {
52                    return newsDataArray.count
53            }
54            // セルに表示する内容を設定
55            func tableView(tableView: UITableView, cellForRowAtIndexPath  indexPath: NSIndexPath) -> UITableViewCell {
56                    // StoryBoard で取得した Cell を取得
57                    let cell = UITableViewCell(style:UITableViewCellStyle.Subtitle, reuseIdentifier: "Cell")
58                    // ニュース記事データを取得 (配列の "indexPath.row" 番目の要素を取得)
59                    let newsDic = newsDataArray[indexPath.row] as! NSDictionary
60                    // タイトルとタイトルの行数、公開日時を Cell にセット
61                    cell.textLabel!.text = newsDic["title"] as? String
62                    cell.textLabel!.numberOfLines = 3
63                    cell.detailTextLabel!.text = newsDic["publishedDate"] as? String
64                    return cell
65            }
66            // テーブルビューのセルがタップされた処理
67            func tableView(tableView: UITableView, didSelectRowAtIndexPath indexPath: NSIndexPath) {
68                        // セルのインデックスパス番号を出力
69                        print(" タップされたセルのインデックスパス :\(indexPath.row)")
70                        // ニュース記事データを取得 (配列の要素で "indexPath.row" 番目の要素を取得)
71                        let newsDic = newsDataArray[indexPath.row] as! NSDictionary
72                        // ニュース記事の URL を取得
73                        newsUrl = newsDic["unescapedUrl"] as! String
74                        // ニュースの配信元名を取得
75                        publisher = newsDic["publisher"] as! String
76                        //WebViewController 画面へ遷移
77                        performSegueWithIdentifier("toWebView", sender: self)
78            }
79            //WebViewController へ URL データを渡す
80            override func prepareForSegue(segue: UIStoryboardSegue,  sender: AnyObject?) {
81                    // セグエ用にダウンキャストした WebViewController のインスタンス
82                    let wvc = segue.destinationViewController as! WebViewController
83                    // 変数 newsUrl の値を WebViewController の変数 newsUrl に代入
84                    wvc.newsUrl = newsUrl
85                    //title プロパティで WebViewController のタイトルに publisher を代入
86                    wvc.title = publisher
87            }
```

WebViewController.swift

```swift
9     import UIKit
10    //UIWebViewDelegate のプロトコルを指定
11    class WebViewController: UIViewController,UIWebViewDelegate {
12        // インディケータを使うための変数を作成
13        var indicator = UIActivityIndicatorView()
14        //UIWebView を使うための変数を作成
15        @IBOutlet var webview :UIWebView!
16        //URL を格納する String 変数を作成
17        var newsUrl = "https://google.com"
18
19        override func viewDidLoad() {
20            super.viewDidLoad()
21            //UIWebViewDelegate の参照先を設定
22            webview.delegate = self
23            // インディケータを画面中央に設定
24            indicator.center = self.view.center
```

```swift
25          // インディケータのスタイルをグレーに設定
26          indicator.activityIndicatorViewStyle = UIActivityIndicatorViewStyle.Gray
27          // インディケータを webview に設置
28          webview.addSubview(indicator)
29          //String 変数 newsUrl を NSURL に変換
30          let url = NSURL(string :newsUrl)!
31          //NSURLRequest に URL 情報を渡す
32          let urlRequest = NSURLRequest(URL: url)
33          //URL 情報を引数に UIWebView クラスのロードメソッド実行
34          webview.loadRequest(urlRequest)
35      }
36
37      //Web ページの読み込み開始を通知
38      func webViewDidStartLoad(webView: UIWebView) {
39          // インディケータの表示アニメを開始
40          indicator.startAnimating()
41      }
42
43      //Web ページの読み込み終了を通知
44      func webViewDidFinishLoad(webView: UIWebView) {
45          // インディケータを停止
46          indicator.stopAnimating()
47      }
```

Chapter9「StampCamera」プロジェクト ソースコード

ViewController.swift

```swift
9   import UIKit
10
11  class ViewController: UIViewController,UIImagePickerControllerDelegate, UINavigationControllerDelegate {
12      //UIImagePickerController で取得した画像を表示
13      @IBOutlet var mainImageView:UIImageView!
14      // スタンプ画像を配置する UIView
15      @IBOutlet var canvasView: UIView!
16      //AppDelegate を使うための変数
17      let appDelegate = UIApplication.sharedApplication().delegate as! AppDelegate
18      override func viewDidLoad() {
19          super.viewDidLoad()
20          // Do any additional setup after loading the view, typically from a nib.
21      }
22      // アクションシート表示メソッド
23      @IBAction func cameraTapped() {
24          //UIImagePickerController を使うための定数
25          let pickerController = UIImagePickerController()
26          //UIImagePickerController のデリゲートメソッドを使用する設定
27          pickerController.delegate = self
28          //UIAcionSheet を使うための定数を作成
29          let sheet = UIAlertController(title: nil, message: nil, preferredStyle: .ActionSheet)
30          // ボタンタイトルをNSLocalizedString に変更
31          let cancelString = NSLocalizedString("Cancel", comment: "キャンセル")
32          let cameraString = NSLocalizedString("Camera", comment: "カメラ")
33          let libraryString = NSLocalizedString("Library", comment: "ライブラリ")
34          //3 つのアクションボタンの定数を作成
35          let cancelAction = UIAlertAction(title: cancelString, style: .Cancel,
              handler: {(action) -> Void in})
36          let cameraAction = UIAlertAction(title: cameraString, style: .Default,
              handler: {(action) -> Void in
37              pickerController.sourceType = .Camera
```

```swift
38                self.presentViewController(pickerController, animated: true, completion: nil)})
39            let LibraryAction = UIAlertAction(title: libraryString, style: .Default,
                handler: {(action) -> Void in
40                pickerController.sourceType = .PhotoLibrary
41                self.presentViewController(pickerController, animated: true, completion: nil)})
42            // アクションシートにアクションボタンを追加
43            sheet.addAction(cancelAction)
44            sheet.addAction(cameraAction)
45            sheet.addAction(LibraryAction)
46            // アクションシートを表示
47            self.presentViewController(sheet, animated: true, completion: nil)
48        }
49        //UIImagePickerController 画像取得メソッド
50        func imagePickerController(picker: UIImagePickerController, didFinishPickingImage image: UIImage,
                editingInfo: [String : AnyObject]?) {
51            // 引数 image に格納された画像を mainImageView にセット
52            mainImageView.image = image
53            // カメラ画面もしくはフォトライブラリ画面を閉じる
54            self.dismissViewControllerAnimated(true, completion: nil)
55        }
56        // スタンプ選択画面遷移メソッド
57        @IBAction func stampTapped(){
58            self.performSegueWithIdentifier("ToStampList", sender: self)           //Segue の Identifier を設定
59        }
60        // 画面表示の直前に呼ばれるメソッド
61        override func viewWillAppear(animated: Bool) {
62            //viewWillAppear を上書きするときに必要な処理
63            super.viewWillAppear(animated)
64            // 新規スタンプ画像フラグが true の場合、実行する処理
65            if appDelegate.isNewStampAdded == true{
66                //stampArray の最後に入っている要素を取得
67                let stamp = appDelegate.stampArray.last!
68                // スタンプのフレームを設定
69                stamp.frame = CGRectMake(0, 0, 100, 100)
70                // スタンプの設置座標を写真画像の中心に設定
71                stamp.center = mainImageView.center
72                // スタンプのタッチ操作を許可
73                stamp.userInteractionEnabled = true
74                // スタンプを自分で配置した View に設置
75                canvasView.addSubview(stamp)
76                // 新規スタンプ画像フラグを false に設定
77                appDelegate.isNewStampAdded = false
78            }
79        }
80        // スタンプ画像の削除
81        @IBAction func deleteTapped(){
82            //canvasView のサブビューの数が 1 より大きかったら実行
83            if canvasView.subviews.count > 1{
84                //canvasView の子ビューの最後のものを取り出す
85                let lastStamp = canvasView.subviews.last! as! Stamp
86                //canvasView から lastStamp を削除する
87                lastStamp.removeFromSuperview()
88                //lastStamp が格納されている stampArray のインデックス番号を取得
89                if let index = appDelegate.stampArray.indexOf(lastStamp) {
90                    //stampArray から lastStamp を削除
91                    appDelegate.stampArray.removeAtIndex(index)
92                }
93            }
94        }
95        // 画像をレンダリングして保存
96        @IBAction func saveTapped(){
97            // 画像コンテキストをサイズ、透過の有無、スケールを指定して作成
```

```swift
 98            UIGraphicsBeginImageContextWithOptions(canvasView.bounds.size, canvasView.opaque, 0.0)
 99            //canvasView のレイヤーをレンダリング
100            canvasView.layer.renderInContext(UIGraphicsGetCurrentContext()!)
101            // レンダリングした画像を取得
102            let image = UIGraphicsGetImageFromCurrentImageContext()
103            // 画像コンテキストを破棄
104            UIGraphicsEndImageContext()
105            // 取得した画像をフォトライブラリへ保存
106            UIImageWriteToSavedPhotosAlbum(image, self,
                   "image:didFinishSavingWithError:contextInfo:", nil)
107        }
108        // 写真の保存後に呼ばれるメソッド
109        func image(image: UIImage, didFinishSavingWithError  error: NSError!,
                contextInfo: UnsafeMutablePointer<Void>) {
110            let alert = UIAlertController(title: "保存", message: "保存完了です。", preferredStyle: .Alert)
111            let action = UIAlertAction(title: "OK", style: .Cancel, handler: {(action)-> Void in})
112            alert.addAction(action)
113            self.presentViewController(alert, animated: true, completion: nil)
114        }
```

StampSelectViewController.swift

```swift
 9     import UIKit
10
11     class StampSelectViewController: UIViewController,UICollectionViewDataSource, UICollectionViewDelegate {
12         // 画像を格納する配列
13         var imageArray:[UIImage] = []
14
15         override func viewDidLoad() {
16             super.viewDidLoad()
17             // 配列 imageArray に 1〜6.png の画像データを格納
18             for i in 1...6{
19                 imageArray.append(UIImage(named: "\(i).png")!)
20             }
21         }
22         // コレクションビューのアイテム数を設定
23         func collectionView(collectionView: UICollectionView, numberOfItemsInSection section: Int) -> Int {
24             // 戻り値に imageArray の要素数を設定
25             return imageArray.count
26         }
27         // コレクションビューのセルを設定
28         func collectionView(collectionView: UICollectionView,
                cellForItemAtIndexPath indexPath: NSIndexPath) -> UICollectionViewCell {
29             //UICollectionViewCell を使うための定数を作成
30             let cell = collectionView.dequeueReusableCellWithReuseIdentifier("Cell", forIndexPath: indexPath)
31             // セルの中の画像を表示する ImageView のタグを指定
32             let imageView = cell.viewWithTag(1) as! UIImageView
33             // セルの中の ImageView に配列の中の画像データを表示
34             imageView.image = imageArray[indexPath.row]
35             // 設定したセルを戻り値にする
36             return cell
37         }
38         // スタンプ選択画面を閉じるメソッド
39         @IBAction func closeTapped(){
40             // モーダルで表示した画面を閉じる
41             self.dismissViewControllerAnimated(true, completion: nil)
42         }
43         // コレクションビューのセルが選択された時のメソッド
44         func collectionView(collectionView: UICollectionView, didSelectItemAtIndexPath indexPath: NSIndexPath) {
45             //Stamp インスタンスを作成
```

```
46              let stamp = Stamp()
47              //stampにインデックスパスからスタンプ画像を設定
48              stamp.image = imageArray[indexPath.row]
49              //AppDelegateのインスタンスを取得
50              let appDelegate = UIApplication.sharedApplication().delegate as! AppDelegate
51              // 配列stampArrayにstampを追加
52              appDelegate.stampArray.append(stamp)
53              // 新規スタンプ追加フラグをtrueに設定
54              appDelegate.isNewStampAdded = true
55              //スタンプ選択画面を閉じる
56              self.dismissViewControllerAnimated(true, completion: nil)
57          }
```

Stamp.swift

```
 9      import UIKit
10
11      class Stamp: UIImageView {
12          //ユーザーが画面にタッチした時に呼ばれるメソッド
13          override func touchesBegan(touches: Set<UITouch>, withEvent event: UIEvent?) {
14              //このクラスの親ビューを最前面に設定
15              self.superview?.bringSubviewToFront(self)
16          }
17          // 画面上で指が動いた時に呼ばれるメソッド
18          override func touchesMoved(touches: Set<UITouch>, withEvent event: UIEvent?) {
19              // 画面上のタッチ情報を取得
20              let touch = touches.first!
21              // 画面上でドラッグしたx座標の移動距離
22              let dx = touch.locationInView(self.superview).x - touch.previousLocationInView(self.superview).x
23              // 画面上でドラッグしたy座標の移動距離
24              let dy = touch.locationInView(self.superview).y - touch.previousLocationInView(self.superview).y
25              // このクラスの中心位置をドラッグした座標に設定
26              self.center = CGPointMake(self.center.x + dx,self.center.y + dy)
27          }
```

AppDelegate.swift

```
 9      import UIKit
10
11      @UIApplicationMain
12      class AppDelegate: UIResponder, UIApplicationDelegate {
13
14          var window: UIWindow?
15          //Stampクラスのインスタンスを格納する配列
16          var stampArray:[Stamp] = []
17          // 新しいスタンプが追加されたかどうかを判定するフラグ
18          var isNewStampAdded = false
```

INDEX

記号

-	062
--	063
!	071
!=	110
%	062
&&	110
*	062
/	062
?	071
||	110
+	062
++	063
+=	063
<	110
<=	110
=	061
-=	063
==	110
>	110
>=	110

A

Acounts	051
actionSheet	274
addButtonWithTitle	273
addImage	232
addTarget	169
addURL	232
Alamofire	239
Align	093
animateWithDuration	216
App Icons and Launch Images	089, 294
App ID	310
AppDelegate	146
Apple Developer	308
AppTransport Security Setting	241
arc4random	113
Array	074
as 演算子	173
Attributes Inspector	037
audioPlayerDidFinishPlaying	145
Auto Layout	093
Autoresizing	271
AVAudioPlayer	118
AVAudioPlayerDelegate	145
AVFoundation	118

B

backgroundColor	182
Bar Button Item	255
Bool	066
boolForKey	227
Bottom Space	095
Bundle Identifier	311

C

cancelButtonIndex	273
catch	124
Cell	245
center	262
Certificates	309
CFBundleDisplayName	297
class	121
Collection View	276
Connections Inspector	134
Constraint	093
contentsOfURL	124
count	077, 081
CSV ファイル	202
currentTitle	170

D

dataSource	248
delegate	248
Deployment Info	088
destinationViewController	222

Devices	030
Dictionary	074
do	124
Double	066
doubleForKey	227
doubleValue	173

E

enabled	216
exchangeObjectAtIndex	225

F

Flexible Space Bar Button Item	255
Fonts provided by application	185
format	173
for文	162
Foundation	021
frame	155
func	112

H

HEX値	180
hidden	218
HTTP	236

I

IBAction	048
IBOutlet	048
Identity	089
Identity Inspector	197
if-else文	109
if文	109
image	108
imagePickerController	275
import	121
In Review	326
indexOf	288
indexPath	250
InfoPlist	297
insert	078

Int	066
integerForKey	227
iOS	014
iOS Developer Program	306
iOSシミュレータ	027, 034
is演算子	179
iTunes Connect	315

J

JSONLintPro	243
JSONデータ	242

L

Landscapeモード	088
Language	030
Leading Space	095
let	063
Localizations	295

M

mainScreen	156
Master-Detail Application	251
Media Library	042
Member Center	042
Modal	190

N

name	186
Navigation Controller	191
nil	070
NSArray	244
NSBundle	124
NSDictionary	244
NSLocalizedString	300
NSMutableArray	225
NSObject	139
NSString	173
NSURLRequest	256
NSUserDefaults	227
numberOfLoops	132

O

Object Library	037
objectForKey	227
Objective-C	018
openURL	252
Organization Identifier	030
Organization Name	030
override	122

P

performSegueWithIdentifier	219
Pin	093
play	124
Playground	055
Portrait	154
Preferences	051
prepareForSegue	222
prepareToPlay	132
presentViewController	232
Preview	092
print	135
Product Name	030

Q

QuartzCore	181

R

Ready for Sale	326
Rejected	326
reloadData	248
removeAll	082
removeAtIndex	077
removeFromSuperview	288
removeLast	078
removeValueForKey	082
Resolve Auto Layout Issues	093
Row	245
Runボタン	034

S

Segue	201
setBool	227
setDouble	227
setInitialText	232
setInteger	227
setObject	227
setTitle	167
setTitleColor	204
sharedApplication	184
Simulated Metrics	037
Size Inspector	247
Social	230
StackView	093
standardUserDefaults	227
startAnimating	263
statusBarStyle	184
stopAnimating	263
String	066
Swift	018, 054
Switch文	135

T

Tab Bar Controller	192
tag	133
text	103
Text View	201
textColor	103
title	261
Toolbar	254
Top Space	095
touchesBegan	283
touchesMoved	284
Trailing Space	095
try	124

U

UIActionSheet	272
UIActionSheetDelegate	272

UIActivityIndicatorView ································ 262
UIApplication ································ 184
UIButton ································ 100
UICollectionView ································ 279
UICollectionViewCell ································ 281
UICollectionViewDataSource ································ 279
UICollectionViewDelegate ································ 279
UIColor ································ 103
UIControlState ································ 182
UIFont ································ 186
UIImage ································ 107
UIImagePickerController ································ 273
UIImagePickerControllerDelegate ············ 273
UIImageView ································ 107
UIKit ································ 021
UILabel ································102, 154
UINavigationControllerDelegate ············· 273
UIScreen ································ 156
UITableView ································245, 247
UITableViewCell ································ 249
UITableViewDataSource ································ 245
UITableViewDelegate ································ 245
UITextView ································ 214
UIView ································ 153
UIViewController ································ 121
UIWebView ································ 256
UIWebViewDelegate ································ 262
Update Frames ································ 095
Use Core Data ································ 030
Use Current Canvas Value ················ 128
userInteractionEnabled ································ 213

V

var ································ 061
View Controller ································ 036
View controller-based status bar appearance ·· 184
viewDidLoad ································ 108
viewWillAppear ································ 286

W X

Web View ································ 253
webViewDidFinishLoad ································ 263
webViewDidStartLoad ································ 263
while文 ································ 225
Xcode ································ 016, 026

あ行

アイコン ································ 292
アシスタントエディタ ································ 045
アプリ名 ································ 291
アンラップ ································ 071
インクリメント演算子 ································ 063
インスタンス ································ 100
インスペクタペイン ································ 032
インターフェイスビルダー ······· 027, 035
エディタエリア ································ 032
演算子 ································ 062
オートレイアウト ································ 093
オブジェクト ································ 035
オプショナル値 ································ 071

か行

開発者証明書 ································ 307
カウンタ変数 ································ 163
型推論 ································ 066
型変換 ································ 067
逆ドメイン ································ 310
キャスト ································ 168
クラス ································100, 139
継承 ································ 121
コメント ································ 058
コレクション ································ 074
コレクションビュー ································ 276
コンパイラ ································ 027
コンパイルエラー ································ 070

さ行

サブクラス ································ 122

辞書	074
剰余演算子	063
初期値	061
シンタックスハイライト	061
スイッチ	037
スーパークラス	122
スキーマメニュー	034
スクリーンショット	318
スコープ	134
ステータスバー	183
ストーリーボード	033, 035
スライダー	037
制御文	109
制約	093
属性	038

た行

代入	062
ツールバー	032
定数	063
データ型	066
テキストエディタ	027
デクリメント演算子	063
デバッガ	027
デバッグエリア	032
デリゲート	144
ドキュメントアウトライン	043

な行　は行

ナビゲータエリア	032
パース	244
配列	074
バックスラッシュ	072
比較演算子	110
引数	103, 112, 129
ビデオプレビュー	318
ビルド	325
フォーマット指定子	174
複合代入演算子	063
フレームワーク	021
フローチャート	106
プロジェクト	028
プロトコル	145
プロパティ	100
プロビジョニングプロファイル	308, 312
変数	060
ボタン	037

ま行　や行

メソッド	048, 100, 112
メンバ変数	134
戻り値	112, 129
ユーティリティエリア	032

ら行　わ行

ライブラリ	239
ライブラリペイン	032
ラップ	070
ラベル	037
乱数	112
ランタイムエラー	070
レーティング	319
ワークスペース	032

執筆者

桑村治良（くわむら・はるよし）

音楽雑誌の編集者からアプリエンジニアに転身したクリエイター。神奈川県三浦市に在住し、地域に根ざしながらアプリも多数リリースしている。主宰するonTheHammockでは、街ナビアプリ『FMヨコハマ藤田一穂積のズッシリスカ横須賀／逗子案内』、三浦半島の野菜直売所紹介アプリ『三浦のおやさい』などをリリース。Rainbow Appsでは代々木校、横浜校、湘南校で講師を務める。

本書の担当	Chapter1：アプリ開発のための環境を構築する　　　Chapter 7：四択検定アプリで画面遷移を理解する Chapter4：シンプルで簡単な知育アプリを作ろう！　　Chapter 10：アプリをリリースする準備をしよう

我妻幸長（あづま・ゆきなが）

1977年生まれ。茨城県出身。東北大学大学院博士課程物理学専攻を修了。大学研究員や半導体関連企業を経てiOSアプリ開発者に。2012年より開発の傍らRainbowAppsの講師としてiOSアプリ開発の指導を開始。2014年に講師兼教育事業部責任者に就任。これまで累計500人以上の受講生に、アプリ開発の指導を行う。開発者としての代表作は、『ちんあなごのうた 南の海の音楽祭』など。

本書の担当	Chapter 5：楽器アプリでフレームワークの使い方学ぶ Chapter 9：スマホならではのスタンプカメラを作ろう

高橋良輔（たかはし・りょうすけ）

Webデザインからアプリ開発、サーバサイドまでフルスタックなスキルを要する現場で活躍。現在ITエンジニア教育事業など経営しながら日々ITスキルを磨いている。
2012年 ソフトバンク企業研修講師。2013年 GoogleにてGoogle App Engineのセミナー講師。

本書の担当	Chapter 6：「シンプル電卓」アプリでガッツリコーディング Chapter 8：Webから情報を取得する「ニュースリーダー」アプリ

七島偉之（ななしま・ひでゆき）

1982年生まれ。茅ヶ崎在住エンジニア。業務Webシステムの開発に5年携わった後、モバイル系の技術に萌えすぎて、2013年「野良エンジニア」として独立。現在はiPhone、Androidアプリの開発を中心に活動しつつ、セミナーやアプリ開発スクールを通してプログラミング教育にも携わる。

本書の担当	Chapter 2：Xcodeを使ってみよう！　　Chapter 10：アプリをリリースする準備をしよう Chapter 3：新しいプログラミング言語Swift

RainbowAppsについて

全世界に数十億台のスマートフォンが普及した今、コンピューターが人ととても身近になった時代に我々は生きています。これまで、人が関わることでしかできなかったことでも、テクノロジーの進歩によってシステムやロボットがより効率よくこなせるようになりました。

これからの時代、人はコンピューターとの共生・共存を真剣に考える必要があります。そのためには、コンピューターとコミュニケーションをとるための言語、すなわちプログラムを理解する必要があります。

今後、プログラミングのリテラシーの有無が日常生活や仕事で大きな役割を担うことになるでしょう。
RainbowAppsのミッションは、"すべての人にプログラミングを"です。
RainbowAppsは、可能な限り多くの方にプログラミングの技術を習得することの恩恵をもたらすことが目的のスクールです。
北海道から沖縄まで全国各地にスクールを展開しており、これまでに累計4500人以上の受講生が、RainbowAppsのカリキュラムを修了しました。
多くの卒業生がヒットアプリを生み出し、また様々な業界の第一線で活躍しています。
講師は、指導の経験も豊富な現役のエンジニアです。
2000人以上が参加しているするコミュニティーでは日々活発な議論が交わされています。
また、プログラミングの学習から就職・転職まで一貫したサポートが行われています。
iOSのアプリ開発教室は、最初のiPhoneがリリースされて間もない頃からRainbowAppsが取り組んできた、最も得意な分野です。今回、その指導のノウハウが初めて本になります。特に初心者の方がつまづきやすいポイントに注意を払い、アプリ開発に重要なポイントを厳選してまとめてあります。iOSアプリ開発に取り組もうとしている多くの方に、お役に立てれば嬉しい限りです。
RainbowAppsに興味を持たれた方は、ぜひウェブサイトをご訪問ください。
IT企業の第一線で活躍している卒業生の声や、クラスの紹介などがあります。
Rainbow Apps Webサイト　http://www.rainbowapps.com

■お問い合わせに関しまして

本書に関するご質問については、本書に記載されている内容に関するもののみとさせていただきます。本書の内容を超えるものや、本書の内容と関係のないご質問につきましては、一切お答えできませんので、あらかじめご了承ください。また、電話でのご質問は受け付けておりませんので、FAXか書面にて下記までお送りください。Webの質問フォームもご利用いただけます。

本書に掲載されている内容に関して、各種の変更などのカスタマイズは必ずご自身で行ってください。弊社および著者は、カスタマイズに関する作業は一切代行いたしません。

お送りいただいたご質問には、できる限り迅速にお答えできるよう努力いたしておりますが、場合によってはお答えするまでに時間がかかることがあります。また、回答の期日をご指定なさっても、ご希望にお応えできるとは限りません。あらかじめご了承くださいますよう、お願いいたします。

宛　　先　〒162-0846
　　　　　東京都新宿区市谷左内町21-13
　　　　　株式会社技術評論社　書籍編集部
　　　　　「世界一受けたいiPhoneアプリ開発の授業」係

FAX　　03-3513-6183

■ 技術評論社Web　http://gihyo.jp/

なお、ご質問の際に記載いただいた個人情報は、質問の返答以外の目的には使用いたしません。また、質問の返答後は速やかに削除させていただきます。

ブックデザイン：海老名郁子（Concent, inc.）
イラスト：　　　サタケシュンスケ
編集・制作：　　合同会社オン・ザ・ハンモック
協　力：　　　　宍戸健太郎　新井進鎬

改訂版 No.1スクール講師陣による
世界一受けたいiPhoneアプリ開発の授業
[iOS 9 & Xcode 7 & Swift 2対応]

2015年5月10日　初　版　第1刷発行
2016年2月25日　第2版　第1刷発行

監修者　　RainbowApps
著　者　　桑村 治良　我妻 幸長　高橋 良輔　七島 偉之
発行者　　片岡　巌
発行所　　株式会社技術評論社
　　　　　東京都新宿区市谷左内町21-13
　　　　　電話　03-3513-6150　販売促進部
　　　　　　　　03-3513-6166　書籍編集部

印刷／製本　共同印刷株式会社

定価はカバーに表示してあります。

本書の一部または全部を著作権法の定める範囲を越え、無断で複写、複製、転載、テープ化、ファイルに落とすことを禁じます。

©2016　合同会社オン・ザ・ハンモック／我妻幸長／高橋良輔／七島偉之

造本には細心の注意を払っておりますが、万一、乱丁（ページの乱れ）や落丁（ページの抜け）がございましたら、小社販売促進部までお送りください。送料小社負担にてお取り替えいたします。

ISBN978-4-7741-7871-4　C3055
Printed in Japan